internet
of everything
Detailed explanation
of networking technology

U0143650

万物互联

蜂窝物联网组网技术详解

张阳 郭宝／编著

机械工业出版社
CHINA MACHINE PRESS

本书介绍了目前主流的蜂窝物联网技术，其中包括 NB-IoT、eMTC 和 Sidelink。本书以对比的方式，阐述了新兴的蜂窝物联网技术与传统 LTE 技术在系统组网以及关键信令流程方面的差异，便于有一定通信专业基础的读者快速阅读和理解。同时，本书将系统理论与工程实践有机结合，从组网架构及业务流程方面进行了系统性阐述，并对于实际网络优化和运行维护中所需关注的重点问题进行了说明，可以作为通信工程、信息工程和其他相关专业高年级本科生和研究生的参考资料，也可以作为信息与通信工程领域技术人员和科研人员的参考书。

图书在版编目（CIP）数据

万物互联：蜂窝物联网组网技术详解 / 张阳，郭宝编著. —北京：机械工业出版社，2018.10
ISBN 978-7-111-61306-0

Ⅰ. ①万… Ⅱ. ①张… ②郭… Ⅲ. ①互联网络－应用②智能技术－应用 Ⅳ. ①TP393.4②TP18

中国版本图书馆 CIP 数据核字（2018）第 249922 号

机械工业出版社（北京市百万庄大街 22 号　邮政编码 100037）
策划编辑：李馨馨　　　责任编辑：陈文龙　李馨馨
责任校对：张艳霞　　　责任印制：常天培
北京圣夫亚美印刷有限公司印刷

2019 年 1 月第 1 版·第 1 次印刷
169mm×239mm·19 印张·334 千字
0001—3000 册
标准书号：ISBN 978-7-111-61306-0
定价：69.00 元

本书献给父亲，永远怀念机场送别的挥手微笑和道别的拥抱！

张阳

本书献给爱人和儿子，怀念陪伴儿子备战高考的无数平静日子。

郭宝

推荐序

1999 年，物联网（IoT）的概念被美国麻省理工学院首次提出，初期的物联网是指"物-物相连的互联网"。在万物互联时代，IoT 的概念早已突破物-物相连，包括人与物、物与物、人-识别管理设备-物之间在内的连接方式统称为万物互联。伴随大规模物联网需求的产生及移动通信技术的不断发展，通信领域的连接需求正在从人扩展到物。物联网应用领域也逐渐明晰。从个人穿戴设备到智能家居市场，从智慧城市到物流管理等，物联网的出现将实现这些行业的数字化升级及全流程的信息监控与采集，从而引发整个社会的革命性变化。

2010 年前后，学术界开始了基于物联网需求技术的相关研究。作为物联网的候选通信技术，LTE 很早就纳入了业界的视野当中。3GPP R8 版本之后，LTE 的发展大概有两个方向：一是不断追求更高的用户体验，通过一系列调制、编码、天线技术的革新，不断提升频谱效率，提供更高的用户吞吐率；另一个方向是 LTE 整个网络和终端的简化，以实现面向海量部署、低成本、低功耗，从而支持未来物联网市场的技术。下一代通信系统的设计越来越如同定制化的产品设计一样，不会像传统的通信系统设计理念一样瞄准"大而全"的系统，而越来越以应用需求为目标定制化地进行系统设计。

通信技术的发展越来越纷繁复杂，以跨时代发展的角度对比不同的通信系统技术往往是快速学习的切入点，《万物互联：蜂窝物联网组网技术详解》一书是目前为止市面上对于主流蜂窝物联网技术介绍较为全面的一本专著，不仅阐述了 NB-IoT 的相关技术细节，同时也深入研究了 eMTC/物物直通（Sidelink）等蜂窝物联网技术。本书通过对比 LTE/NB-IoT/eMTC 系统，对一些关键的技术细节进行说明，这样能够更全面地把握住系统设计的特点，更好地跨越系统、领悟通信系统设计中的精髓。

本书以 3GPP 协议为主要参考依据，以中立客观的运维视角，从系统设计

最核心、最原创的设计理念对蜂窝物联网通信技术进行解读。作者不仅介绍了蜂窝物联网通信系统是什么，基础信令流程是什么，更有趣的是尝试对为什么这样设计，为什么能想到这么设计进行探究。同时，本书还能够帮助读者大致摸清如何查阅协议，看懂协议，提升信息查阅的能力，是一本不可多得的"授人以渔"的专业书籍。

万物互联时代已然来临，科研工作者任重道远！

网络与交换技术国家重点实验室主任　张平

2018 年 7 月 16 日

自序

    物联网技术已是全社会关注的热点话题，带动了新一轮的生产方式和行业的变革。已有相当多的资讯对物联网的产业格局和应用进行了解读。作者从一年前开始跟进物联网技术领域，尝试从一个工程师的视角去解读蜂窝物联网的整体框架与技术精髓。编写这本书的初衷是想为通信行业的相关从业者、高校科研机构的研究人员提供一本可用作日常工作中概念理论澄清的工具书，也可为具备一定通信理论基础知识的人员提供进一步深度学习的引导读物。也许把这一类从工程实践、技术原理类角度切入的书籍作为科普类读物看待，其可读性不一定那么强，甚至有些晦涩难懂，但作者力求以专业的视角，严谨的写作态度，呈现一个温度和态度兼而有之的技术写作。目前市面上关于蜂窝物联网技术较权威、可参考的专业资料相对还较缺乏，甚至 3GPP 的协议规范在不同发布版本下对于同一技术原理的描述说明都是几易其稿，不同协议规范关于一些细节的约束还有自相矛盾之处，这点尤其体现在 eMTC/Sidelink 等相关技术领域。技术没有完美的，总是不断发展的，个人的理解感悟也如此。为了保证信息传递的一致性以及力图呈现原汁原味的专业表述，书中从 3GPP 协议规范截取的相关图表、公式保持了原始英文形态，也请读者一并见谅。

编者

致谢

　　校对完书稿已经是 2018 年 3 月 25 日凌晨，回想起过去这一年从接触蜂窝物联网技术的研究学习开始，到 2017 年 11 月底着手将研究的一些体会编纂成书，特别是从 2018 年春节以来每晚笔耕不辍的写作，就像是一场旷日持久的旅行，有撰写"了然于心"内容之时的马踏春风，也有因为"百思不得其解"而踌躇不前。其实做任何事情都不会是一帆风顺的，写作如此，人生亦如此，一切贵在坚持。在写作过程中一度感到心思俱疲，几近灵感干涸的时候，就适时停笔休息一下，休整过后再重新执笔，往往会有意外的认知与发现，这也算是另一个角度的感悟。在坚持中学会休整，不断调整状态再出发，收获颇丰。

　　需要感恩老父，虽然他已离去多年，当初他指引笔者选择了信息技术这个工作方向，至今无悔。在夜深人静独自写作之时，沉浸品味与父亲相处时光，这是作为儿子温暖的记忆和勇往直前的动力源泉。老父非常尊重科研工作者的价值与所付出的艰辛，对笔者从小就灌输"科研无难事，只要肯登攀"的工作学习态度，时刻提醒笔者务求秉承实事求是的态度，对科研工作存敬畏之心，悉心付出、认真对待。在此笔者还要感谢一直陪伴的家人和朋友，他们在笔者写作过程中予以无尽的支持、理解和鼓励。需要特别点名致谢的友人有张锴老师（一位严谨治学、无私育人的谦谦君子，在本书写作过程中给予了很多建设性的启发），徐晓东博士（3GPP 当值副主席，通信领域青年工作者的杰出榜样，多年技术探讨积淀的友谊），以及何朗、马凯、李秋香、陈宁宇、邓飞、徐渊、康增辉、吴俊卿、李建玫等众多业内专家和同仁的慷慨交流和解惑。

　　本书写作过程中笔者经常光顾家附近的小咖啡馆，手边一杯香浓的拿铁，伴随悠然欢悦的背景音乐，是一个很清净的写作环境，也是一段惬意的时光。

张阳

目录

Contents

绪论

物联网的前世今生

物联网技术已经应用在我们的日常生活中很久了，在一个餐馆吃完饭，准备用信用卡结账，侍应生会拿来移动 POS 机供顾客刷卡，刷卡结算信息就是靠 GPRS 移动蜂窝网络进行回传的。相比用 WiFi 热点传输，对于这类涉及金融交易的物联网应用，移动蜂窝网络的优势相当明显，首先是更大范围的移动性，保险公司的业务员可以开着车，拿着 POS 机等待在公司楼下办理业务。另外就是数据安全性，移动蜂窝网络设计的重要考量因素之一就是对于用户数据的加密鉴权机制，通过这样的安全措施保障，使得用户数据不会被轻易截获。当然还有一些基于 WiFi 热点的物联网应用，比如无线监控摄像头、智能电饭煲等，这些应用的主要特征是超短距离覆盖范围、热点型，家居应用居多。由此可见，物联网应用并不是新鲜的东西，随着国家信息化战略提出开创万物互联的新时代，越来越多的基于移动蜂窝网络的物联网技术，甚至基于私有协议标准的物联网技术登上历史舞台。

物联网技术的一个重要标签就是低功耗，这也是物联网应用与服务能否成为全球范围内下一个最重要的技术浪潮的关键，因此低功耗广域网络（Low Power Wide Area Network，LPWAN）也成了物联网的代名词。涉及 LPWAN 的技术标准阵营众多，比如 IEEE、ETSI、3GPP、IETF、LoRa Alliance 等，当然包括的协议标准更是数不胜数，不仅有物联网那些元老级的技术标准 WiFi、Bluetooth、ZigBee，更有那些物联网技术新贵，比如 NB-IoT、eMTC、SigFox、LoRa 等。为了了解一个个全新技术的基本原理，最好的办法就是循着这些技术的发展轨迹重新走一遭。

前世

窄带物联网（Narrow Band Internet of Things，NB-IoT）是蜂窝物联网（Celluar Internet of Things，CIoT）技术的典型代表，窄带物联网的重要技术特点是广覆盖、低功耗（超长待机）、海量连接、数据可靠性，据说最初源自的需求是水表计量中对于用水量的自动计算，并以无线数据的方式进行回传（见图 0-1）。

那么 NB-IoT 这样的新型物联网技术是怎样一步步形成标准的呢？其他的物联网技术还有哪些呢？为了理清蜂窝物联网技术发展的脉络，同时也为了说明目前技术标准共存的现状，我们不得不花一些篇幅从背后的故事说起。

早在 2013 年，包括运营商、设备制造商、芯片提供商等产业链上下游就对窄带蜂窝物联网产生了前瞻性的兴趣，为窄带物联网起名为 LTE-M（LTE for Machine to Machine），名字蕴含的期望是基于 LTE 产生一种革命性的新空口技

术，该技术既能做到终端低成本、低功耗，又能够和 LTE 网络共同部署。同时，LTE-M 从商用角度也提出了广域覆盖和低成本的两大目标。从此以后，窄带物联网的协议标准化之路逐渐加快了步伐。

图 0-1　NB-IoT 技术应用在水表信息上报中

NB-IoT 之路

初期的技术选型中存在两种思路：一种是对于 GSM 网络的演进思路；另一种是华为提出的新空口思路，当时命名为 NB-M2M。尽管这两种技术思路都被包含在 3GPP GERAN 标准化工作组立项之初，但是相比暮气沉沉的 GSM 技术演进，新空口方案反而引起了更多运营商的兴趣。2014 年 5 月，LTE-M 的名字也演变为 Cellular IoT，简称 CIoT，从名称的演变更直观地反映出了技术的定位，同时对于技术的选型态度更加包容。

随着全球金融投资对物联网带来的经济效益集体看涨，在 GERAN 最初立项进行标准化的 CIoT 课题得到了越来越多的运营商和设备商的关注，不过，GERAN 的影响力相对来说已经日趋式微，2015 年 4 月底，3GPP 内部的项目协调小组（Project Coordination Group）在会上做了一项重要决定：CIoT 在GERAN 研究立项之后，实质性的标准化阶段转移到 RAN 进行立项。这也说明3GPP 标准化组织顺势而为，通过将 CIoT 技术的标准化工作转移到更大的平台上，以期收获全球更多产业链的关注，其实这里也释放了一个信号：CIoT 已经逐步脱离开老东家 GSM 的技术思路，走向了更新颖、更创新的技术选型之路。

2015 年 5 月，华为与高通共同宣布了一种融合的解决办法：上行采用FDMA 多址的方式，下行采用 OFDMA 多址方式，融合之后的方案名为窄带蜂窝物联网（Narrow Band Cellular IoT，NB-CIoT），这一融合方案已经基本奠定了窄带物联网的基础架构，这一阶段的某些命名工作也在协议标准上留下了痕

迹，例如涉及核心网协议的 3GPP 24.301 R13 统一将蜂窝物联网技术称作 CIoT，并不区分是 NB-IoT 的接入方式还是非 NB-IoT 的接入方式。

通信技术的更新换代往往孕育着巨大的商业市场，华为和高通在窄带物联网通信领域的前瞻性投入也吸引其他厂商纷纷跟进，爱立信联合其他几家公司提出了 NB-LTE（Narrow Band LTE）的方案，从名称可以直观地看出，NB-LTE 最主要的目的是能够使用旧有的 LTE 实体层部分，并且有相当大的程度能够复用 LTE 网络的上层协议栈，使得运营商在网络建设时能够减少设备升级的成本，在规划布局上也能够沿用原有的蜂窝网络架构，达到快速升级建网的目的。NB-CIoT 与 NB-LTE 最主要的区别在于采样频率以及上行多址接入技术的选型。两种方案各有特点，技术参数对比见表 0-1。

表 0-1　NB-CIoT 与 NB-LTE 的系统技术参数对比

	Downlink		Uplink	
	NB-CIoT	NB-LTE	NB-CIoT	NB-LTE
Multiple access	OFDMA	OFDMA	FDMA	SC-FDMA
Frame structure	Frame 1.28s Subframe 160ms	M-frmae 60ms M-subframe 6ms	Min.scheduling 40ms	M-frame 60 ms M-subframe 6ms
Subcarrier spacing	3.75kHz	15kHz	5kHz	2.5kHz
Number of subcarriers	48	12	36	72
Sampling rate	240kHz	1.92MHz	240kHz	320kHz
Modulation	BPSK,QPSK	BPSK,QPSK	GMSK	BPSK,QPSK
FFT size	64	128	—	128
Cyclic prefix(samples)	6	9/10	None	9/10
Max.Transmit power	43dBm	43dBm	23dBm	23dBm
FEC	CC	CC	Turbo	Turbo

2015 年 9 月，经过多轮角逐和激烈讨论，各方最终达成一致，NB-CIoT 和 NB-LTE 两个技术方案进行融合形成了 NB-IoT，NB-IoT 的名称正式确立。从标准的角度来看，NB-IoT 的名称频繁出现在接入网协议中，某种意义上说明各方对于窄带物联网技术的创新与探索主要面向接入网技术。

2016 年年底，3GPP 规范 Release13 最终完成冻结，至此 NB-IoT 从技术标准中彻底完善了系统实现所需的所有细节。当然，随着技术标准版本的不断演进（Release 14，Release 15，…），对应的系统设计也在不断地更新升级。

2017 年 2 月，中国移动在鹰潭建成全国第一个地市级全域覆盖 NB-IoT 网络，这预示着蜂窝物联网已经开始从标准理念向正式全网商用落地迈出实质性

的一步。2G GSM 网络从 1982 年创立研究小组到 1995 年中国 GSM 数字电话网正式开通走过了 13 年的历程，3G 移动通信网络从 2000 年国际电信联盟技术标准的确立到 2009 年 1 月国家为三大运营商发放商用牌照用了 9 年，4G 移动通信网络从 2009 年 ITU 在全世界范围内征集 IMT-Advanced 候选技术开始到 2013 年 12 月工信部为三大运营商发放商用牌照只走过了短短 4 年，按照这个趋势看来，在 5G 中面向万物互联的通信网络也不会让我们等待太久。

eMTC 之路

早在 2002 年，M2M（Machine to Machine），这一物物通信的雏形概念已经被提出，但碍于通信技术尚未成熟，发展仍属于启蒙阶段，例如自来水、电力公司的自动抄表及数位家庭应用等。随着无线通信技术的快速发展，M2M 的应用服务进入快速发展的阶段，在农业、工业、公共安全、城市管理、医疗、大众运输及环境监控上，都可看到 M2M 的应用，例如智慧节能、智慧车载、智慧医疗、智慧城市、智慧物流等。3GPP 标准组织将 M2M 称为机器型态通信（Machine Type Communication，MTC），这是一种新兴的通信架构，以机器终端设备为主，具备网络通信能力，可智慧互动地提供各式各样前所未见的应用与服务，例如监控、控制、资料撷取等资讯化的需求。

早在 2010 年左右，学术界就开始进行了基于物联网需求的 MTC 技术的相关研究。作为物联网的候选通信技术，LTE 很早就进入了业界的视野当中。长期演进系统（Long Term Evolution，LTE）七八年以前在 3GPP Release 8 中最早被定义下来之后，就从来没有停止过演进。其发展大概有两个方向：一是不断追求更高的用户体验，通过一系列调制、编码、天线技术的革新，不断提升频谱效率，提供更高的用户吞吐率；另一个方向是 LTE 整个网络和终端的简化，以面向海量部署、低成本、低功耗，从而支持未来物联网市场的技术。3GPP 在 PS22.368 中明确定义了物联网技术 MTC 的服务要求，明确了 MTC 提供一种有别于个人通信的全新市场形态，同时提供低价值、低功耗、小数据流量、面向大链接的数据服务，其中也对其技术特征进行了明确要求，就是低移动性、低频次的业务，MTC 设备状态监控，MTC 设备组的流控以及广播信息优化，定时发送数据或者分时计费，提供稳定安全的连接。如图 0-2 所示，为了满足 MTC 更低传输速率及更低功耗的需求，3GPP R12 在原有面对用户提供更高吞吐能力的终端分类基础上新增 Cat0 的 UE 传输等级，用以支持低速率的终端类型，UE 工作带宽为 20 MHz，支持半双工，最大发射功率为 23 dBm；3GPP R13 将该技术进一步演进，命名为增强型机器型态通信（enhanced Machine Type

Communication，eMTC），意味着这一物联网技术性能上的升级。这一个 e（enhancements）进一步简化终端功能，UE 工作带宽为 1.4 MHz，支持半双工，UE 可使用更低发射功率（20 dBm）；3GPP R14 阶段也将新增定位功能、SC-PTM 下行广播功能、异频测量功能等。LTE eMTC 相比 NB-IoT 能够提供更高的传输速率，拥有更丰富的应用场景。

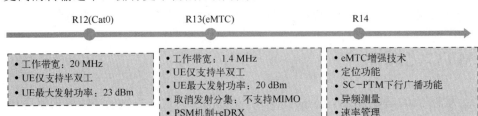

图 0-2　eMTC 的标准发展

协议规定各类型终端能力以及技术参数见表 0-2。

表 0-2　协议规定各类型终端能力以及技术参数

	Release 8	Release 8	Release 12	Release 13	Release 13
	Cat.4	Cat.1	Cat.0(MTC)	Cat.M1(eMTC)	Cat.M2(NB-IoT)
下行峰值速率	150 Mbit/s	10 Mbit/s	1 Mbit/s	1 Mbit/s	200 kbit/s
上行峰值速率	50 Mbit/s	5 Mbit/s	1 Mbit/s	1 Mbit/s	144 kbit/s
终端接收天线数量	2	2	1	1	1
双工模式	Full duplex	Full duplex	Half duplex	Half duplex	Half duplex
UE 接收带宽	23 dBm	20 dBm	23 dBm	23 dBm	23 dBm
UE 最大发射功率		20 MHz	20 MHz	20 MHz	1.4 MHz
调制复杂性	100%	100%	40%	20%	<15%

在接入网协议中并没有直接以 MTC/eMTC 的名称出现，而是以 Low Complexity UE 进行代替，R13 中进一步明确了两种终端类型与技术标准，分别是 Bandwidth Reduced Low Complexity UE 和 UE in Enhanced Coverage，体现在物理接入带宽和服务覆盖区域的变化。

相比国内产业链对于 NB-IoT 的热捧，eMTC 似乎没有受到同样程度的关注，从能搜索到的互联网相关资讯和国内运营商的网络部署进度都能看出一些端倪（见图 0-3）。从目前掌握的情况来看，全球物联网络部署中，北美主流运营商更倾向于优先部署 eMTC，而对 NB-IoT 优先级相对不高，这可能源于资

其一贯对于建设投资"保守"的风格，也可能是运营商基于提供服务需求角度出发进行的决策考虑。eMTC 技术可以在数据、语音、容量、覆盖等多维度提供完全替代现有 2G 网络的能力，欧美主流运营商制定的现有 2G 网络退频重耕的策略，也为 eMTC 技术奠定了频率资源基础。（注：AT&T 宣布 2017 年 1 月 1 日已正式关闭 2G 网络、Verizon 明确 2G 退网计划，从 2009 年开始 NTT DoCoMo、KDDI 就陆续宣布中止 2G 服务，2016 年 12 月 Telstra 宣布关闭 2G 网络）

图 0-3　NB-IoT 与 eMTC 在互联网上关键词搜索对比

这两种技术在实质上没有什么颠覆性的区别，基带的调制复用技术都是源自正交频分复用（Orthogonal Frequency Division Multiplexing，OFDM），频谱利用率也都基本相似，不过在基本组网带宽，上下行频率选择为频分双工（Frequency Division Duplex，FDD）及时分双工（Time Division Duplex，TDD），吞吐率方面有所区别，这就意味着二者本身并不成为竞争关系，而恰恰是适合不同应用领域的相互补充，NB-IoT 适合静态的、低速的、对时延不太敏感"滴水式"的交互类业务，比如用水量、燃气消耗计数上传之类的业务；而 eMTC 具备一定的移动性，速率适中，对于实时性有一定需求，比如智能穿戴中对于老年人的异常情况的事件上报、电梯故障维护告警等。3GPP 中的业务应用对 eMTC 有一段很有趣的描述，因为 eMTC 具备移动性，那么网络侧可以利用监测到的物联网设备移动情况来判断那些处于静态的物品是否触发了盗窃告警，这恰好基于蜂窝物联网终端移动性定制化的设计解决方案。另外 eMTC 可以通过 VoLTE 技术支持语音，这也是 eMTC 技术的一个有趣的特点。

对于运营商而言，某一物联网技术能够提供更深的覆盖、更大规模的连接数量、更稳定的性能、更少的建设投资及后期维护的成本固然令人欣喜，但是更关键的考量在于运营获取的收入。物联网技术带来的变革，势必对传统的运营模式也带来冲击，也许物联网的运营模式也要借鉴互联网初期的模式，规模效应、跑马圈地才有后续的不断增值发展空间，而这恰恰又是技术发展带给通信人的舞台，也是时代给予的馈赠。

EC-GSM 之路

EC-GSM 的英文全称是 Extended Coverage-GSM，可以从名称上直观看出，这是基于老牌 2G 通信技术向更广范围覆盖延伸的一种物联网技术。EC-GSM 主要由一些老牌的通信设备企业所倡导，比如爱立信、诺基亚等，不仅意味着在原有 GSM 运营模式上继续挖潜新的商业价值增长点，在某种意义上，也意味着老牌通信企业对于通信技术尊严的捍卫。

EC-GSM 的技术创新在于采取了新的逻辑信道结构，类似 NB-IoT 采取在时间轴上重传的方式提升覆盖增益，并且结合了 CDMA 实现多址的方式提升容量。同时还通过诸如系统消息的优化（没有异系统互操作）、扩展 DRX 时间、完保加密算法的升级等新的技术在终端节电和安全方面进行了强化。该技术的另一个优势在于，它可以对现有的无线通信网络进行软件升级，无需额外的硬件即可实现广域级的物联网覆盖。

eMTC/NB-IoT/EC-GSM 三种蜂窝物联网技术参数对比见表 0-3。

表 0-3　eMTC/NB-IoT/EC-GSM 三种蜂窝物联网技术参数对比

	eMTC(LTE Cat M1)	NB-IoT	EC-GSM-IoT
组网部署模式	In-band LTE	In-band&Guard-band LTE,standalone	In-band GSM
覆盖（最大路损）	155.7dB	164dB	164dB，对应 33dBm 最大发射功率等级 154dB，对应 23dBm 发射功率等级
下行物理层技术	OFDMA 多址，15kHz 子载波频宽，采取 Turbo Code 编码，16QAM 调制，下行 UE 单天线接收	OFDMA 多址，15kHz 子载波频宽，下行 UE 单天线接收	TDMA/FDMA 多址，GMSK 和 8PSK 调制，下行 UE 单天线接收
上行物理层技术	SC-FDMA 多址，15kHz 子载波频宽，采取 Turbo Code 编码，16QAM 调制	SC-FDMA 多址，3.75kHz 和 15kHz 子载波频宽（single tone），15kHz 子载波频宽（multi-tone），Turbo code 编码	TDMA/FDMA 多址，GMSK 和 8PSK 调制
业务占用带宽	1.08MHz	180kHz	单载波 200kHz，总系统带宽 2.4MHz,R13 版本总系统带宽可降至 600kHz
峰值速率（下行/上行）	1Mbit/s（上行/下行）	下行：250kbit/s 上行：250kbit/s multi-tone，20kbit/s single-tone	上下行各 4 时隙，70kbit/s（GMSK），240kbit/s（8PSK）
双工模式	全双工&半双工，支持 FDD/TDD 频率上下行传输	半双工，FDD 上下行传输	半双工，FDD 上下行传输
节电技术	PSM、e-DRX、I-DRX、C-DRX	PSM、e-DRX、I-DRX、C-DRX	PSM,e-DRX,I-DRX
UE 发射功率等级	23dBm,20dBm	23dBm	33dBm,23dBm

　　EC-GSM 测试已在法国开展，采用 900MHz 频段，将设备覆盖提高 20dB，这一覆盖提升是相当可观的，可以到达较难覆盖的区域，例如装有多台智能计量表的深层室内地下室，或者已部署传感器进行农业和基础设施监控的偏远地区。另外，不管是基于 OFDM 调制的物联网技术，还是 GSM 的覆盖延伸的物联网技术，都可以采用节电模式（Power Saving Mode，PSM），达到降低功耗、省电的作用。

SigFox 之路

　　被称作搅局物联网阵营的"鲶鱼"的 SigFox 其实是一家公司的名称。早在 2012 年，SigFox 作为一家初创公司，以其超窄带（UNB）技术开始了低功耗广

域网络的布局，很快成为全球物联网产业中的明星企业。作为在通信领域中一条强有影响力的"鲶鱼"，SigFox 促进了运营商对低功耗广域网络的重视，让很多主流运营商因此踏上了部署低功耗广域网络之路。超窄带技术（Ultra Narrow Band，UNB）采取窄带 BIT/SK 调制提供上行 100bit/s 的极低速率，上行消息每包大小为 12Byte，下行消息每包大小为 8Byte，同时限制主要用来承载配置信息的下行消息一天最多不超过 4 条这样的方式提供海量设备连接和极低功耗。另外，该技术的协议栈相比传统电信级的协议要简单得多，不需参数配置，没有连接请求以及信令交互，这样的协议栈虽然设计简单，节省芯片成本，但站在 CT 技术的视角，对于提供稳定、安全的物联网接入是否可能存在隐患目前无法得知。

SigFox 不是传统电信运营商，而是一家颇带有几分互联网基因的物联网技术公司，不仅提供物联网设备、模组、布网解决方案，同时也提供管理 IoT 的平台，甚至更有运营物联网的趋势。公司网站首页如图 0-4 所示。

图 0-4　SigFox 公司网站首页

该公司采取一种更开源的姿态提供给用户基于 SigFox 模组上的二次开发，这不仅是加强 SigFox 技术阵营影响力的一种方式，也是一种互联网思维在物联网技术上的延续。按照 SigFox 公司官方的宣传，目前这一私有物联网技术已经为 32 个国家、5 亿人口提供服务，覆盖达 200 万 km^2，相当于 1/5 个欧洲。SigFox 的覆盖范围如图 0-5 所示。

32 COUNTRIES	**1.94** MILLION KM²	**512** MILLION
REGIONS	AREA	POPULATION

图 0-5　SigFox 的覆盖范围

目前，SigFox 采用的频率主要包括：欧洲、中东的 868MHz（ETSI 300-220），北美的 902MHz（FCC part 15），南美/澳大利亚/新西兰的 920MHz（ANATEL 506，AS/NZS 4268）。这在当地运营商基本属于非授权频谱，不过"900M 频段"一直被誉为频谱里的黄金频段，这也在某种程度上助力了 SigFox 提供广域覆盖，我国这一频段主要作为 GSM 授权频谱。

LoRa 之路

LoRa 依然是低功率广域通信网（LPWAN）技术中的一员，是美国 Semtech 公司采用和推广的一种基于扩频技术的超远距离无线传输方案。Semtech 是一家位于美国加州地地道道的硅谷公司，这是一家以专注提供模拟和混合信号半导体产品以及电源解决方案起家的公司，目前却成为倡导低功耗、远距离无线传输 LoRa 技术的引领者。

2015 年 3 月，LoRa 联盟（见图 0-6）宣布成立，这是一个开放的、非营利性组织，其目的在于将 LoRa 推向全球，实现 LoRa 技术的商用。该联盟由 Semtech 牵头，发起成员还有法国 Actility、中国 AUGTEK 和荷兰皇家电信 KPN 等企业，到目前为止，联盟成员数量达 330 多家，其中不乏 IBM、思科、法国 Orange 等重量级厂商。

图 0-6 LoRa 联盟首页

目前，LoRa 网络已经在世界多地进行试点或部署。截至目前 LoRa 联盟最新公布的数据，已经有 17 个国家公开宣布建网计划，120 多个城市地区有正在

运行的 LoRa 网络，如美国、法国、德国、澳大利亚、印度等国家，荷兰、瑞士、韩国等更是部署或计划部署覆盖全国的 LoRa 网络。

LoRa 联盟基于开源 MAC 协议制定了统一的 LoRaWAN 标准，LoRaWAN 协议有点类似 3GPP 通信协议的风格，对于 LoRa 无线接入网进行了较严格的定义，整体网络架构偏应用部分的实现则相对宽松。

如图 0-7 所示，在 LoRaWAN 协议中，对于接入终端有新的命名，即 Mote/Node（节点）。节点一般与传感器连接，负责收集传感数据，然后通过 LoRaMAC 协议传输给 Gateway（网关）。网关通过 WiFi 网络、3/4G 移动通信网络或者以太网作为回传网络，将节点的数据传输给 Server（服务器），完成数据从 LoRa 方式到无线/有线通信网络的转换，其中 Gateway 并不对数据做处理，只是负责将数据打包封装，然后传输给服务器。LoRa 技术更像是一次通信物理层技术与互联网协议高层协议栈的大胆融合。LoRaWAN 物理层接入采取线性扩频，前向纠错编码技术等，通过扩频增益，提升了链路预算。而高层协议栈（见图 0-8）又颠覆了传统电信网络协议中控制与业务分离的设计思维，采取类似 TCP/IP 中控制消息承载在 Payheader 而用户信息承载在 Payload 这样的方式层层封装传输。这样的好处是避免了移动通信网络中繁复的空口接入信令交互，但前提是节点设备具备独立发起业务传输的能力，并不需要受到网络侧完全的调度控制，这在小数据业务流传输、不需要网络侧统一进行资源调度的大连接物联网应用中，未尝不是一种很新颖的去中心化尝试（并不以网络调度为中心）。

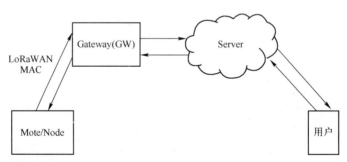

图 0-7　LoRaWAN 的组网模式

目前，LoRaWAN 技术采取上下行同频、节点伪随机跳频、节点自适应进行传输功率调整、"纯 Aloha"（可随时发起业务）的方式进行数据传输，这样的好处是通过避免周期侦听网络消息的方式与网络侧进行同步从而达到极低功耗的目的，但是随着节点数的大量增加，会增大节点之间传输的碰撞概率，也会使得网络传输效率降低，同时不同用途的节点在数据传输中的

QoS 也难以保证。当然，随着产业的进一步发展，相信这些问题也会得到更有效的解决。

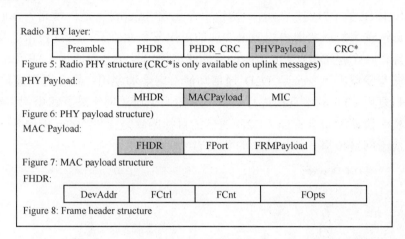

图 0-8　LoRaWAN 的协议栈

　　LoRa 主要工作在 1GHz 以下免授权频段，免授权频段的设备种类相对较多，难免会受到其他无线设备的干扰，但是免授权频段无须申请即可进行网络的建设，网络架构简单，运营成本也低，同时，LoRa 的优势在于其专利技术，即使在复杂的环境中依然能保持较高的接收灵敏度，抗干扰能力强，因此，全球范围内的物联网运营新贵依然对 LoRa 青睐有加。相比 NB-IoT 技术的严谨性，LoRa 更像是互联网思维下快速上线的产物，但是凭借其基于物联网应用的良好理解，定制化的进行技术设计，应用前景不容小觑。

物物通信之路

　　新兴物联网通信技术中除了蜂窝物联网通信技术之外，还有一个新兴的领域，就是短距离的物物之间直接通信进行数据交互，标准制定中为了与 M2M 有所区别，称作 Device to Device Communication（D2D）。随着移动互联网应用与服务的普遍提供，基于近场位置的物物通信有很多有趣的应用，比如电影院对于附近路过的影迷传递最新影片的小样；晨跑时路过某家咖啡馆被通知有相熟的朋友也在这里；在没有运营商网络时也可提供对于涉及国家公共安全的公安、消防的即时通信服务，诸如此类等。早期的 WiFi、Bluetooth、ZigBee 技术都是一种近场低功耗的物物通信技术，但是由于其工作在非授权频谱，需要手工匹配，安全性难以得到保障，同时需要与蜂窝网络并行独立同时工作，这些

技术特性会导致容量、质量难以保证，难以提供自动化近场服务，难以应用到公共安全通信领域，难以保障较低功耗等一系列的问题。始于 3GPP R12 中 LTE-advanced 的 D2D 技术（注：协议中命名为 Sidelink）是一种端到端通信技术，是通过重用宏蜂窝用户资源来实现的。如图 0-9 所示，D2D 技术主要包含两个功能，一个是 D2D 发现功能，它能够使用户设备之间通过 LTE 射频空口在近场相互发现；另一个是 D2D 通信功能，它能够使用户设备之间通过 LTE 射频空口复用 LTE 频率直接进行数据传输而避免通过网络进行路由，网络只负责一些资源协调和安全管控。D2D 通信的目标距离是提供 500m 的服务，当然这也取决于网络传播条件和网络的负载情况。

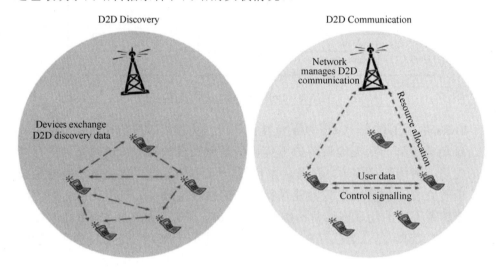

图 0-9　D2D 技术的两个功能

D2D 技术支持小区用户之间直接进行通信，通过重用网络频率资源带来很多优点，可以增加 LTE-advanced 的频谱利用效率，有效改善无线通信系统频谱资源匮乏的问题，并且可以降低终端发射功率、节能降耗、减小小区负载并保证 QoS 提供新的服务。无疑，D2D 技术来源于蜂窝通信网络技术，但是对于通信运营商的影响是深远的，尽管存在以上的一系列优点，D2D 通过一定程度的网络去中心化无论对于现在的网络运营还是未来的网络规划都将有重大意义的改变。当然，影响改变往往与机遇共存，作为物联网通信的另一个范畴——物物直连通信的先驱——D2D 技术实现了网络轻量化结构，运营商如何提前布局，应对挑战、把握机遇、实现新的收入增长，值得更深入的思考。

今生

3GPP R14 支持 NB-IoT 的定位功能以及移动性，国内最大的共享单车企业 ofo 已经与华为、中国电信达成 NB-IoT 战略合作（见图 0-10），在全新单车上部署基于 NB-IoT 的智能锁模块，提供低成本自行车定位的解决方案。

图 0-10　ofo、中国电信与华为的 NB-IoT 战略合作

AT&T、Verizon、KPN、西班牙电信等四大洲 9 家主流运营商宣布支持 eMTC，这些运营商分布在美国、欧洲、亚洲和澳洲四大洲，eMTC 的全球市场版图开始强势扩大。

世界领先物联网连接提供商 SigFox 近期宣布完成 1.5 亿欧元 E 轮融资，用来加快全球网络扩张和迅速实现全球覆盖，同时宣称能够提供免 GPS 应用超低成本的物联网定位服务。凭借在其网络上注册的 1000 多万个对象和目前涉及 26 个国家的覆盖面，SigFox 正在巩固其在物联网领域的全球领先地位。新一轮融资将让该公司能够在 2018 年之前将其国际网络扩大到 60 个国家，并达到财务损益平衡点（见图 0-11）。

中兴通讯与 Semtech 在 2017 年汉诺威消费电子、信息及通信博览会（CeBIT）现场签署基于 LoRa 定位技术的合作框架协议，双方决定就 LoRa 定位领域展开深入合作。基于该 MOU 协议，两家公司将联合开展 LoRa 定位应

用的研究，以满足各种物联网应用的定位需求。据了解，"LoRa 定位"是 Semtech 针对 LoRa 网关芯片最新设计并推出的免终端参与被动定位技术，通过多个 LoRa 基站接收终端数据信号时获取终端的信号传输时延，对不同基站的距离测算出终端的位置，提供免传感器、零功耗定位能力，定位精度可以达到数十米级别。

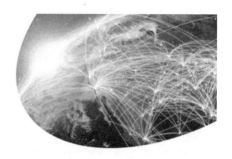

图 0-11　SigFox 谋求进一步的市场布局

随着国家万物互联战略的提出，蜂窝物联网技术的发展进入了黄金时代，从工程实践的角度了解相关重要技术原理，并通过与 LTE 蜂窝通信技术进行对比的方式把握新系统，新技术的设计思想，不仅在网络优化实践中能够起到一定的帮助作用，同时在系统、芯片设计中能有所启迪，这也是本书的主旨所在。

第 1 章

NB-IoT 技术概述

1.1 NB-IoT 系统技术特点

下一代移动通信系统（5G）的重要属性之一是支持海量万物互联，这意味着下一代通信网络构建的目的不仅是为用户提供更高的速率，同时也需要有效提供支持物联网的系统架构。这在协议标准里得到体现，3GPP 目前的标准文档中并没有直接为 NB-IoT、eMTC 等物联网技术单独立书作传，接入网协议中对于 NB-IoT 一般采取独立章节进行描述，eMTC 与 LTE 进行了融合。核心网协议中则对 eMTC/NB-IoT/LTE 采取了融合升级，这样也表明了一种架构设计理念，物联网的关键技术（例如物理层的调制/解调技术）借鉴了 LTE，同时又是 LTE 技术的某种方向上的演进，而在接入网信令流程和核心网信令流程层面与 LTE 大体是一致的，从系统研发层面而言相对更加平滑和迅速。

1.1.1 NB-IoT 接入网主要协议流程

在了解 NB-IoT 相关技术原理之前，有必要对一些术语概念进行澄清。蜂窝物联网技术（CIoT）是一个总体的范畴，当然还有 Sidelink 这样的物物数据传输技术，严格来说也属于蜂窝物联网的范畴。总体上，CIoT 细分为窄带物联网（NB-IoT）和非 NB-IoT 两个领域（非 NB-IoT 包括带宽受限 UE 或者覆盖增强 UE 等 eMTC 物联网技术），NB-IoT 技术相对比较独立，承接了某些 GSM 标准化组织早期的研究基因，但更多地受到 LTE 标准设计的影响。从接入网来看，NB-IoT 等终端的工作状态与 LTE 一样分为两种：RRC_IDLE（空闲态）和 RRC-CONNETED（连接态），但也有一些细节上的不同，例如 NB-IoT 没有互操作的属性，这意味着 NB-IoT 的终端无法切换、重定向以及 CCO（Cell Change Order）到 2/3/4G 网络，NB-IoT 终端只具备 E-UTRA 状态（只有一种工作模式，这里 E-UTRA 不等同于 LTE 的 E-UTRA）；NB-IoT 终端在连接态下不读系统消息，而 4G 终端在连接态下可以获取系统消息；NB-IoT 终端在连接态不提供任何信道反馈，即没有信道状态信息（Channel State Information，CSI）上报，NB-IoT 也没有了切换机制，同时也不提供测量报告（Measurement Reporting，MR）；另外在 NB-IoT 里关于上行速率调度机制也不具备，相比较而言，MTC 终端由于其源自 LTE，因此这些基本的机制还和 LTE 大网技术保持一致，但也有一些细微的区别，我们在后续章节中会提及。

系统消息和系统帧号获取

在 LTE 系统中，UE 要想进行小区驻留，获取系统消息，首先需要获取主信息块（Master Information Block，MIB），为了保证 MIB 的正确解读，LTE 系统以 40ms 为一周期，每个周期之内重复发送 4 次 MIB 从而提高 MIB 获取的可靠性。而相比之下，NB-IoT 更加保守，以 640ms 为一周期，每个周期内分 8 次传送完 MIB-NB，每次传输 MIB-NB 的一部分。那么每次传输的部分有多大？按以下方式计算：BCH 传输块 34bit，加上 CRC 奇偶校验 16bit，再加上进行速率匹配传递到物理层窄带物理广播信道（Narrowband Physical Broadcast Channel，NPBCH）的符号，一共 1600bit，因为是分 8 次传完，所以在 80ms 子周期内每次传输 200bit，重复 8 次进行传输，在每个无线帧的 0 号子帧中发送，在下一个 80ms 子周期中传输下一个 NPBCH 的 200bit 符号，依次延续直到传输完 1600bit，即传输完 MIB-NB。由于 NB-IoT 技术对时延不敏感，这种设计举措进一步提升了 MIB-NB 获取和解码的可靠性，不过某些芯片设计就不可能像 LTE 那样在系统消息侦听过程中进行一些解码时延优化，例如 10ms 内解读完第一个 PBCH 就可以获取 MIB 消息，而在之后的 30ms 不去进行重复侦听。NB-IoT 芯片需要完完整整侦听完 640ms 才能确定 MIB-NB 的消息实体，这也注定导致 NB-IoT 的芯片在开机驻留的时间会比较长。

LTE 系统中以 80ms 为周期发送系统消息块（System Information Block，SIB）SIB1 消息，每个周期之内重复发送 4 次 SIB1 消息，起始位置在系统帧号（System Frame Number，SFN）SFN mod8=0（即无线帧 0, 8, 16, 24, …）的 5 号子帧中发送。NB-IoT 里面的 SystemInformationBlockType1-NB (SIB1-NB) 以 2560ms 为周期进行发送，SIB1-NB 以 16 个连续的无线帧作为基本发送单位，在 4 号子帧上固定发送。

在一个 2560ms 周期内按照相同时间间隔重复发送，重复次数可分别为 4、8、16。SIB1-NB 的传输块大小以及 2560ms 内的循环次数在 MIB-NB 中的 schedulingInfoSIB 指明，如图 1-1 所示。

MasterInformationBlock-NB

```
-- ASN1START

MasterInformationBlock-NB ::=    SEQUENCE {
    systemFrameNumber-MSB-r13       BIT STRING (SIZE (4)),
    hyperSFN-LSB-r13                BIT STRING (SIZE (2)),
```

图 1-1　MIB-NB 中关于 SIB1-NB 的调度信息

```
    schedulingInfoSIB1-r13          INTEGER (0..15),
    systemInfoValueTag-r13          INTEGER (0..31),
    ab-Enabled-r13                  BOOLEAN,
    operationModeInfo-r13           CHOICE {
        Inband-SamePCI-r13              Inband-SamePCI-NB-r13,
        Inband-DifferentPCI-r13         Inband-DifferentPCI-NB-r13,
        Guardband-r13                   Guardband-NB-r13,
        Standalone-r13                  Standalone-NB-r13
    },
    spare                           BIT STRING (SIZE (11))
}


ChannelRasterOffset-NB-r13 ::= ENUMERATED {khz-7dot5, khz-2dot5, khz2dot5, khz7dot5}

Guardband-NB-r13 ::=            SEQUENCE {
    rasterOffset-r13                ChannelRasterOffset-NB-r13,
    spare                           BIT STRING (SIZE (3))
}


Inband-SamePCI-NB-r13 ::=      SEQUENCE {
    eutra-CRS-SequenceInfo-r13      INTEGER (0..31)
}


Inband-DifferentPCI-NB-r13 ::= SEQUENCE {
    eutra-NumCRS-Ports-r13          ENUMERATED {same, four},
    rasterOffset-r13                ChannelRasterOffset-NB-r13,
    spare                           BIT STRING (SIZE (2))
}


Standalone-NB-r13 ::=          SEQUENCE {
    spare                           BIT STRING (SIZE (5))
}


-- ASN1STOP
```

图 1-1 MIB-NB 中关于 SIB1-NB 的调度信息（续）

schedulingInfoSIB 中取值为 0～15，通过该值可以分别确定承载 SIB1-NB 的 NPDSCH 重复次数（见表 1-1），以及 NPDSCH 中承载 SIB1-NB 的传输块（Transport Block Size，TBS）大小（见表 1-2），I_{TBS} 为 schedulingInfoSIB 中的

取值。

表 1-1　SIB1-NB 2560ms 周期内的重复次数

Value of schedulingInfoSIB1	Number of NPDSCH repetitions	Value of schedulingInfoSIB1	Number of NPDSCH repetitions
0	4	7	8
1	8	8	16
2	16	9	4
3	4	10	8
4	8	11	16
5	16	12～15	Reserved
6	4	—	—

表 1-2　承载 SIB1-NB 的 NPDSCH 中传输块大小（TBS）

I_{TBS}	0	1	2	3	4	5	6	7	8	9	10	11	12	13	14	15
TBS	208	208	208	328	328	328	440	440	440	680	680	680			Reserved	

根据获取的 SIB1-NB 在 2560ms 周期内的重复次数以及小区 PCID 就可以得知 SIB1-NB 的起始帧位置，见表 1-3。

表 1-3　SIB1-NB 起始位置计算

Number of NPDSCH repetitions	N_{ID}^{Ncell}	Starting radio frame number for NB-SIB1 repetitions (n_f mod 256)
4	N_{ID}^{Ncell} mod 4 = 0	0
	N_{ID}^{Ncell} mod 4 = 1	16
	N_{ID}^{Ncell} mod 4 = 2	32
	N_{ID}^{Ncell} mod 4 = 3	48
8	N_{ID}^{Ncell} mod 2 = 0	0
	N_{ID}^{Ncell} mod 2 = 1	16
16	N_{ID}^{Ncell} mod 2 = 0	0
	N_{ID}^{Ncell} mod 2 = 1	1

UE 通过解读 SIB1-NB 获取到两个重要信息：一个是调度消息接收窗长（Scheduling Information Window，SI-Window），如图 1-2 所示；另外一个是

schedulingInfoList（调度信息清单）。SIB1-NB 中 schedulingInfoList 包含的信息要比 LTE SIB1 中的 schedulingInfoList（见图 1-3）所包含的信息丰富得多，其不仅包含了时频资源信息，同时也包含了传输块信息，如图 1-4 所示。

```
    p-Max                               P-Max                   OPTIONAL,
-- Need OP
    freqBandIndicator                   FreqBandIndicator,
    schedulingInfoList                  SchedulingInfoList,
    tdd-Config                          TDD-Config              OPTIONAL,   --
Cond TDD
    si-WindowLength                     ENUMERATED {
                                        ms1, ms2, ms5, ms10, ms15, ms20,
                                        ms40},
    systemInfoValueTag                  INTEGER (0..31),
    nonCriticalExtension                SystemInformationBlockType1-v890-IEs
    OPTIONAL
}
```

图 1-2　LTE SIB1 中包含的 SI 接收窗长信息

```
SchedulingInfoList ::= SEQUENCE (SIZE (1..maxSI-Message)) OF SchedulingInfo

SchedulingInfo ::=   SEQUENCE {
    si-Periodicity                      ENUMERATED {
                                        rf8, rf16, rf32, rf64, rf128, rf256,
rf512},
    sib-MappingInfo                     SIB-MappingInfo
}

SchedulingInfoList-BR-r13 ::= SEQUENCE (SIZE (1..maxSI-Message)) OF SchedulingInfo-BR-
r13

SchedulingInfo-BR-r13 ::=    SEQUENCE {
    si-Narrowband-r13                   INTEGER (1..maxAvailNarrowBands-r13),
    si-TBS-r13                          ENUMERATED {b152, b208, b256, b328, b408, b504,
b600, b712,
```

图 1-3　LTE SIB1 中包含的 schedulingInfoList

```
                                            b808, b936}
}

SIB-MappingInfo ::= SEQUENCE (SIZE (0..maxSIB-1)) OF SIB-Type

SIB-Type ::=                          ENUMERATED {
                              sibType3,  sibType4,  sibType5,  sibType6,
                              sibType7,  sibType8,  sibType9,  sibType10,
                              sibType11, sibType12-v920, sibType13-v920,
                              sibType14-v1130, sibType15-v1130,
```

图 1-3　LTE SIB1 中包含的 schedulingInfoList（续）

```
                                            dB4,        dB4dot23,  dB5,
                                            dB6,        dB7,       dB8,
                                            dB9}        OPTIONAL,    -- Cond
Inband-SamePCI
    schedulingInfoList-r13             SchedulingInfoList-NB-r13,
    si-WindowLength-r13                ENUMERATED {ms160,  ms320,  ms480,  ms640,
                                             ms960,  ms1280, ms1600, spare1},
    si-RadioFrameOffset-r13            INTEGER (1..15)    OPTIONAL,  -- Need OP
    systemInfoValueTagList-r13         SystemInfoValueTagList-NB-r13  OPTIONAL,  --
Need OR
    lateNonCriticalExtension           OCTET STRING                 OPTIONAL,
    nonCriticalExtension               SEQUENCE {}                  OPTIONAL
}

PLMN-IdentityList-NB-r13 ::=          SEQUENCE (SIZE (1..maxPLMN-r11)) OF PLMN-
IdentityInfo-NB-r13

PLMN-IdentityInfo-NB-r13 ::=          SEQUENCE {
    plmn-Identity-r13                     PLMN-Identity,
    cellReservedForOperatorUse-r13        ENUMERATED {reserved, notReserved},
    attachWithoutPDN-Connectivity-r13     ENUMERATED {true}  OPTIONAL    -- Need OP
}

SchedulingInfoList-NB-r13 ::= SEQUENCE (SIZE (1..maxSI-Message-NB-r13)) OF
SchedulingInfo-NB-r13
```

图 1-4　NB-IoT 中 SIB1-NB 中包含的 SI 接收窗长信息和 schedulingInfoList

```
SchedulingInfo-NB-r13::=          SEQUENCE {
    si-Periodicity-r13               ENUMERATED {rf64, rf128, rf256, rf512,
                                          rf1024, rf2048, rf4096, spare},
    si-RepetitionPattern-r13           ENUMERATED {every2ndRF, every4thRF,
                                          every8thRF,  every16thRF},
    sib-MappingInfo-r13              SIB-MappingInfo-NB-r13,
    si-TB-r13          ENUMERATED {b56, b120, b208, b256, b328, b440, b552, b680}
}

SystemInfoValueTagList-NB-r13 ::=  SEQUENCE (SIZE (1.. maxSI-Message-NB-r13)) OF
                                   SystemInfoValueTagSI-r13

SIB-MappingInfo-NB-r13 ::=         SEQUENCE (SIZE (0..maxSIB-1)) OF SIB-Type-NB-r13

SIB-Type-NB-r13 ::=                ENUMERATED {
                                   sibType3-NB-r13, sibType4-NB-r13, sibType5-NB-
r13,
```

图 1-4　NB-IoT 中 SIB1-NB 中包含的 SI 接收窗长信息
和 schedulingInfoList（续）

SI-WindowLength 由基站可配，对于所有的 SI 消息都是一致的。配置 SI 消息的原则如下：SI 以周期窗的方式进行下发，每一个 SI 消息对应一个 SI 窗（一个 SI 消息可以跨越占用多个 SI 窗），不同 SI 消息的窗不互相交叠，这意味着 UE 需要依序串行解码 SI 消息。为了获取 SI 系统消息，UE 首先需要确定 SI 窗的起始位置

$$(\text{H-SFN} * 1024 + \text{SFN}) \bmod T = \text{FLOOR}(x/10) + \text{Offset}$$

式中，$x = (n-1)*w$，n 为 SI 系统消息在 SI 消息列表中的序号，例如 SIB2-NB 序号为 1，w 为 SI 窗长；T=si-Periodicity；Offset=si-RadioFrameOffset。

SI 窗起始于满足以上计算无线帧的系统帧号 SFN 的 0 号子帧。接下来在 SI 接收窗内，UE 通过 si-RepetitionPattern 获知 SI 窗内每次重复传输 SI 消息的起始无线帧，并通过 downlinkBitmap 明确可用子帧（SIB1-NB 中可选配置，从左至右比特为 1 表示对应 0～9 下行子帧可用）或者该无线帧中除了 NPSS/NSSS/NPBCH/SIB1-NB 的子帧作为起始子帧，并根据传输块（TBS）的大小，决定 2 个子帧连续传输或者是 8 个子帧连续传输（120bit 以下采取 2 个连续子帧传输，120bit 以上采取 8 个连续子帧传输），如果承载 SI 消息的连续子帧无法满足在一个无线帧内，则顺延至下一个无线帧。SI 消息采取窗内重复、窗外

循环的方式进行传输。

　　LTE 中 SIB1 系统消息在时域是按照固定调度方式传输的，UE 通过 SI-RNTI 获取相应的频域位置，而其他 SI 系统消息则是动态调度的，在 SI 接收窗内时域、频域（在频域上可以重复传输多次 SI 消息）和 TBS 都是可以配置的，因此需要通过 SI-RNTI 动态解码 PDCCH 获取详细的时频资源配置和 TBS 格式。而 NB-IoT 中 SIB1-NB 以及 SI-NB 的时频域资源和 TBS 都是根据高层消息固定调度配置的，SI-RNTI 在这里仅仅作为摆设，没有实际的作用。

　　值得一提的是，UE 如何获取 H-SFN 和 SFN？UE 可以通过解码 MIB-NB 的低位 2bit，结合解码成功 SIB1-NB 的高位 8bit 确定超帧号（H-SFN）。另外，SFN 通过解码 MIB-NB 获取 SFN 高位 4bit，并结合解码 640ms 的 NPBCH 隐式获取低位 6bit，这样就可以确定具体的无线帧号（SFN），如图 1-5 和图 1-6 所示。

MasterInformationBlock-NB

```
-- ASN1START


MasterInformationBlock-NB ::=      SEQUENCE {
    systemFrameNumber-MSB-r13          BIT STRING (SIZE (4)),
    hyperSFN-LSB-r13                   BIT STRING (SIZE (2)),
    schedulingInfoSIB1-r13             INTEGER (0..15),
    systemInfoValueTag-r13             INTEGER (0..31),
    ab-Enabled-r13                     BOOLEAN,
    operationModeInfo-r13              CHOICE {
```

图 1-5　MIB-NB 中的超帧和无线帧标识部分

SystemInformationBlockType1-NB message

```
-- ASN1START


SystemInformationBlockType1-NB ::=  SEQUENCE {
    hyperSFN-MSB-r13                    BIT STRING (SIZE (8)),
    cellAccessRelatedInfo-r13          SEQUENCE {
        plmn-IdentityList-r13              PLMN-IdentityList-NB-r13,
        trackingAreaCode-r13              TrackingAreaCode,
        cellIdentity-r13                  CellIdentity,
        cellBarred-r13                    ENUMERATED {barred, notBarred},
```

图 1-6　SIB1-NB 中的超帧标识部分

```
    intraFreqReselection-r13              ENUMERATED {allowed, notAllowed}
},
```

图 1-6 SIB1-NB 中的超帧标识部分（续）

　　NB-IoT 网络侧除了 MIB-NB 的系统消息改变可以通过两种方式通知终端。一种是 Paging 寻呼的方式，UE 通过侦听寻呼消息的方式确认系统消息是否发生了改变，原理流程如图 1-7 所示。如果 NB-IoT 系统消息发生了改变，会在 modification period（变更周期，定义见图 1-8）下发携带 systemInfoModification 字段的寻呼消息，在接下来的 modification period 中改变系统消息。UE 需要在每个变更周期中尝试侦听 modificationPeriodCoeff 次寻呼中是否携带 systemInfo Modification，如果都没有，则说明在这个变更周期内系统消息未发生改变。

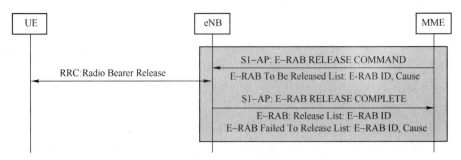

图 1-7 系统消息变更的前后阶段

RadioResourceConfigCommonSIB-NB information element

```
-- ASN1START

RadioResourceConfigCommonSIB-NB-r13 ::= SEQUENCE {
    rach-ConfigCommon-r13                RACH-ConfigCommon-NB-r13,
    bcch-Config-r13                      BCCH-Config-NB-r13,
    pcch-Config-r13                      PCCH-Config-NB-r13,
    nprach-Config-r13                    NPRACH-ConfigSIB-NB-r13,
    npdsch-ConfigCommon-r13              NPDSCH-ConfigCommon-NB-r13,
    npusch-ConfigCommon-r13              NPUSCH-ConfigCommon-NB-r13,
    dl-Gap-r13                           DL-GapConfig-NB-r13          OPTIONAL,
-- Need OP
    uplinkPowerControlCommon-r13         UplinkPowerControlCommon-NB-r13,
    ....
```

图 1-8 系统的变更周期通过 SIB2-NB 中的
modificationPeriodCoeff * defaultPagingCycle 进行确定

```
    [[  nprach-Config-v1330              NPRACH-ConfigSIB-NB-v1330    OPTIONAL
-- Need OR
    ]]
}


BCCH-Config-NB-r13 ::=                   SEQUENCE {
    modificationPeriodCoeff-r13              ENUMERATED {n16, n32, n64, n128}
}




PCCH-Config-NB-r13 ::=                   SEQUENCE {
    defaultPagingCycle-r13                   ENUMERATED {rf128, rf256, rf512, rf1024},
    nB-r13                                   ENUMERATED {
                                                 fourT, twoT, oneT, halfT, quarterT,
one8thT,
                                                 one16thT, one32ndT, one64thT,
                                                 one128thT, one256thT, one512thT,
one1024thT,
                                                 spare3, spare2, spare1},
    npdcch-NumRepetitionPaging-r13           ENUMERATED {
                                                 r1, r2, r4, r8, r16, r32, r64, r128,
                                                 r256, r512, r1024, r2048,
                                                 spare4, spare3, spare2, spare1}
}

-- ASN1STOP
```

图 1-8　系统的变更周期通过 SIB2-NB 中的
modificationPeriodCoeff ∗ defaultPagingCycle 进行确定（续）

　　如果该 UE 在 RRC_IDLE 状态时配置的非连续接收（Discontinuous Reception，DRX）周期长于系统消息变更周期，并且寻呼消息中携带了 systemInfoModification-eDRX 字段，那么 UE 在下一个 eDRX 中获得周期的边界获取变更的系统消息。如果说系统消息的变更周期边界可以被定义为 (H-SFN ∗ 1024 + SFN) mod 4096 = 0，即变更周期为 4096 个无线帧（SFN）（协议规定变更周期不小于 40.96s），那么 eDRX 的获取周期边界就通过超帧 H-SFN mod 1024 =0 来定义，即 eDRX 的获取周期为 1024 个超帧（H-SFN），如图 1-9 所示。

　　另外一种情况是通过 MIB-NB 中系统参数标签 systemInfoValueTag 来指示，

UE 可以通过收到的该值与存储的值进行比对，如果不同则判定系统消息发生了改变，这种判定方式尤其针对 UE 短暂脱网重搜的场景进行设计（由于脱网导致没有收到系统消息变更的寻呼），现网中基站侧一般采取系统消息变更一次，该标签值同步增量+1 的方式，32 个值进行循环。在 NB-IoT 中，系统消息变更流程通知 UE 系统消息发生了改变，而 SIB1-NB 中的 systemInfoValue TagSI 字段明确了具体哪些系统消息发生了改变。LTE 中则不会对具体哪些系统消息变更予以明确。同时值得注意的是，LTE 中系统参数标签 systemInfoValueTag 是在 SIB1 中下发的，另外在 LTE（R13 之前的版本）也不涉及对于 eDRX（超长 DRX 周期）的处理。

Paging-NB message

```
-- ASN1START


Paging-NB ::=                        SEQUENCE {
    pagingRecordList-r13              PagingRecordList-NB-r13        OPTIONAL, --
Need ON
    systemInfoModification-r13        ENUMERATED {true}              OPTIONAL, --
Need ON
    systemInfoModification-eDRX-r13   ENUMERATED {true}              OPTIONAL, --
Need ON
    nonCriticalExtension              SEQUENCE{}                     OPTIONAL
}

PagingRecordList-NB-r13 ::=          SEQUENCE (SIZE (1..maxPageRec)) OF PagingRecord-
NB-r13

PagingRecord-NB-r13 ::=              SEQUENCE {
    ue-Identity-r13                   PagingUE-Identity,
    ...
}

-- ASN1STOP
```

图 1-9　寻呼消息中携带系统消息改变字段

NB-IoT 层 3 信令流程

NB-IoT 数据传输模式分为三种：第一种是通过非接入层（Non Access Stratum，NAS）控制面信令传送小数据，不需要建立专用无线承载（Dedicated

Radio Bearer，DRB），协议中称为 control plane CIoT optimization，简称 CP 数据优化传输模式；第二种是采取传统控制与用户面分离的模式，通过建立 DRB 承载传输数据；第三种是第二种数据传输模式的优化，只需要通过接入层信令交互就可以恢复用户面承载，从而使优化省去了一些 NAS 层信令交互，协议中称为 user plane CIoT optimization，简称 UP 数据优化传输模式。第一种和第三种数据传输模式是相较 LTE 而言，NB-IoT 中特有的数据传输模式。另外，NB-IoT 没有 SRB2[⊖]消息，取而代之的是使用 SRB1bis 作为专属逻辑信道的信令承载，而仅支持控制面消息优化模式的 NB-IoT 终端只能建立使用 SRB1bis。在 RRC 的专用信令承载 SRB1 建立之时，SRB1bis 被隐式地建立起来，但是需要等到安全模式之后才被真正使用，由于 PDCP 层负责安全模式处理，因此 SRB1bis 与 SRB1 根本的区别在于有没有 PDCP 层承载，由此可见，SRB1bis 是没有 PDCP 层的。SRB1 采用逻辑信道标识 1，SRB1bis 采用逻辑标识 3。DLInformationTransfer-NB/ULInformation Transfer- NB/RRCConnection Release-NB/RRCConnectionSetupComplete-NB/UECapability Enquiry-NB/ UECapability Information-NB 等信令都可以采取 SRB1bis 承载，其中 RRCConnectionSetup-Complete-NB 只能采取 SRB1bis 承载，由于 RRC ConnectionSetupComplete-NB 在安全模式建立之前触发，故协议在这里融合了 UP 数据优化传输模式和 CP 数据优化传输模式的需求，只采取 SRB1bis 作为信令承载。NB-IoT 终端最多可支持 2 个 DRB，而仅支持 CP 优化数据传输模式的终端则不需要支持 DRB 以及相关流程。

　　NB-IoT 层 3 信令流程整体上借鉴和复用了 LTE 信令流程。由于新增了 UP 数据优化传输模式，NB-IoT 空口信令对应新增了 RRC connection resume（RRC 连接恢复）流程（见图 1-10），该流程不适用于 CP 数据优化传输模式。

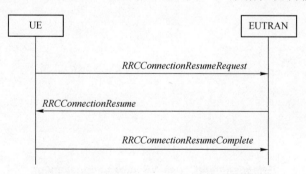

图 1-10　RRC 连接恢复信令流程，流程成功

　⊖ SRB 即 Signaling Radio Bearer，中文名为信令无线承载。

　　恢复是针对"挂起"流程而言的，为了使得 NB-IoT 终端更加省电，协议设计了"挂起-恢复"流程（注：协议标准中，该流程也可以适用 LTE 演进网络），网络侧通过 RRCConnectionRelease-NB 消息中释放原因值（ReleaseCause-NB）中的 rrc-Suspend 字段告诉终端 RRC 连接被挂起，UE 存储接入层协议栈上下文和 resumeIdentity，同时从连接态转变为 RRC_IDLE（空闲态）。

　　挂起针对 RRC 层已建立的至少 1 个 DRB，因此对于 CP 数据优化传输模式来说，"挂起-恢复"流程是不适用的。恢复流程会重新激活安全模式和重新建立信令及数据承载，相比 RRCConnectionRequest-NB，不需要有后续安全模式控制流程了。这样可以使得终端快速"恢复"与网络侧的连接。对于终端的"恢复"请求，网络侧可能会恢复之前"悬挂"起的 RRC 连接，或者拒绝恢复请求，或者建立一个新的 RRC 连接，RRC 恢复请求消息及恢复/建立原因如图 1-11 和图 1-12 所示，RRC 连接挂起消息及信令流程如图 1-13 所示。关于"恢复-挂起"流程，后面的章节会有更详细的阐述，这里不做过多展开。

RRCConnectionResumeRequest-NB message

```
-- ASN1START


RRCConnectionResumeRequest-NB ::=    SEQUENCE {
    criticalExtensions                   CHOICE {
        rrcConnectionResumeRequest-r13       RRCConnectionResumeRequest-NB-r13-IEs,
        criticalExtensionsFuture             SEQUENCE {}
    }
}


RRCConnectionResumeRequest-NB-r13-IEs ::=   SEQUENCE {
    resumeID-r13                         ResumeIdentity-r13,
    shortResumeMAC-I-r13                     ShortMAC-I,
    resumeCause-r13                      EstablishmentCause-NB-r13,
    spare                                BIT STRING (SIZE (9))
}


-- ASN1STOP
```

图 1-11　RRC 连接恢复请求消息

EstablishmentCause-NB informationelement

```
-- ASN1START
```

图 1-12　RRC 连接恢复/建立原因

```
EstablishmentCause-NB-r13 ::=        ENUMERATED {
                                     mt-Access, mo-Signalling, mo-Data, mo-
ExceptionData,
                                     delayTolerantAccess-v1330, spare3, spare2,
spare1}

-- ASN1STOP
```

图 1-12   RRC 连接恢复/建立原因（续）

RRCConnectionRelease-NBmessage

```
-- ASN1START


RRCConnectionRelease-NB ::=        SEQUENCE {
    rrc-TransactionIdentifier         RRC-TransactionIdentifier,
    criticalExtensions                CHOICE {
        c1                                CHOICE {
            rrcConnectionRelease-r13          RRCConnectionRelease-NB-r13-IEs,
            spare1 NULL
        },
        criticalExtensionsFuture          SEQUENCE {}
    }
}


RRCConnectionRelease-NB-r13-IEs ::= SEQUENCE {
    releaseCause-r13                  ReleaseCause-NB-r13,
    resumeIdentity-r13                ResumeIdentity-r13            OPTIONAL,   --
Need OR
    extendedWaitTime-r13              INTEGER (1..1800)            OPTIONAL,   --
Need ON
    redirectedCarrierInfo-r13         RedirectedCarrierInfo-NB-r13   OPTIONAL,   --
Need ON
    lateNonCriticalExtension          OCTET STRING                 OPTIONAL,
    nonCriticalExtension              SEQUENCE {}                  OPTIONAL

ReleaseCause-NB-r13 ::=            ENUMERATED {loadBalancingTAUrequired, other,
                                     -Suspend, spare1}


RedirectedCarrierInfo-NB-r13::=       CarrierFreq-NB-r13
-- ASN1STOP
```

图 1-13   网络通过 RRC 连接释放信令挂起

当 UE 发出 RRCConnectionResumeRequest-NB，而网络侧的响应消息为 RRCConnecionSetup-NB 时，这意味着网络侧建立一个新的 RRC 连接，那么 UE 需要将之前存储的 AS 上下文以及 resumeIdentity 丢弃，并且通知高层 UE 连接恢复被"回退"成新的 RRC 连接了，信令流程如图 1-14 所示。如同 RRC 连接请求一样，RRC 连接恢复请求也同样受定时器 T300 控制，T300 超时后底层清空，RRC 连接流程终止，后续行为取决于终端个性化实现。

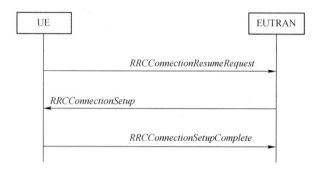

图 1-14　RRC 连接恢复回退为 RRC 连接建立（建立新连接），流程成功

协议规定，CP 数据优化传输模式是 NB-IoT 终端必须支持的功能设计，而 UP 数据优化传输模式则不然。RRCConnectionSetupComplete-NB 消息体中只含 UP 数据优化传输模式的可选择支持字段，表征终端是否可支持 UP 数据优化传输模式，如图 1-15 所示。

RRCConnectionSetupComplete-NB message

```
-- ASN1START

RRCConnectionSetupComplete-NB ::=    SEQUENCE {
    rrc-TransactionIdentifier               RRC-TransactionIdentifier,
    criticalExtensions                      CHOICE{
            rrcConnectionSetupComplete-r13      RRCConnectionSetupComplete-NB-r13-IEs,
            criticalExtensionsFuture            SEQUENCE {}
    }
}

RRCConnectionSetupComplete-NB-r13-IEs ::= SEQUENCE {
    selectedPLMN-Identity-r13               INTEGER (1..maxPLMN-r11),
    s-TMSI-r13                              S-TMSI                          OPTIONAL,
    registeredMME-r13                       RegisteredMME                   OPTIONAL,
```

图 1-15　NB-IoT 的 RRC 连接建立完成消息中包含 UP 数据优化传输模式可选字段

```
    dedicatedInfoNAS-r13                   DedicatedInfoNAS,
    attachWithoutPDN-Connectivity-r13      ENUMERATED {true}           OPTIONAL,
    up-CIoT-EPS-Optimisation-r13           ENUMERATED {true}           OPTIONAL,
    lateNonCriticalExtension               OCTET STRING                OPTIONAL,
    nonCriticalExtension                   SEQUENCE {}                 OPTIONAL
}

-- ASN1STOP
```

图 1-15　NB-IoT 的 RRC 连接建立完成消息中包含 UP 数据优化传输模式可选字段（续）

　　而对那些非 NB-IoT 的终端，比如 eMTC 终端或者 LTE 演进版本的终端，UP 数据优化传输模式和 CP 数据优化传输模式都是可选项，RRCConnection SetupComplete 消息里根据终端实际能力，选填这两个字段进行上报，如图 1-16 所示。

```
RRCConnectionSetupComplete-v1320-IEs ::= SEQUENCE {
    ce-ModeB-r13                           ENUMERATED {supported}      OPTIONAL,
    s-TMSI-r13                             S-TMSI                      OPTIONAL,
    attachWithoutPDN-Connectivity-r13      ENUMERATED {true}           OPTIONAL,
    up-CIoT-EPS-Optimisation-r13           ENUMERATED {true}           OPTIONAL,
    cp-CIoT-EPS-Optimisation-r13           ENUMERATED {true}           OPTIONAL,
    nonCriticalExtension                   RRCConnectionSetupComplete-v1330-IEs
OPTIONAL
}


RRCConnectionSetupComplete-v1330-IEs ::= SEQUENCE {
    ue-CE-NeedULGaps-r13                   ENUMERATED {true}           OPTIONAL,
    nonCriticalExtension                   SEQUENCE {}                 OPTIONAL
}


RegisteredMME ::=                      SEQUENCE {
    plmn-Identity                          PLMN-Identity               OPTIONAL,
    mmegi                                  BIT STRING (SIZE (16)),
    mmec                                   MMEC
}

-- ASN1STOP
```

图 1-16　RRC 连接建立完成消息中包含 UP/CP 数据优化传输模式可选字段

1.1.2　NB-IoT/LTE 开机同步机制

任何通信系统的终端在开机的时候都需要与网络进行同步，同步是为了更准确地获取网络消息，开机时的同步指的一般是下行同步，下行同步涉及两个流程——频率同步和时间同步，一般先有频率同步，再有时间同步。

LTE 的终端在频率同步时候采取 100kHz 精度的方式步进搜索，先确认中间部署主同步信号（Primary Synchronization Signal，PSS）的 6 个 PRB 的位置，再计算出中心频率。举例计算一下，band41 对应的中心频率范围是 2496～2689.9MHz，跨度 193.9MHz。每一个在 band41 内可设置的中心频率都是以 2496MHz 作为设置起点，并以 100kHz 整数倍作为间隔的方式进行设置，因此 100kHz 作为栅格基本精度扫描，恰恰对应上了每一个可能被设置的中心频点。

如何确认中间部署的 6 个 PRB 呢？协议上并没有进行规范。这里可能取决于芯片厂家的实现。一种可能的解决方案是以 100kHz 作为锁频步长，1.08MHz 作为基本窗长，这样每步进一次，就做一次基于已知 PSS 序列的相关，这样的好处是可以直接进行精细同步，准确确定中心频点的位置，但是劣势也是显而易见的，采取这种方式芯片进行处理对于计算的代价太大，效率太低，从而可能初次开机时间拉长很多，同时涉及全频段全制式搜索，需要芯片具备不同的相关窗长，无形中增加了芯片的代价。另一种可能的解决方案是，每隔 100kHz 的步进就进行一次探测（其实就是尝试捕获一下能量脉冲），以 Band41 的 D1 频段举例，D1 频段范围为 2575～2595MHz，中心频点 2585MHz，那么终端在首次开机，假设以 Band41 作为起始搜索频段，从起始频点 2496MHz 开始，搜完 6 个 PRB 最多需要探测脉冲[(2585MHz-2496MHz)/0.1MHz]+1=891 次，过程中，如果出现了连续 11 次捕获脉冲呈现[0 1 1 1 1 0 1 1 1 1 0]这种模式，则可以认为基本捕获了中间 6 个 PRB 的位置，同时也确定了中心频点，接下来就可以根据芯片预先存储的 PSS 序列与接收到的序列做相关，这样不但可以精准确认中心频率，同时也获取了实际的 PSS 码，同时也确定了后续参考信号（Reference Signal，RS）的位置，频率同步阶段至此就完成了。

NB-IoT 的传输带宽为 180kHz，在与 LTE 频谱共存的时候存在三种部署模式，分别为独立模式（Stand-alone）、带内模式（In-band）和保护带模式（Guard-band），三种组网模式如图 1-17 所示。当 UE 开机搜寻 NB-IoT 载频时，并不知道具体部署在哪里，也不知道采取以上三种模式的哪一种部署。

为了解决终端零中频接收导致的本振泄漏问题，NB-IoT 组网中采取独立模式/保护带模式/带内模式（不同 PCI）与带内模式，相同物理小区标识

（Physical Cell Identifier，PCI）的下行 OFDM 符号频率偏置是不一样的，独立模式部署/保护带模式/带内模式（不同 PCI）采取错频 1/2 子载波间隔（7.5kHz）的方式进行调制发射。而带内模式（相同 PCI）则需严格与 LTE 子载波保持正交，同时基于 LTE 系统的中心子载波进行必要的频率错位，这种错位 UE 事先不得而知，主要取决于网络侧的配置。而网络侧配置需要考虑两方面的因素：一是不能与 LTE 系统的 PSS/SSS 冲突，SSS 即辅同步信号（Secondary Synchronization Signal），这意味着不能配置在中间 6 个 PRB 位置；另一方面需要考虑是否能够被 UE 开机扫频搜索到。类似于 LTE 终端开机搜网过程，NB-IoT 终端也采取 100kHz 栅格扫频步进的方式尝试捕获 NB-IoT 的锚定载波中心频点。理论上，NB-IoT 也可以选择上述两种 LTE 频率同步解决方案进行开机同步，不过第二种方案相比第一种方案而言理论上有一定的劣势，因为 NB-IoT 的传输带宽与 100kHz 太接近，很难采取特定采样图的方式确定频域位置。最直接的方式就是采取 180kHz 频率同步窗、100kHz 步进的方式，即第一种开机搜网方案。针对 UE 的这种搜索方式，NB-IoT 如果采取带内部署模式，需要配置在特定的一些 PRB 上，满足搜索频宽恰好是 100kHz 的整数倍。以带宽为 10MHz 的 LTE 为例，NB-IoT 可以被配置在第 4、9、14、19、30、35、40、45 PRB 上。

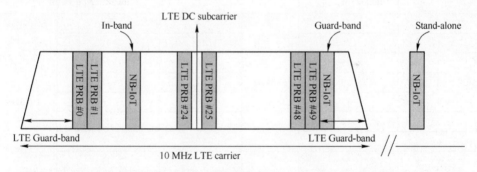

图 1-17　NB-IoT 与 LTE 的三种组网共存模式（In-band/Guard-band/Stand-alone）

下行同步不仅涉及频域同步过程，还有时域同步过程。时域同步主要体现在解码 PSS 与 SSS 信号获取确定的时间位置。由于 LTE/NB-IoT 的 PSS 配置在特定子帧上，故锁定 LTE 或者 NB-IoT 的 PSS 也可以采取两种方式：

1）频域与时域异步搜索方式，即首先通过步进 100kHz 初始锁定频域（频域卷积），在时域滚动采样，满足一个无线帧周期之后再步进锁频下一个 100kHz，依此方式循环直到成功解码出 PSS。

2）频域与时域同步搜索方式，即通过步进 100kHz 进行初始锁定频域（频域卷积），在下一个子帧间隔后继续进行频域步进。

从以上可选的两种时、频域同步方式可以看出，频域同步和时域同步过程不是完全割裂的，而是有机地结合在一起。至于芯片具体采取哪种方式进行同步处理，取决于具体实现，以同步效率优先为准则。

值得注意的一点是，由于 LTE 的下行 DC 子载波的存在（LTE 在 DC 子载波不传输数据是为了解决零中频接收带来的本振泄漏），NB-IoT 部署在 LTE 高位 PRB（图 1-17 中 LTE 中心频点的右侧）的中心频点，与以 100kHz 进行步进锁频的预期位置有 2.5kHz 的频偏，故协议规定针对 10MHz 和 20MHz 带宽 LTE 系统，以带内模式（In-band）进行 NB-IoT 部署的中心频点与 100kHz 栅格精度可以偏差 2.5kHz；而对于 3MHz、5MHz 和 15MHz 带宽的 LTE 系统，以带内模式进行 NB-IoT 部署的中心频点与 100kHz 栅格精度可以偏差 7.5kHz（1.4MHz 的 LTE 无法进行 NB-IoT 的带内部署），这意味着终端在 100kHz 锁频过程中，每次需要尝试轮询 5 组栅格偏置以正确锁定频率，分别为{−7.5kHz, −2.5kHz, 0kHz, 2.5kHz, 7.5kHz}，详见表 1-4。

表 1-4　LTE 小区参考信号（CRS）指示与 NB-IoT 频域位置和栅格映射

eutra-CRS-SequenceInfo	E-UTRA PRB index n'_{PRB} for odd number of N_{RB}^{DL}	Raster offset	eutra-CRS-SequenceInfo	E-UTRA PRB index n'_{PRB} for even number of N_{RB}^{DL}	Raster offset
0	−35		14	−46	
1	−30		15	−41	
2	−25		16	−36	
3	−20	−7.5kHz	17	−31	+2.5kHz
4	−15		18	−26	
5	−10		19	−21	
6	−5		20	−16	
7	5		21	−11	
8	10		22	−6	
9	15		23	5	
10	20	+7.5kHz	24	10	
11	25		25	15	
12	30		26	20	
13	35		27	25	−2.5kHz
			28	30	
			29	35	
			30	40	
			31	45	

当 UE 成功进行下行同步并且成功解码 MIB-NB 中的 operationModeInfo 参数指示与 LTE 是 Inband-SamePCI 共存模式后，UE 需要进一步获取 eutra-CRS-SequenceInfo 参数，通过表 1-4 中的定义映射关系，UE 可以获知 NB-IoT 在频域中占用 LTE 的 PRB 位置（$n'_{\text{PRB}} = n_{\text{PRB}} - \left\lfloor N^{\text{DL}}_{\text{RB}}/2 \right\rfloor$）以及具体频率偏置，从而可以进行基于 OFDM 调制传输下行数据的正确解调（参见 1.2.1 节关于下行基于 OFDM 调制的时域连续信号计算公式）。

1.2 NB-IoT 物理层技术

1.2.1 NB-IoT 下行物理层技术

NB-IoT 技术提供了一种低功耗的蜂窝物联网络接入方式。目前协议规定，NB-IoT 只支持 type-B[⊖]工作模式，载波带宽 180kHz，相当于 LTE 网络分配的一个物理资源块（PRB）的带宽，下行物理信道采取 OFDMA 的调制多址接入方式，子载波间隔与 LTE 同为 15kHz。虽然都在 E-UTRAN 的协议框架之内，并且 NB-IoT 接入网协议的设计还继承了很多 LTE 的设计思想，但是两者还是有很多主要区别的，例如，跨系统移动性、切换、测量报告、保证比特率（Guaranteed Bit Rate，GBR）、载波聚合、双连接、CSFB 回落、物物通信等技术功能在 NB-IoT 中都不支持。

根据实际工作频率的分配，NB-IoT 蜂窝物联网络与 LTE 网络之间的共存模式有三种，分别是独立部署（Stand-alone）、保护带部署（Guard-band）和带内部署（In-band），如图 1-18～图 1-20 所示。

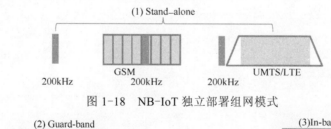

图 1-18　NB-IoT 独立部署组网模式

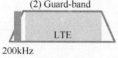 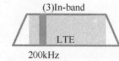

图 1-19　NB-IoT 部署在 LTE 系统保护带内　　图 1-20　NB-IoT 部署在 LTE 系统带宽内

⊖ type-B 指的是一种半双工 FDD 终端对于上下行发射接收转换保护带处理的模式，具体参见 TS 36.211 6.2.5 半双工 FDD（频分双工）。

这三种与 LTE 共存的组网方式各有特点：NB-IoT 独立组网方式与 LTE 大网可以完全分开，独立运维，但是需要额外的 FDD 频谱资源；保护带组网方式相比带内组网频率效率更高，但是需要考虑和大网的干扰共存；采取带内组网方式部署较容易，同时厂家升级较快，但是对于 LTE 网内的资源调度会有一定影响，同时对于系统以及终端的射频要求也更加严格。

UE 通过小区同步，解读 MIB-NB 系统消息可以确定组网的模式，如图 1-21 所示。

MasterInformationBlock-NB

```
-- ASN1START

MasterInformationBlock-NB ::=      SEQUENCE {
    systemFrameNumber-MSB-r13       BIT STRING (SIZE (4)),
    hyperSFN-LSB-r13                BIT STRING (SIZE (2)),
    schedulingInfoSIB1-r13          INTEGER (0..15),
    systemInfoValueTag-r13          INTEGER (0..31),
    ab-Enabled-r13                  BOOLEAN,
    operationModeInfo-r13           CHOICE {
        Inband-SamePCI-r13              Inband-SamePCI-NB-r13,
        Inband-DifferentPCI-r13         Inband-DifferentPCI-NB-r13,
        Guardband-r13                   Guardband-NB-r13,
        Standalone-r13                  Standalone-NB-r13
    },
    spare                           BIT STRING (SIZE (11))
}

ChannelRasterOffset-NB-r13 ::= ENUMERATED {khz-7dot5, khz-2dot5, khz2dot5, khz7dot5}

Guardband-NB-r13 ::=            SEQUENCE {
    rasterOffset-r13                ChannelRasterOffset-NB-r13,
    spare                           BIT STRING (SIZE (3))
}

Inband-SamePCI-NB-r13 ::=      SEQUENCE {
    eutra-CRS-SequenceInfo-r13      INTEGER (0..31)
}

Inband-DifferentPCI-NB-r13 ::=  SEQUENCE {
```

图 1-21　MIB-NB 中关于 NB-IoT 的组网模式

```
eutra-NumCRS-Ports-r13            ENUMERATED {same, four},
rasterOffset-r13                  ChannelRasterOffset-NB-r13,
spare                             BIT STRING (SIZE (2))
}


Standalone-NB-r13 ::=             SEQUENCE {
spare                             BIT STRING (SIZE (5))
}


-- ASN1STOP
```

图 1-21　MIB-NB 中关于 NB-IoT 的组网模式（续）

窄带参考信号（Narrowband Reference Signal，NRS）

如同 LTE 的 CRS，窄带参考信号也是 NB-IoT 中重要的物理层信号，作为信道估计与网络覆盖评估的重要参考依据。在 UE 获取到 MIB-NB 里面的 operationModeInfo 字段之前，UE 默认 NRS 窄带参考信号分别在子帧 0、4 和 9（不包含 NSSS）上传输。

当 UE 获取 MIB-NB 中的 operationModeInfo 字段指示为 Guard-band 或者 Standa-lone 模式后，在 UE 进一步获取 SIB1-NB 前，UE 可以认为 NRS 在子帧 0、1、3、4 和 9（不包含 NSSS）上进行传输。如果获取 SIB1-NB 后，UE 可以认为 NRS 在子帧 0、1、3、4 和 9（不包含 NSSS）中的下行子帧进行传输，并不期待在其他下行子帧传输。

当 UE 获取 MIB-NB 中的 operationModeInfo 字段指示为 Inband-SamePCI 或者 Inband-DifferentPCI 模式后，在 UE 获取 SIB1-NB 之前，UE 默认 NRS 在子帧 0、4 和 9（不包含 NSSS）上进行传输。当 UE 获取 SIB1-NB 之后，UE 可以认为 NRS 在子帧 0、4 和 9（不包含 NSSS）中的下行子帧进行传输，并不期待在其他下行子帧传输。协议中对于上述子帧 0、1、3、4 和 9 的规定是基于未来 NB-IoT 向 TDD 模式演进的考量，E-UTRAN TDD 制式中的子帧 0、1、3、4 和 9 都是作为下行子帧保留设计的。

如果 UE 获取高层 MIB-NB 中的 operationModeInfo 字段指示为 Inband-SamePCI，那么 UE 可能认为处于同频带 LTE 小区的 CRS 天线逻辑端口数与 NRS 的天线逻辑端口数相同，同时 LTE 小区的天线逻辑端口 {0,1} 与 NB-IoT 天线逻辑端口 {2000,2001} 分别对应相等（见图 1-22），LTE 的 CRS 参考信号存在于那些包含 NRS 的子帧当中。如果高层没有指示，UE 假定 NB-IoT 小区 PCI

和 LTE 小区的 PCI 相同，同时 UE 可以假定通过高层参数 eutra-NumCRS-Ports 获得 LTE 小区 CRS 参考信号的天线逻辑发射端口数，LTE 的 CRS 参考信号存在于那些包含 NRS 的子帧当中，另外，带内（In-band）共存模式下 LTE 小区 CRS 参考信息的频偏配置应该等于 NB-IoT 小区的 PCI 模 6，即 $v_{shift} = N_{ID}^{Ncell} \bmod 6$。

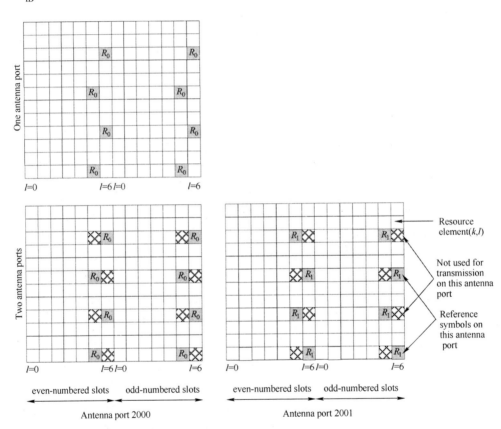

图 1-22   单天线端口 NRS 位置 vs 双天线端口 NRS 位置

（注：NB-IoT 最多只支持下行双天线端口传输）

根据 NRS 的物理层特性，在 NB-IoT 的日常网规网优中，可以归纳如下相关考量要素：

1）NB-IoT 系统内也同样存在小区间单天线逻辑端口模 6 干扰，双天线逻辑端口模 3 干扰。

2）对于采取与 LTE 带内共存部署模式的 NB-IoT 小区，如果高层指示 Inband-SamePCI，那么与 LTE 小区 PCI 保持一致，带内共存部署模式下，高层

没有指示与 LTE 小区设置相同 PCI，NB-IoT 小区 PCI 与 LTE 小区 PCI 需保证模 6 相等。

窄带主同步信号（**Narrowband Primary Synchronization Signal，NPSS**）

NB-IoT 的主同步信号仅作为小区下行同步使用，不作为辅助物理小区标识（PCI）计算使用。在 NB-IoT 中主同步信号在每个无线帧的子帧 5 固定传输（图 1-23），每个包含 NPSS 子帧中传输符号的天线端口在该子帧中是相同的，不过站在 UE 角度，NPSS 的天线传输逻辑端口不一定与 NRS 的天线传输逻辑端口相同，不同子帧的 NPSS 天线传输逻辑端口也不一定相同。

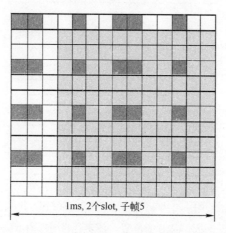

1ms, 2个slot, 子帧5

图 1-23　子帧 5 中 NPSS 所占符号

（深灰色部分■为 CRS 的位置，浅灰色部分■为 NPSS 位置）

传输 NPSS 的 5 号子帧上没有 NRS 窄带参考信号，如果带内组网模式下与 LTE 小区参考信号（CRS）重叠，重叠部分不计作 NPSS，但仍作为 NPSS 符号的一个占位匹配项（详见 TS 36.211. R13 10.2.7.1.2）。

窄带辅同步信号（**Narrowband Secondary Synchronization Signal，NSSS**）

NSSS 部署在偶数无线帧的 9 号子帧上，从第 4 个 OFDM 符号开始，占满 12 个子载波（见图 1-24）。该 9 号子帧上没有 NRS 窄带参考信号。同样如果在带内组网模式下与 CRS 小区参考信号重叠，重叠部分不计作 NSSS，但仍作为 NSSS 符号的一个占位匹配项。

与 LTE 网络中 PCI 需要通过 PSS 和 SSS 联合确定不同，NB-IoT 的物理层小区 ID 仅仅需要通过 NSSS 确定（依然是 504 个唯一标识），恰好对应了 NSSS 的 504 组编码序列。

NB-IoT 下行是半双工 FDD 传输模式，子载波频率间隔是 15kHz，NB-IoT 载波频宽为 180kHz，对应了 LTE 中一个资源块（Resource Block）大小。下行

窄带参考信号（NRS）布置在每个时隙的最后两个 OFDM 符号中，NB-IoT 的 NRS 天线逻辑端口最大可配置为 2。在进行 NB-IoT 网络小区规划优化时依然需要考虑可供分配的 504 个小区物理 ID，NSSS 与小区物理 ID 之间保持着一一对应的关系。终端通过获取 NPSS 和 NSSS 信息进行下行物理同步，NPSS 部署在每个无线帧的第 6 子帧（子帧 5）的前 11 个子载波中，NSSS 部署在每个无线帧的第 10 子帧（子帧 9）的全部 12 个子载波中。

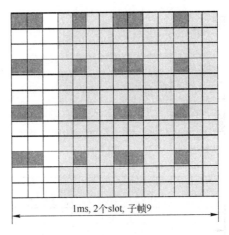

图 1-24　子帧 9 中 NSSS 所占符号

（深灰色部分█为 CRS 的位置，浅灰色部分 为 NSSS 位置）

NB-IoT 的下行传输信道与下行物理信道映射关系如图 1-25 所示，以下针对不同下行物理信道进行逐一介绍。

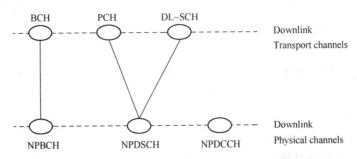

图 1-25　NB-IoT 的下行传输信道与下行物理信道映射关系

窄带物理广播信道（Narrowband Physical Broadcast Channel，NPBCH）

NPBCH 中承载了 1600bit 加扰传输内容，以 64 个无线帧（640ms）为循环传输周期，在 mod64=0 的无线帧上的 0 号子帧起始传输，在接下来连续的 7 个无线帧中的 0 号子帧进行重复内容传输，以此传输方式，每 80ms 都独立传输了 1600bit 中的一个 200bit 分片。协议规定 NPBCH 不可占用 0 号子帧的前三个 OFDM 符号，避免处于 in-band 模式下与 LTE 系统的 CRS 小区公共参考信号以及物理控制信道的碰撞。即使 guard-band、single-tone 模式下的 NPBCH 也会保留 0 号子帧的前三个 OFDM 符号，因为在解码 MIB-NB 之前，UE 并不清楚 NB-IoT 的组网模式，如果前三个 OFDM 符号映射了 MIB-NB 内容，UE 会将之忽略，造成信息丢失，如图 1-26 所示。

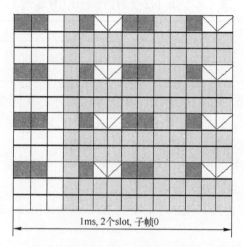

图 1-26　NPBCH 在子帧 0 上的位置

（浅灰色部分▨为 NPBCH，深灰色部分▩为 CRS，斜线为 NRS）

　　根据 TS 3GPP 36.211 R13 定义，一个小区的 NPBCH 需要传输 1600bit 加扰内容，采取 QPSK 调制方式，则可映射成 800 个复值调制符号，而每 8 个无线帧重复传输，64 个无线帧将这 800 个调制符号传完，意味着每 8 个无线帧重复传输 100 个调制符号，那么在这 8 个无线帧的每个 0 号子帧中需要重复传输这 100 个调制符号。这里进行一个简单的计算，假设在 In-band 组网模式下，一个 NB-IoT 子帧包含 12*7*2=168 个 RE，扣掉前三个 OFDM 符号，再扣掉 NRS 占用的 RE，再扣掉 CRS 占用的 RE（假设为双端口发射），那么一共还有 168-12*3-4*4-4*4=100 个 RE，恰好对应 100 个 QPSK 调制符号，即每个无线帧上的 0 号子帧设计恰好能够装满 NPBCH 传输符号。其实不管实际是哪种组网模式，UE 总是按照 In-band 组网模式下对于 CRS 位置进行预估保留，只有按照这种方式才能正确解读 MIB-NB，然后才能确认具体的组网模式。

窄带物理下行控制信道（Narrowband Physical Downlink Control Channel，NPDCCH）

　　NB-IoT 下行物理层的控制信道只有 NPDCCH。窄带物理控制信道通过一个或者两个连续窄带控制信元（Narrowband Control Channel Element，NCCE）的方式进行传输。一个 NCCE 占据 6 个连续的子载波，其中 NCCE0 占据子载波 0～5，NCCE1 占据子载波 6～11。NPDCCH 支持两种格式（见表 1-5），对于格式 1，两个 NCCE 属于同一个子帧，一个或者两个 NPDCCH 可以在一个子帧中传输。

表 1-5 NB-IoT 支持的 NPDCCH 格式

NPDCCH format	Number of NCCEs
0	1
1	2

NPDCCH 的信道加扰采取 LTE 中 PDCCH 同样的扰码生成方式，而每第 4 个 NPDCCH 子帧的信道扰码需要重新初始化。NPDCCH 采取 QPSK 调制方式，且在下行物理层传输的映射位置应符合如下准则：

1）NPDCCH 不与 NPBCH、NPSS 或者 NSSS 的传输位置混淆。

2）不与 UE 预期的 NRS 传输位置混淆。

3）在 In-band 带内共存模式下，不与 LTE 系统 PBCH、PSS、SSS 或者 CRS 混淆。

4）NPDCCH 在一个 NB-IoT 下行子帧中进行传输，起始于该子帧的第一个时隙，结束于第二个时隙。在第一个时隙的时域起始位置取决于索引 $l_{NPDCCHStart}$，该索引取值取决于 SIB1-NB 中配置可选参数 eutraControl-RegionSize，如果该参数不进行配置，则 $l_{NPDCCHStart} = 0$。

5）NPDCCH 是下行物理层控制信道，对于 NB-IoT 这样的半双工通信系统，如果在 NPDCCH 需要传输时恰好子帧不是合适的下行子帧（例如上行子帧或者传输间隔），NPDCCH 传输会被延迟到下一个 NB-IoT 下行子帧进行传输。

6）NPDCCH 传输中如果遇到了传输间隔（Transmission Gap），会采取延迟传输，这里传输延迟的参数配置采取与 NPDSCH 中传输延迟一样的配置，具体可参见 NPDSCH 相关部分。

UE 需要根据高层信令关于 NPDCCH 的相关配置（例如系统消息），并结合所有 DCI 格式尝试侦听解码每一个 NPDCCH 候选。待监听的 NPDCCH 候选取决于 NPDCCH 的搜索空间。NPDCCH 搜索空间有三种类型：

第一种是 Type1-NPDCCH 公共搜索空间，UE 通过监听解码该搜索空间获取寻呼消息。

第二种是 Type2-NPDCCH 公共搜索空间，UE 通过监听解码该搜索空间获取随机接入响应消息（RAR）。

第三种是 UE 专属 NPDCCH 搜索空间，UE 通过监听解码专属空间获取专属控制信息。

UE 不需要能够同时监听以上任意两种 NPDCCH 搜索空间。

每个 NPDCCH 搜索空间是以聚合等级 $L' = \{1, 2\}$ 和 R 个连续重复的 NB-IoT 下行子帧（传输 SI 消息的子帧除外）进行传输的，其中 $R \in \{1, 2, 4, 8, 16, 32, 64, 128, 256, 512, 1024, 2048\}$。

对于 UE 专属 NPDCCH 搜索空间，通过聚合级别和重复传输级别定义的搜索空间和 NPDCCH 候选见表 1-6，其中 R_{max} 的取值根据高层配置参数 npdcch-NumRepetitions 进行设置。

表 1-6　UE 专属 NPDCCH 搜索空间候选

R_{max}	R	DCI subframe repetition number	NCCE indices of monitored NPDCCH candidates	
			$L'=1$	$L'=2$
1	1	00	{0},{1}	{0,1}
2	1	00	{0},{1}	{0,1}
	2	01	–	{0,1}
4	1	00	–	{0,1}
	2	01	–	{0,1}
	4	10	–	{0,1}
≥8	$R_{max}/8$	00	–	{0,1}
	$R_{max}/4$	01	–	{0,1}
	$R_{max}/2$	10	–	{0,1}
	R_{max}	11	–	{0,1}

Note 1: {x}, {y} denotes NPDCCH Format 0 candidate with NCCE index 'x', and NPDCCH Format 0 candidate with NCCE index 'y' are monitored。
Note 2: {x,y} denotes NPDCCH Format1 candidate corresponding to NCCEs 'x' and 'y' is monitored。

对于 Type1-NPDCCH 公共搜索空间，通过聚合级别和重复传输级别定义的搜索空间和 NPDCCH 候选见表 1-7，其中 R_{max} 取值根据高层配置参数 Num-RepetitionPaging 进行设置。

表 1-7　Type1-NPDCCH 公共搜索空间候选

R_{max}	R							NCCE indices of monitored NPDCCH candidates	
								$L'=1$	$L'=2$
1	1	–	–	–	–	–	–	–	{0,1}
2	1	2	–	–	–	–	–	–	{0,1}

（续）

R_{max}	R								NCCE indices of monitored NPDCCH candidates	
									$L'=1$	$L'=2$
4	1	2	4	–	–	–	–	–	–	{0,1}
8	1	2	4	8	–	–	–	–	–	{0,1}
16	1	2	4	8	16	–	–	–	–	{0,1}
32	1	2	4	8	16	32	–	–	–	{0,1}
64	1	2	4	8	16	32	64	–	–	{0,1}
128	1	2	4	8	16	32	64	128	–	{0,1}
256	1	4	8	16	32	64	128	256	–	{0,1}
512	1	4	16	32	64	128	256	512	–	{0,1}
1024	1	8	32	64	128	256	512	1024	–	{0,1}
2048	1	8	64	128	256	512	1024	2048	–	{0,1}
DCI subframe repetition number	000	001	010	011	100	101	110	111		

Note 1: {x,y} denotes NPDCCH Format1 candidate corresponding to NCCEs 'x' and 'y' is monitored.

对于 Type2-NPDCCH 公共搜索空间，通过聚合级别和重复传输级别定义的搜索空间和 NPDCCH 候选见表 1-8，其中 R_{max} 取值根据高层配置参数 npdcch-NumRepetitions-RA 进行设置。

表 1-8 Type2-NPDCCH 公共搜索空间候选

R_{max}	R	DCI subframe repetition number	NCCE indices of monitored NPDCCH candidates	
			$L'=1$	$L'=2$
1	1	00	–	{0,1}
2	1	00	–	{0,1}
	2	01	–	{0,1}
4	1	00	–	{0,1}
	2	01	–	{0,1}
	4	10	–	{0,1}
≥8	$R_{max}/8$	00	–	{0,1}
	$R_{max}/4$	01	–	{0,1}
	$R_{max}/2$	10	–	{0,1}
	R_{max}	11	–	{0,1}

Note: {x,y} denotes NPDCCH Format1 candidate corresponding to NCCEs 'x' and 'y' is monitored.

在 NB-IoT 下行信道中，频域资源受限，因此在进行物理信道分配时无法采取在频域延展部署资源的方式，只能采取时域扩展的方式将不同类型 NPDCCH 搜索空间进行分配，因此需要对时域的起始位置以及重复周期进行预先规定，UE 根据这些预先规定的参数分别侦听相应类型 NPDCCH 搜索空间的起始时域位置，并尝试根据 R_{max} 所对应的 R 进行遍历式搜索，并根据解码出 DCI 子帧重复传输数进行闭环匹配校验。

NPDCCH 的起始位置子帧定义为 $k = k_b$，k_b 意味着从子帧 k_0 开始之后的第 b 个子帧，其中，$b = u \cdot R$，$u = 0, 1, \cdots, \dfrac{R_{max}}{R} - 1$。子帧 k_0 是满足以下公式的子帧：

$$(10n_f + \lfloor n_s / 2 \rfloor) \bmod T = \alpha_{offset} \cdot T$$

其中，$T = R_{max} \cdot G$（$T \geqslant 4$）。对于不同的 NPDCCH 搜索空间，系数 G、α_{offset} 对应的参数不同。

例如，如果 UE 通过 RRC 重配消息获取了 npdcch-NumRepetitions（R_{max}），npdcch-StartSF-USS（G）和 npdcch-Offset-USS（α_{offset}）这三个配置参数，则可以确定 UE 专属 NPDCCH 搜索空间的起始位置，如图 1-27 所示。

NPDCCH-ConfigDedicated-NB information element

```
-- ASN1START

NPDCCH-ConfigDedicated-NB-r13 ::=    SEQUENCE {
    npdcch-NumRepetitions-r13          ENUMERATED {r1, r2, r4, r8, r16, r32, r64,
r128,
                                       r256, r512, r1024, r2048,
                                       spare4, spare3, spare2, spare1},
    npdcch-StartSF-USS-r13             ENUMERATED {v1dot5, v2, v4, v8, v16, v32, v48,
v64},
    npdcch-Offset-USS-r13              ENUMERATED {zero, oneEighth, oneFourth,
threeEighth}
}

-- ASN1STOP
```

图 1-27　UE 专属 NPDCCH 搜索空间配置参数

如果 UE 通过 SIB2-NB 获取了 npdcch-NumRepetitions-RA（R_{max}），npdcch-StartSF-CSS-RA（G）和 npdcch-Offset-RA（α_{offset}）这三个配置参数，则可以确定 Type2-NPDCCH 公共搜索空间的起始位置，如图 1-28 所示。

```
NPRACH-Parameters-NB-r13::=        SEQUENCE {
    nprach-Periodicity-r13                  ENUMERATED {ms40,ms80, ms160, ms240,
                                                        ms320, ms640, ms1280, ms2560},
    nprach-StartTime-r13                    ENUMERATED {ms8,ms16, ms32, ms64,
                                                        ms128, ms256, ms512, ms1024},
    nprach-SubcarrierOffset-r13             ENUMERATED {n0, n12, n24, n36, n2, n18,
n34, spare1},
    nprach-NumSubcarriers-r13               ENUMERATED {n12, n24, n36, n48},
    nprach-SubcarrierMSG3-RangeStart-r13    ENUMERATED {zero, oneThird, twoThird, one},
    maxNumPreambleAttemptCE-r13             ENUMERATED {n3, n4, n5, n6, n7, n8, n10,
spare1},
    numRepetitionsPerPreambleAttempt-r13    ENUMERATED {n1, n2, n4, n8, n16, n32, n64,
n128},
    npdcch-NumRepetitions-RA-r13            ENUMERATED {r1, r2, r4, r8, r16, r32, r64,
r128,
                                                        r256, r512, r1024, r2048,
                                                        spare4, spare3, spare2,
spare1},
    npdcch-StartSF-CSS-RA-r13               ENUMERATED {v1dot5, v2, v4, v8, v16, v32,
v48, v64},
    npdcch-Offset-RA-r13                    ENUMERATED {zero, oneEighth, oneFourth,
threeEighth}
}
```

图 1-28　Type2-NPDCCH 公共搜索空间配置参数

如果 UE 通过 SIB2-NB 获取 npdcch-NumRepetitionPaging（R_{max}）、defaultPagingCycle 和 nB 这三个配置参数，就可以确定 Type1-NPDCCH 公共搜索空间的起始位置，该起始位置就是寻呼时刻子帧（k_0），如图 1-29 所示。

```
PCCH-Config-NB-r13 ::=                   SEQUENCE {
    defaultPagingCycle-r13               ENUMERATED {rf128, rf256, rf512, rf1024},
    nB-r13                               ENUMERATED {
                                             fourT, twoT, oneT, halfT, quarterT,
one8thT,
                                             one16thT, one32ndT, one64thT,
                                             one128thT, one256thT, one512thT,
one1024thT,
```

图 1-29　Type1-NPDCCH 公共搜索空间配置参数

```
                                        spare3, spare2, spare1},

npdcch-NumRepetitionPaging-r13          ENUMERATED {

                                        r1, r2, r4, r8, r16, r32, r64, r128,

                                        r256, r512, r1024, r2048,

                                        spare4, spare3, spare2, spare1}

}

-- ASN1STOP
```

图 1-29　Type1-NPDCCH 公共搜索空间配置参数（续）

　　NPDCCH 中的 DCI 包含三种格式：DCI 格式 0、DCI 格式 1 和 DCI 格式 2。其中，DCI 格式 0 是用来调度 NPUSCH 的，详见表 1-9 和表 1-10。

表 1-9　NPDCCH 与 NPUSCH 在随机接入过程中通过临时
C-RNTI 和/或 C-RNTI 进行加扰配置

DCI format	Search Space
DCI format N0	Type-2 Common

表 1-10　NPDCCH 和 NPUSCH 通过 C-RNTI 进行加扰配置

DCI format	Search Space
DCI format N0	UE specific by C-RNTI

　　DCI 格式 1 用来调度 NPDSCH 和下发触发随机接入过程的 NPDCCH order，详见表 1-11～表 1-14。

表 1-11　NPDCCH 包含触发随机接入过程的 NPDCCH order

DCI format	Search Space
DCI format N1	UE specific by C-RNTI

表 1-12　NPDCCH 和 NPDSCH 通过 C-RNTI 进行加扰配置
（NPDCCH 调度分配 NPDSCH 资源）

DCI format	Search Space	Transmission scheme of NPDSCH corresponding to NPDCCH
DCI format N1	UE specific by C-RNTI	If the number of NPBCH antenna ports is one, Single-antenna port, port 2000 is used (see subclause 16.4.1.1), otherwise Transmit diversity (see subclause 16.4.1.2)

表 1-13　NPDCCH 和 NPDSCH 在随机接入过程中通过临时
C-RNTI 和/或 C-RNTI 进行加扰配置

DCI format	Search Space	Transmission scheme of NPDSCH corresponding to NPDCCH
DCI format N1	Type-2 Common	If the number of NPBCH antenna ports is one, Single-antenna port, port 2000 is used (see subclause 16.4.1.1), otherwise Transmit diversity (see subclause 16.4.1.2)

表 1-14　NPDCCH 和 NPDSCH 通过 RA-RNTI 进行加扰配置

DCI format	Search Space	Transmission scheme of NPDSCH corresponding to NPDCCH
DCI format N1	Type-2 Common	If the number of NPBCH antenna ports is one, Single-antenna port, port 2000 is used (see subclause 16.4.1.1), otherwise Transmit diversity (see subclause 16.4.1.2)

DCI 格式 2 用来进行寻呼和系统消息改变直接指示，详见表 1-15。

表 1-15　NPDCCH 和 NPDSCH 通过 P-RNTI 进行加扰配置

DCI format	Search Space	Transmission scheme of NPDSCH corresponding to NPDCCH
DCI format N2	Type-1 Common	If the number of NPBCH antenna ports is one, Single-antenna port, port 2000 is used (see subclause 16.4.1.1), otherwise Transmit diversity (see subclause 16.4.1.2)

NPDCCH 还承载对上行信道 NPUSCH 的 ACK/NACK 反馈响应消息，UE 在 NPUSCH 传完之后的第 4 个下行子帧（非承载 NPSS/NSSS/NPBCH/SIB1-NB 的下行子帧）进行侦听。NB-IoT 没有像 LTE 中为下行 ACK/NACK 反馈响应设计特定的 PHICH，下行 ACK/NACK 通过 DCI 格式 N0 中的 New Data Indicator(1bit)来确认。

如果连续的控制信息没有检测解调完全，UE 会将 NPDCCH 丢弃。NB-IoT 对于控制信道的解码可靠性相当严苛，要么不收，要么全收。

窄带物理下行共享信道（Narrowband Physical Downlink Shared Channel，NPDSCH）

NB-IoT 对于 NPDSCH 的传输稳定性极为重视，通过重复传递 NPDSCH 的方式确保传输的质量，以时域重复传输换取覆盖提升是 NB-IoT 系统设计的核心思想。按照承载逻辑信道内容来分，NPDSCH 可以承载 BCCH（包含系统消息相关内容），也可以承载除了 BCCH 的其他内容（例如下行业务码流）。因这两种承载、传输信号加扰的方式有所不同，承载 BCCH 的 NPDSCH 在每次重复传输时都需要根据传输时隙重新计算扰码。不承载 BCCH 的 NPDSCH 每 $\min\left(M_{\text{rep}}^{\text{NPDSCH}}, 4\right)$ 个重复传输根据当前传输时隙和系统帧号重新计算扰码。

NPDSCH 可以映射到 1 个或者多个子帧上 N_{SF}，每一个子帧重传 M_{rep}^{NPDSCH} 次，详见表 1-16 和表 1-17。

表 1-16 分配给 NPDSCH 传输子帧数

I_{SF}	N_{SF}	I_{SF}	N_{SF}	I_{SF}	N_{SF}	I_{SF}	N_{SF}
0	1	2	3	4	5	6	8
1	2	3	4	5	6	7	10

表 1-17 NPDSCH 重传次数（承载非 BCCH 内容）

I_{Rep}	N_{Rep}	I_{Rep}	N_{Rep}	I_{Rep}	N_{Rep}	I_{Rep}	N_{Rep}
0	1	4	16	8	192	12	768
1	2	5	32	9	256	13	1024
2	4	6	64	10	384	14	1536
3	8	7	128	11	512	15	2048

NB-IoT 为了保证数据传递的可靠性，NPDSCH 采取低阶的 QPSK 调制传输了一系列复数值符号。这些复数值符号遵从如下规则映射到当前传输子帧：

1）当前子帧不能用作 NPBCH、NPSS 或者 NSSS 传输。

2）UE 假定映射位置不用作 NRS。

3）NPDSCH 不与 CRS 重叠混淆。

4）传输起始子帧第一个时隙的符号起始位置 $I_{DataStart}$ 满足如下定义：

① 如果该子帧用来传输 SIB1-NB，当 MIB-NB 中的参数 operationModeInfo 设置为'00'或者'01'时，$I_{DataStart}=3$；否则，$I_{DataStart}=0$。

② 如果该子帧用来传输非 SIB1-NB 内容，当 SIB1-NB 中的参数 eutraControlRegionSize 存在时，$I_{DataStart}$ 根据 eutraControlRegionSize 对应值进行设置；否则，$I_{DataStart}=0$。

传输 NPDSCH 的子帧起始于第一个时隙，结束于子帧第二个时隙，以子帧作为 NPDSCH 重传的基本单位。对于承载非 BCCH 的 NPDSCH，第一个传输子帧还需要被额外重传 $\min\left(M_{rep}^{NPDSCH},4\right)-1$ 次（子帧），然后继续将剩下的复值符号映射到下一个子帧，继续额外重传 $\min\left(M_{rep}^{NPDSCH},4\right)-1$ 次，以此类推，直到这些待传输的复值信号传完之后，如果没有按照规定重传次数传完，继续以上步骤直到 $M_{rep}^{NPDSCH}\cdot N_{SF}$ 个子帧重传完成。对于承载 BCCH 的 NPDSCH，首先将复值符号映射到 N_{SF} 个子帧上，然后重复映射传输直到 $M_{rep}^{NPDSCH}\cdot N_{SF}$ 个子帧重传完成。对于承载 BCCH 的 NPDSCH，首先将复值信号映射到 N_{SF} 个子帧上，然后重复映射传输直到 $M_{rep}^{NPDSCH} \cdot N_{SF}$ 个子帧重传完成。这里，$N_{SF}=16$，M_{rep}^{NPDSCH} 根据 MIB-NB 中配置的 SIB1-NB 调度参数获取 schedulingInfoSIB1，详见表 1-18。

表 1-18　NPDSCH 重传次数（承载 BCCH 内容）

Value of schedulingInfoSIB1	Number of NPDSCH repetitions	Value of schedulingInfoSIB1	Number of NPDSCH repetitions
0	4	7	8
1	8	8	16
2	16	9	4
3	4	10	8
4	8	11	16
5	16	12～15	Reserved
6	4	—	—

　　NB-IoT 引入了下行传输间隔（Transmission Gap）的机制，这主要是为了解决下行连续数据传输中对于其他 UE 调度以及业务的阻塞。由于 NB-IoT 频域资源匮乏，同时为了确保传输质量，采取的主要是时域重传的方式以提升下行覆盖，如果不适时地在下行数据传输中引入空档期，那么很可能会造成对于其他 UE 下行控制信道以及业务信道传输的阻塞。由此在下行传输一定时间之后引入空档期暂停数据传输，在空档期之后下行未传完数据继续传输，值得注意的是，对于承载 BCCH 的下行 NPDSCH 没有空档的概念，这主要是因为此时 UE 主要还处于空闲态，与网络侧没有信令或者信息交互，网络侧与终端侧无法通过参数进行触发空档的时间同步，同时也不利于 NB-IoT 系统消息基于固定调度的整体架构设计。对于这个触发空档的时间门限、引入空档的周期起始时间以及空档延续时间，TS 36.211 R13 通过 SIB2-NB 中的 DL-GapConfig-NB 消息体中的 dl-GapThreshold（$N_{gap, threshold}$）、dl-GapPeriodicity（$N_{gap, period}$）和 dl-GapDurationCoeff（$N_{gap, coeff}$）三个参数进行明确，详见图 1-30。

　　如果 $R_{max} < N_{gap, threshold}$（$R_{max}$ 根据 NPDCCH 不同搜索空间，分别对应了 npdcch-NumRepetitions、NumRepetitionPaging 和 npdcch-NumRepetitions-RA），那么下行 NPDSCH 传输不存在空档。引入空档的起始无线帧和相应的子帧满足公式 $(10n_f + \lfloor n_s/2 \rfloor) \bmod N_{gap,period} = 0$ 规定的条件，其中，n_f 和 n_s 分别代表无线帧

号和子帧号。通过公式 $N_{\text{gap, duration}} = N_{\text{gap, coeff}} N_{\text{gap, period}}$ 的计算可以确定下行传输空档包含的具体子帧数目。

DL-GapConfig-NB information element

```
-- ASN1START


DL-GapConfig-NB-r13 ::=        SEQUENCE {
    dl-GapThreshold-r13           ENUMERATED {n32, n64, n128, n256},
    dl-GapPeriodicity-r13         ENUMERATED {sf64, sf128, sf256, sf512},
    dl-GapDurationCoeff-r13       ENUMERATED {oneEighth, oneFourth, threeEighth, oneHalf}
}


-- ASN1STOP
```

图 1-30　NB-IoT 涉及下行传输空档的三个参数

除了空档期延迟传输之外，对于 NB-IoT 这种半双工通信系统，如果在 NPDSCH 传输中遇到了非 NB-IoT 下行子帧，NPDSCH 也会延迟到下一个 NB-IoT 下行子帧传输（承载 NPSS/NSSS/NPBCH/SIB1-NB 的下行子帧除外）。

在收到传输 NPDCCH 以及 DCI 的最后一个子帧 n 后，UE 尝试在 n+5 下行子帧开始进行对应的 NPDSCH 解码。针对不同的 DCI（N1，N2）格式，实际传输 NPDSCH 的起始子帧与该 n+5 下行子帧存在调度延迟。如果是 N2 格式，则该调度延迟为 0；如果是 N1 格式，则可以根据 NPDCCH 解码 DCI 格式中包含的调度延迟 I_{Delay} 和最大重传 R_{max} 共同确定具体的调度延迟 k_0，详见表 1-19（TS 36.213 R13 表 16.4.1-1）。

表 1-19　DCI 格式 N1 的调度延迟

I_{Delay}	k_0		I_{Delay}	k_0	
	$R_{\text{max}} < 128$	$R_{\text{max}} \geq 128$		$R_{\text{max}} < 128$	$R_{\text{max}} \geq 128$
0	0	0	4	16	128
1	4	16	5	32	256
2	8	32	6	64	512
3	12	64	7	128	1024

根据 NB-IoT 的处理能力，协议同时规定了终端在发送 NPUSH 之后的三个下行子帧不期望接收 NPDSCH 传输，这意味着网络侧对于 NPDSCH 调度需

要进行相应的考量。

另外，UE 需要根据 NPDSCH 承载内容确定传输块大小（I_{TBS}），如果 NPDSCH 承载了 SIB1-NB，那么传输块大小 I_{TBS} 根据 MIB-NB 中的参数 schedulingInfoSIB1 进行设置，这已在前述章节中进行了说明。如果 NPDSCH 承载非 SIB1-NB 的内容，那么需要读取 DCI 格式 1 中 4bit 调制编码策略指示 "modulation and coding scheme"（I_{MCS}）和 3bit 资源分配指示 "resource assignment"（I_{SF}），UE 通过 I_{MCS} 和 I_{SF} 可以确认 I_{TBS}，详见表 1-20，其中 $I_{TBS} = I_{MCS}$。

表 1-20　NPDSCH（非 SIB1-NB）的传输块对应关系

I_{TBS}	I_{SF}							
	0	1	2	3	4	5	6	7
0	16	32	56	88	120	152	208	256
1	24	56	88	144	176	208	256	344
2	32	72	144	176	208	256	328	424
3	40	104	176	208	256	328	440	568
4	56	120	208	256	328	408	552	680
5	72	144	224	328	424	504	680	
6	88	176	256	392	504	600		
7	104	224	328	472	584	680		
8	120	256	392	536	680			
9	136	296	456	616				
10	144	328	504	680				
11	176	376	584					
12	208	440	680					

值得注意的是，当 MIB-NB 中的参数 operationModeInfo 指示 NB-IoT 与 LTE 组网共存模式是 "Inband-SamePCI" 或者 "Inband-DifferentPCI" 时，$0 \leqslant I_{TBS} \leqslant 10$。

NB-IoT 下行采取 OFDM 技术进行基带调制。如果关于 NB-IoT 锚定（anchor）载波 MIB-NB 中的参数 operationModeInfo 没有设置 'Inband-SamePCI'，即锚定载波是 Guard-band、Stand-alone 或者是与 LTE 共存模式为 In-band 但不是相同的 PCI；如果 RRC 重配流程中参数 CarrierConfigDedicated-NB 出现但是参数 InbandCarrierInfo 没有出现，即没有将非锚定（non-anchor）载波配置为 In-band 模式；如果 RRC 重配流程中参数 CarrierConfigDedicated-

NB 和 InbandCarrierInfo 都出现但与 LTE 也没有配置相同的 PCI，即虽然非锚定载波配置为 In-band 模式，但是在没有与 LTE 配置相同的 PCI 的情况下，在天线逻辑端口 p 传输的下行时隙中 OFDM 符号 l 的时域连续信号 $s_l^{(p)}(t)$ 定义如下：

$$s_l^{(p)}(t) = \sum_{k=-\lfloor N_{sc}^{RB}/2 \rfloor}^{\lceil N_{sc}^{RB}/2 \rceil} a_{k^{(-)},l}^{(p)} \cdot e^{j2\pi(k+1/2)\Delta f(t-N_{CP,l}T_s)}$$

其中，$0 \leqslant t < (N_{CP,l} + N)$，$k^{(-)} = k + \lfloor N_{sc}^{RB}/2 \rfloor$，$N = 2048$，$\Delta f = 15\text{kHz}$，$a_{k,l}^{(p)}$ 为天线逻辑端口 p 上传输的资源元素 (k,l) 的内容。基于这样的配置，NB-IoT 载波物理信道为了 CRS 保留的位置与 LTE 实际 CRS 位置类型有所不同或者同站不存在 LTE 小区，由此在下行物理层时域连续信号的产生中可采取相对独立的计算公式，即不需复用 LTE 的下行信号生成公式。另外考虑 NB-IoT 终端零中频接收方案可能产生的本振泄漏，发射端进行了 1/2 的子载波间隔频偏调整处理，这种折中方案可以缓解本振泄漏带来的 EVM 影响。

如果 NB-IoT 采取与 LTE 为 In-band 共存模式，且配置相同 PCI，在天线逻辑端口 p 传输的每 2 个子帧（4 个下行时隙）中的 OFDM 符号 l' 的时域连续信号 $s_{l'}^{(p)}(t)$ 定义如下：

$$s_{l'}^{(p)}(t) = \sum_{k=-\lfloor N_{RB}^{DL} N_{sc}^{RB}/2 \rfloor}^{-1} e^{\theta_{k^{(-)},l'}} a_{k^{(-)},l'}^{(p)} \cdot e^{j2\pi\Delta f\left(t - N_{CP,l'\bmod N_{symb}^{DL}} T_s\right)} + \sum_{k=1}^{\lceil N_{RB}^{DL} N_{sc}^{RB}/2 \rceil} e^{\theta_{k^{(+)},l'}} a_{k^{(+)},l'}^{(p)} \cdot e^{j2\pi\Delta f\left(t - N_{CP,l'\bmod N_{symb}^{DL}} T_s\right)}$$

其中，$0 \leqslant t \leqslant (N_{CP,l} + N) \times T_s$，$l' = l + N_{symb}^{DL}(n_s \bmod 4) \in \{0, \cdots, 27\}$，$k^{(-)} = k + \lfloor N_{RB}^{DL} N_{sc}^{RB}/2 \rfloor$ 和 $k^{(+)} = k + \lfloor N_{RB}^{DL} N_{sc}^{RB}/2 \rfloor - 1$，另外，当 (k,l') 用作 NB-IoT 时，$\theta_{k,l'} = j2\pi f_{NB-IoT} T_s \left(l'N + \sum_{i=0}^{l'} N_{CP,i\bmod 7} \right)$，否则为 0。$f_{NB-IoT}$ 是 NB-IoT 的中间频率减去 LTE 下行带宽的中间频率，对于 NB-IoT 下行信号而言，目前只支持一般 CP 模式（normal cyclic prefix）。在 "Inband-SamePCI" 情况下，NB-IoT 载波物理信道为了 CRS 保留的位置与 LTE 的 CRS 实际位置是一样的，在下行物理层时域连续信号的产生中可以复用 LTE 的下行信号生成公式，但是需要进行中心频点频偏修正。

1.2.2　NB-IoT 上行物理层技术

NB-IoT 相比 LTE 上行物理信道简化了很多，相应的流程机制也有变化。

由于不需要在上行信道中传输信道状态信息 CSI 或者调度请求（Scheduling Request，SR），故在上行信道结构设计中没有保留上行控制共享信道。NB-IoT 上行信道只包含两种物理信道和一个物理信号，一个是窄带物理上行共享信道（Narrowband Physical Uplink Shared Channel，NPUSCH），另一个是窄带物理随机接入信道（Narrowband Physical Random Access Channel，NPRACH），还有解调信号（Demodulation Reference Signal，DMRS），如图 1-31 所示。控制信息可以通过 NPUSCH 复用传输，这意味着 NPUSCH 不仅承载上行数据业务，同时也肩负了类似 LTE 上行控制信道 PUCCH 承载一些上行物理控制信息的功能。NB-IoT 所谓的控制信息仅仅指针对下行 NPDSCH 中所传数据对应的 ACK/NAK 反馈消息，而没有 LTE 中需要传输表征信道条件的 CSI 以及调度资源请求 SR。

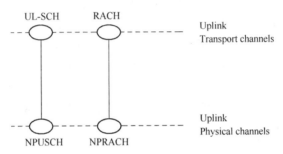

图 1-31　NB-IoT 上行物理信道进行了简化

由于没有了上行资源调度的概念，同时为了简化帧结构，作为全频段信道估计用的探测参考信号（Sounding Reference Signal，SRS）也被省略，上行物理信号只保留了窄带解调参考信号，这样不仅简化了物理层流程，同时也将有限的带宽资源尽可能预留给了数据传输。

NB-IoT 基于 SC-FDMA（single-carrier FDMA）调制方式的上行传输包含两种模式，一种是 single-tone，另一种是 multi-tone。对于 single-tone 传输模式，存在两种子载波间隔，分别为 3.75kHz 和 15kHz。NB-IoT 中没有对资源块（Resource Block，RB）进行定义，这意味着 NB-IoT 系统并不以资源块对儿（RB pair）作为基础调度单位。当子载波间隔为 15kHz 时，上行信道包含连续 12 个子载波；当子载波间隔为 3.75kHz 时，上行信道包含连续 48 个子载波。NB-IoT 在上行引入 3.75kHz 子载波间隔主要基于如下考量：

在一定的载波带宽下，子载波间隔越小，单个子载波数据传输时延就越大，数据传输抗多径干扰的效果就越好，同时抗频率选择衰落效果就越好，因此载波带宽总体数据传输的效率更高。另外，对于同样的上行终端发射功率，子载波间隔越小也意味着上行发射功率谱密度越高，上行的覆盖能力越好。当然，考虑到通过 IFFT 的计算效率，子载波也不能设置得无限小，并且也要考虑与 LTE 网络共存时的频率兼容，即选择更小的子载波间隔也需要考虑与 15kHz 的正交特性。

当上行采取 single-tone 3.75kHz 模式传输数据时，协议设计了时长 2ms 的时隙，每个时隙包含 7 个 OFDM 符号，每个符号包含 8448 个 T_s（时域采样），其中这 8448 个 T_s 含有 $256T_s$ 个循环校验前缀（IFFT 的计算点数是 8448-256=8192 个，恰好是 2048（15kHz）的 4 倍），剩下的时域长度（$2304T_s$）作为保护带宽。在与 LTE FDD 系统共存（带内/带外）时，NB-IoT 上行时隙边缘需要与 LTE FDD 子帧对齐，另外 NB-IoT 的上行时隙也需要与下行子帧进行边缘对齐。当上行 single-tone 或者 multi-tone 采取 15kHz 子载波间隔进行数据传输时，与 FDD LTE 的帧结构是一样的，不过 NB-IoT 上行以时隙的概念取代了子帧的概念（或者称之为作用）作为时间衡量单位。

NB-IoT 所谓的 multi-tone，更像传统的 LTE 上行数据传输方式，这里也不存在按照资源块（RB）调度的概念，multi-tone 只能根据 15kHz 子载波间隔分别以 3、6、12 个连续子载波分组进行数据传输。

窄带物理上行共享信道（NPUSCH）

尽管没有了 LTE 中以物理资源块对儿（PRB pair）进行基本资源调度的概念，NB-IoT 的物理上行共享信道（NPUSCH）的资源单位是以更灵活的时频资源组合进行调度的，调度的基本单位称作资源单位（Resource Unit，RU）。NPUSCH 有两种传输格式，两种传输格式对应的资源单位不同，传输的内容也不一样。NPUSCH 格式 1 用来承载上行共享传输信道 UL-SCH，主要包括用户数据或者上层信令，UL-SCH 传输块可以通过一个或者多个物理资源单位进行调度发送，所占资源单位包含 single-tone 和 multi-tone 两种格式：

1）single-tone 的 RU 包含两种形式，分别以 3.75kHz 子载波间隔+32ms 持续时长和 15kHz 子载波间隔+8ms 持续时长作为基本调度单位。

2）multi-tone 的 RU 包含三种形式，根据 15kHz 子载波间隔分别按照 3 子载波 4ms 持续时长，6 子载波 2ms 持续时长和 12 子载波 1ms 持续时长作为基本调度单位。

NPUSCH 格式 2 用来承载上行物理层控制信息，例如 ACK/NAK 反馈响应。传输 NPUSCH 格式 2 的 RU 可采取 single-tone 中 3.75kHz+8ms 或者 15kHz+2ms 分别进行调度发送，详见表 1-21。

表 1-21　　NPUSCH 信道基本调度资源单位（**Resource Unit**）N_{sc}^{RU}

NPUSCH 格式	子载波间隔 Δf	频域子载波数 N_{sc}^{RU}	时域 time slot 数量 N_{slots}^{UL}	时域持续时间	time slot 长度	OFDM 符号数 N_{slots}^{UL}
1	3.75kHz	1	16	32ms	2ms	
	15kHz	1	16	8ms	0.5ms	
		3	8	4ms	0.5ms	7
		6	4	2ms	0.5ms	
		12	2	1ms	0.5ms	
2	3.75kHz	1	4	8ms	2ms	
	15kHz	1	4	2ms	0.5ms	

NPUSCH 采取以下公式对于传输码字进行加扰：

$$c_{init} = n_{RNTI} \cdot 2^{14} + n_f \bmod 2 \cdot 2^{13} + \lfloor n_s / 2 \rfloor \cdot 2^9 + N_{ID}^{Ncell}$$

NPUSCH 目前只支持单天线逻辑端口，因此公式中没有像 LTE 一样体现出对多码字的加扰。n_s 和 n_f 分别是每次 NPUSCH 传输或者 $M_{identical}^{NPUSCH}$ 次重传的起始子帧号和帧号，n_{RNTI} 对应 NPUSCH 加扰的 C-RNTI 或者临时 C-RNTI，这意味着每次初始传输或者每 $M_{identical}^{NPUSCH}$ 次 NPUSCH 重传时需要进行重新加扰配置计算。NPUSCH 可以包含一个或者多个 RU。每一个 NPUSCH 都会被重复传输 M_{rep}^{NPUSCH} 次。NPUSCH 不同传输格式采取不同的调制方式进行数据传输，详见表 1-22。

表 1-22　　NPUSCH 不同传输格式调制方式

NPUSCH format	N_{sc}^{RU}	Modulation scheme
1	1	BPSK, QPSK
	>1	QPSK
2	1	BPSK

NPUSCH 复值信号乘以根据功率 p_{NPUSCH} 对应的调幅值 β_{NPUSCH} 之后避开 NRS 参考信号进行时频域资源单位的映射（具体映射原则参见 TS 36.211 10.1.3.6 R13）。当映射了 N_{slots} 个时隙后，需要被额外重复 $M_{identical}^{NPUSCH} - 1$ 次，之后按照该规则继续映射继续重传，其中，$M_{identical}^{NPUSCH} = \begin{cases} \min\left(\lceil M_{rep}^{NPUSCH}/2 \rceil, 4\right) & N_{sc}^{RU} > 1 \\ 1 & N_{sc}^{RU} = 1 \end{cases}$，

$N_{slots} = \begin{cases} 1 & \Delta f = 3.75kHz \\ 2 & \Delta f = 15kHz \end{cases}$。NPUSCH 的复值信号总共会重复 $M_{rep}^{NPUSCH} \cdot N_{RU} \cdot N_{slots}^{UL}$

个时隙。

如果映射 N_{slots} 个时隙或者重传时隙与任何 NPRACH 资源有冲突，那么需遵从如下原则进行延迟传输：

1）NPUSCH 以 3.75kHz 子载波间隔进行传输时，如果与 NPRACH 产生混叠时隙，需要将时隙延迟传输错开 NPRACH 所占时隙。

2）NPUSCH 以 15kHz 子载波间隔进行传输时，需要将时隙延迟传输错开 NPRACH 所占时隙，延迟传输的起始时隙满足 $n_s \bmod 2 = 0$。

NB-IoT 终端是一种低成本的蜂窝物联网终端，较低成本晶振在连续长时间的上行传输时会由于终端的功率放大器的发热导致晶振频率偏移，终端处理芯片需要在工作一定时间之后进行频偏纠正，在标准制定过程中对这一问题进行了考量，引入了传输空档（Transmission Gap）这个概念，即上行 NPUSCH 数据传输超过一定时间引入空档期暂停数据传输，终端可利用这段时间进行频率纠偏。原则为在 NPUSCH 传输或者由于错开 NPRACH 延迟传输 $256.30720T_s$ 时间单位之后，引入 $40.30720T_s$ 时间单位的传输间隔，NPUSCH 相应地被延迟传输。如果 NPRACH 所占时间与传输间隔碰巧有交叠，那么这一部分时间被考虑作为传输间隔的部分。

当 SIB2-NB 中的 npusch-AllSymbols 参数设置为 false，UE 会将 srs-SubframeConfig 参数中规定 In-band 带内共存模式下 LTE SRS 信号所占资源元素（Resource Element，RE）进行打孔，即这些 RE 仍作为 NPUSCH 的时频域资源匹配，但是并不传输。当 npusch-AllSymbols 参数设置为 true 时或者该参数不出现时，所有的 NPUSCH 符号都将被传输。Npusch-AllSymbols（false）与 srs-SubframeConfig 参数配置是配合 NB-IoT In-band 带内共存模式出现的，针对 Guard-Band 或者 Stand-alone 模式则没有任何意义，应该将 npusch-AllSymbols 参数设置为 true 或者不配置该参数，如图 1-32 所示。对于 in-band 带内共存模式下兼容 SRS 进行打孔的 NPUSCH，这意味着一定程度上的信息损失。

NPUSCH-Config-NBinformation element

```
-- ASN1START

NPUSCH-ConfigCommon-NB-r13 ::=      SEQUENCE {
    ack-NACK-NumRepetitions-Msg4-r13     SEQUENCE (SIZE(1..maxNPRACH-Resources-NB-r13))
OF
                                         ACK-NACK-NumRepetitions-NB-r13,
    srs-SubframeConfig-r13               ENUMERATED {
                                         sc0, sc1, sc2, sc3, sc4, sc5, sc6, sc7,
```

图 1-32　NPUSCH-Config 中与 SRS 的相关参数配置

```
                                              sc8, sc9, sc10, sc11, sc12, sc13, sc14,
sc15
                                      }                            OPTIONAL,      --
Need OR
    dmrs-Config-r13                   SEQUENCE {
        threeTone-BaseSequence-r13         INTEGER (0..12)          OPTIONAL,      --
Need OP
        threeTone-CyclicShift-r13          INTEGER (0..2),
        sixTone-BaseSequence-r13           INTEGER (0..14)          OPTIONAL,      --
Need OP
        sixTone-CyclicShift-r13            INTEGER (0..3),
        twelveTone-BaseSequence-r13        INTEGER (0..30)          OPTIONAL       --
Need OP
    }       OPTIONAL,    -- Need OR
    ul-ReferenceSignalsNPUSCH-r13     UL-ReferenceSignalsNPUSCH-NB-r13
}

UL-ReferenceSignalsNPUSCH-NB-r13 ::=  SEQUENCE {
    groupHoppingEnabled-r13               BOOLEAN,
    groupAssignmentNPUSCH-r13             INTEGER (0..29)
}

NPUSCH-ConfigDedicated-NB-r13 ::=   SEQUENCE {
    ack-NACK-NumRepetitions-r13           ACK-NACK-NumRepetitions-NB-r13  OPTIONAL,   --
Need ON
    npusch-AllSymbols-r13                 BOOLEAN                  OPTIONAL,      --
Cond SRS
    groupHoppingDisabled-r13              ENUMERATED {true}        OPTIONAL       --
Need OR
}

ACK-NACK-NumRepetitions-NB-r13  ::= ENUMERATED {r1, r2, r4, r8, r16, r32, r64, r128}
```

图 1-32　NPUSCH-Config 中与 SRS 的相关参数配置（续）

　　对于 NPUSCH 格式 1 中传输 UL-SCH 内容，UE 需要通过解码当前服务小区的 NPDCCH 中的 DCI 格式 N0 以获取分配给 NPUSCH 的相关物理传输资源，这些物理传输资源包括如下方面：

　　1）通过 NPDCCH 传输的起始子帧和 DCI 子帧重复数（2bit）确定 NPDCCH

传输的最后一个下行子帧 n。

2）NPUSCH 传输所占用的总时隙数为 $N = N_{Rep}N_{RU}N_{slots}^{UL}$，其中，$N_{Rep} = M_{rep}^{NPUSCH}$ 由 DCI 格式 N0 中的重传数 I_{Rep}（3bit）来决定，N_{RU} 由 DCI 格式 N0 中资源分配 I_{RU}（3bit）决定，详见表 1-23 和表 1-24。

表 1-23　NPUSCH 的重复次数（N_{Rep}）

I_{Rep}	N_{Rep}	I_{Rep}	N_{Rep}	I_{Rep}	N_{Rep}	I_{Rep}	N_{Rep}
0	1	2	4	4	16	6	64
1	2	3	8	5	32	7	128

表 1-24　NPUSCH 映射的资源单位 RU 个数（N_{RU}）

I_{RU}	R_{RU}	I_{RU}	R_{RU}	I_{RU}	R_{RU}	I_{RU}	R_{RU}
0	1	2	3	4	5	6	8
1	2	3	4	5	6	7	10

N_{slots}^{UL} 是不同类型 RU 对应的 NB-IoT 上行时隙，通过表 1-21 中关联分配的子载波数来确定，而子载波数（以及具体子载波）则由 DCI 格式 N0 中的子载波指示 I_{sc}（6bit）来决定，其中对于子载波间隔 3.75kHz 的 NPUSCH，被分配的子载波 $n_{sc} = I_{sc}$，$I_{sc} = 48,49,\cdots,63$ 保留，而对于子载波间隔 15kHz 的 NPUSCH，被分配的连续子载波 n_{sc} 由表 1-25 映射决定。

表 1-25　子载波间隔 15kHz 的 NPUSCH 所分配的子载波资源

Subcarrier indication field（I_{sc}）	Set of Allocated subcarriers（n_{sc}）
0～11	I_{sc}
12～15	$3(I_{sc} - 12) + \{0,1,2\}$
16～17	$6(I_{sc} - 16) + \{0,1,2,3,4,5\}$
18	$\{0,1,2,3,4,5,7,8,9,10,11\}$
19～63	Reserved

NPUSCH 的子载波间隔通过 NB-IoT 随机接入响应中 MAC 层的 UL Grant（即窄带随机接入响应资源授予，Narrowband Random Access Response Grant）中上行子载波间隔（1bit）予以明确，'0' 代表 3.75kHz，'1' 代表 15kHz。

3）n_0 是在 $n+k_0$ 个下行子帧之后的第一个 NB-IoT 上行 NPUSCH 传输起始

时隙。

4）下行延迟子帧数 k_0 由 DCI 格式 N0 中的调度延迟 I_{Delay}（2bit）来决定，详见表 1-26。

表 1-26　DCI 格式 N0 中包含的调度延迟 I_{Delay} 与 k_0 的映射关系

I_{Delay}	k_0	I_{Delay}	k_0
0	8	0	8
1	16	1	16
2	32	2	32
3	64	3	64

通过解码 NPDCCH 中的 DCI 格式 N0，还可以获取调制和编码策略 I_{MCS}（4bit），冗余版本 rv_{DCI}（1bit），从而确定调制介数以及 NPUSCH 的传输块大小（I_{TBS}）。当 $N_{sc}^{RU} > 1$ 时，根据表 1-22 可知调制方式采取 QPSK，那么调制介数 $Q_m = 2$，$I_{TBS} = I_{MCS}$；如果 $N_{sc}^{RU} = 1$，UE 可以根据 I_{MCS} 确认调制方式（调制介数）和 TBS 指示 I_{TBS}，详见表 1-27。

表 1-27　single-tone 传输模式下的 NPUSCH 调制编码
策略指示 I_{MCS} 与 TBS 指示 I_{TBS}（$N_{sc}^{RU} = 1$）

MCS Index I_{MCS}	Modulation Order Q_m	TBS Index I_{TBS}	MCS Index I_{MCS}	Modulation Order Q_m	TBS Index I_{TBS}
0	1	0	6	2	6
1	1	2	7	2	7
2	2	1	8	2	8
3	2	3	9	2	9
4	2	4	10	2	10
5	2	5			

结合 TBS 指示和 DCI 格式 N0 中的资源分配 I_{RU}（3bit，见表 1-24）就可以确定具体的传输块大小（I_{TBS}），详见表 1-28。

表 1-28　NPUSCH 传输块大小（I_{TBS}）映射关系表

I_{TBS}	I_{RU}							
	0	1	2	3	4	5	6	7
0	16	32	56	88	120	152	208	256
1	24	56	88	144	176	208	256	344

I_{TBS}	I_{RU}							
	0	1	2	3	4	5	6	7
2	32	72	144	176	208	256	328	424
3	40	104	176	208	256	328	440	568
4	56	120	208	256	328	408	552	680
5	72	144	224	328	424	504	680	872
6	88	176	256	392	504	600	808	1000
7	104	224	328	472	584	712	1000	
8	120	256	392	536	680	808		
9	136	296	456	616	776	936		
10	144	328	504	680	872	1000		
11	176	376	584	776	1000			
12	208	440	680	1000				

另外，可以根据冗余版本 rv_{DCI} 计算 $rv_{idx}(j)$，$rv_{idx}(j) = 2 \cdot \mathrm{mod}(rv_{DCI} + j, 2)$，通过 $rv_{idx}(j)$ 可以进行每个时隙的信道编码的交织计算。通过以上一些列映射或计算得到的传输块大小（I_{TBS}）、冗余版本（Redundancy Version，RV）和 NPDCCH 解码得出的新数据指示 NDI（New data indicator，1bit），这些需要被上报高层。

NPUSCH 格式 2 用来传输上行物理层控制信息，即针对下行共享信道 NPDSCH 的 ACK/NACK 反馈消息。假如 UE 成功解码的 NPDSCH 传输结束在下行子帧 n，并且需要进行相应的 ACK/NACK 反馈，那么在 $n + k_0 - 1$ 下行子帧结束之后的连续 N 个上行时隙采取 NPUSCH 格式 2 携带反馈 ACK/NACK 消息。$N = N_{Reb}^{AN} N_{slots}^{UL}$，其中 N_{Rep}^{AN} 对于 Msg4 NPDSCH 而言是通过 SIB2-NB 中对应参数 ack-NACK-NumRepetitions-Msg4 进行设置的，对于其他的 NPDSCH 的 N_{Rep}^{AN} 是通过参数 ack-NACK-NumRepetitions 进行设置的，如图 1-33 所示。

SIB2-NB 中的 ack-NACK-NumRepetitions-Msg4 针对不同 NPRACH 资源进行设置，maxNPRACH-Resources-NB=3 意味着 ack-NACK-NumRepetitions-Msg4 最多可有三组配置值；ACK-NACK-NumRepetitions 针对用户级可选进行配置，如果该参数没有配置，UE 默认采取 SIB2-NB 中的 ack-NACK-Num Repetitions-Msg4 的参数配置值。

NPUSCH-Config-NBinformation element

```
-- ASN1START

NPUSCH-ConfigCommon-NB-r13 ::=        SEQUENCE {
    ack-NACK-NumRepetitions-Msg4-r13    SEQUENCE (SIZE(1..maxNPRACH-Resources-NB-r13))
OF
                                        ACK-NACK-NumRepetitions-NB-r13,
    srs-SubframeConfig-r13              ENUMERATED {
                                        sc0, sc1, sc2, sc3, sc4, sc5, sc6, sc7,
                                        sc8, sc9, sc10, sc11, sc12, sc13, sc14,
sc15
                                        }              OPTIONAL,   --
Need OR
    dmrs-Config-r13                    SEQUENCE {
        threeTone-BaseSequence-r13      INTEGER (0..12)        OPTIONAL,   --
Need OP
        threeTone-CyclicShift-r13       INTEGER (0..2),
        sixTone-BaseSequence-r13        INTEGER (0..14)        OPTIONAL,   --
Need OP
        sixTone-CyclicShift-r13         INTEGER (0..3),
        twelveTone-BaseSequence-r13     INTEGER (0..30)        OPTIONAL    --
Need OP
    }       OPTIONAL,    -- Need OR
    ul-ReferenceSignalsNPUSCH-r13      UL-ReferenceSignalsNPUSCH-NB-r13
}


UL-ReferenceSignalsNPUSCH-NB-r13 ::=   SEQUENCE {
    groupHoppingEnabled-r13            BOOLEAN,
    groupAssignmentNPUSCH-r13          INTEGER (0..29)
}


NPUSCH-ConfigDedicated-NB-r13 ::=   SEQUENCE {
    ack-NACK-NumRepetitions-r13        ACK-NACK-NumRepetitions-NB-r13 OPTIONAL,  --
Need ON
    npusch-AllSymbols-r13              BOOLEAN                OPTIONAL,   --
Cond SRS
    groupHoppingDisabled-r13           ENUMERATED {true}       OPTIONAL    --
Need OR
}


ACK-NACK-NumRepetitions-NB-r13  ::= ENUMERATED {r1, r2, r4, r8, r16, r32, r64, r128}
```

图 1-33　ack-NACK-NumRepetitions-Msg4 与 ack-NACK-NumRepetitions 参数设置

N_{slots}^{UL} 是每个传输 RU 中包含的时隙数，根据表 1-21 中 NPUSCH 格式 2 配置可以获知。另外，NPUSCH 中分配给 ACK/NACK 传输的子载波和调度延迟 k_0 可由 NPDCCH 中 DCI 格式 N0 中的 ACK/NACK 资源域（4bit）来决定，表 1-29 和表 1-30 分别对应了子载波间隔 3.75kHz 和 15kHz 的配置情况。

表 1-29　NPUSCH 子载波间隔Δf=3.75kHz 的 ACK/NACK 子载波和 k_0 配置

ACK/NACK resource field	ACK/NACK subcarrier	k_0	ACK/NACK resource field	ACK/NACK subcarrier	k_0
0	38	13	8	38	21
1	39	13	9	39	21
2	40	13	10	40	21
3	41	13	11	41	21
4	42	13	12	42	21
5	43	13	13	43	21
6	44	13	14	44	21
7	45	13	15	45	21

表 1-30　NPUSCH 子载波间隔Δf=15kHz 的 ACK/NACK 子载波和 k_0 配置

ACK/NACK resource field	ACK/NACK subcarrier	k_0	ACK/NACK resource field	ACK/NACK subcarrier	k_0
0	0	13	8	0	17
1	1	13	9	1	17
2	2	13	10	2	17
3	3	13	11	3	17
4	0	15	12	0	18
5	1	15	13	1	18
6	2	15	14	2	18
7	3	15	15	3	18

Msg3 也需要通过 NPUSCH 格式 1 进行传输，但是相比传输其他 UL-SCH（承载非 CCCH SDU 或 C-RNTI MAC CE 的内容），物理层过程有所区别，主要是处于随机过程竞争解决的这个阶段上行资源分配无法通过 NPDCCH 中的格式 N0 来携带，而是通过 15bit 的窄带随机接入响应授予（Narrowband random access response grant 或者 UL grant）进行分配的，这 15bit 从高位到低位依次包

括如下内容：

1）上行子载波间隔 Δf："0"=3.75kHz 或者"1"=15kHz-1bit。

2）子载波指示域 I_{sc} -6bit。

3）调度延迟 I_{Delay} -2bit，承载 Msg3 的 NPUSCH 在 $n+k_0$ 之后的第一个 NB-IoT 上行时隙开始传输，I_{Delay} 与 k_0 的映射关系详见表 1-31，n 为传输窄带随机接入响应授予的 NPDSCH 最后一个子帧，对比而言，承载非 Msg3 的 NPUSCH 格式 1 调度延迟计算公式（$n+k_0$）中的 n 则是 NPDCCH 最后一个传输子帧。

表 1-31　UL-grant 中携带的调度延迟，其中 I_{Delay}=0 时 k_0=12（与表 1-26 有所区别）

I_{Delay}	k_0	I_{Delay}	k_0
0	12	2	32
1	16	3	64

4）Msg3 的重复传输次数 N_{Rep} -3bit。

5）调制与编码策略指示（MCS index）-3bit，可以根据该指示获知 Msg3 的调制方式以及对应 RU 的个数，详见表 1-32。

表 1-32　Msg3 NPUSCH 传输的 MCS 指示

MCS Index I_{MCS}	Modulation $\Delta f = 3.75\text{kHz or } \Delta f = 15\text{kHz and}$ $I_{sc} = 0,1,\cdots,11$	Modulation $\Delta f = 15\text{kHz and } I_{sc} = 11$	Number of RUs N_{RU}	TBS
'000'	pi/2 BIT/SK	QPSK	4	88 bits
'001'	pi/4 QPSK	QPSK	3	88 bits
'010'	pi/4 QPSK	QPSK	1	88 bits
'011'	reserved	reserved	reserved	reserved
'100'	reserved	reserved	reserved	reserved
'101'	reserved	reserved	reserved	reserved
'110'	reserved	reserved	reserved	reserved
'111'	reserved	reserved	reserved	reserved

通过以上对于 NPUSCH 传输机制的介绍，可以归纳总结设计 NPUSCH 传输的一些规律，NPUSCH 采取"局部重传"与"整体重传"相结合的机制保证上行信道数据传输可靠性。对于格式 2 承载的一些控制信息，由于数据量较小，就没有采取"局部重传"的方式，采取映射到一个 RU 之后再重复传输保证质量（其实 ACK/NACK 消息采取 single-tone 的方式在一个 RU 内部传输等同于"局部重传"）。NPUSCH 在传输过程中需要与 NPRACH 错开，NPRACH 优先程

度较高，如果与 NPRACH 时隙重叠，NPUSCH 需要延迟一定的时隙传输（TS 36.211 R13 10.1.3.6）。在 NPUSCH 传输 256ms 后或者 NPUSCH 与 NPRACH 交叠需要延迟并持续传输 256ms 后，需要在传输完 NPUSCH 或者 NPRACH 之后加一个 40ms 的保护间隔，终端在这个保护间隔之内进行频偏校正，NPUSCH 被相应延迟传输。NB-IoT 的 In-band 带内组网模式下 NPUSCH 的上行信道配置中还同时考虑了与 LTE 上行参考信号 SRS 的兼容问题，这里通过 SIB2-NB 里面的 NPUSCH-ConfigCommon-NB 信息块中的 npusch-AllSymbols 和 srs-SubframeConfig 参数共同控制，如果 npusch-AllSymbols 设置为 false,那么 SRS 对应的位置记作 NPUSCH 的符号映射被打孔掉，并不传输；如果 npusch-AllSymbols 设置为 true,那么所有的 NPUSCH 符号都被传输。

NB-IoT 上行共享信道具备功控机制，通过"半动态"调整上行发射功率使得信息能够成功在基站侧被解码。之所以说上行功控的机制属于"半动态"调整（这里与 LTE 功控机制比较类似），是由于在功控过程中，目标期望功率在小区级是不变的，UE 通过小区 RRC 重配消息获取，功控中进行动态调整的部分只有路损补偿。UE 需要根据随机接入响应授权（Random access response grant）或者 NPDCCH 中的 DCI 以确定上行传输相关信息和内容（子载波间隔 3.75kHz/15kHz、NPUSCH 格式 1、2 或者 Msg3），NPUSCH 格式 1、2 以及传输 Msg3 的路损的补偿调整系数各不相同，上行期望功率的计算也有所差异，同时以不同子载波间隔传输导致功控计算中 NPUSCH 的频域系数也有所不同，具体计算公式可以参见 TS 36.213 16.2.1.1.1 R13。上行功控以时隙作为基本调度单位，如果分配给 NPUSCH 的 RU 重传次数（即 N_{Reb}）大于 2，则上行信道不进行功控，采取最大功率发射 $P_{NPUSCH,c}(i)=P_{CMAX,c}(i)$ [dBm]，该值不超过 UE 的实际最大发射功率能力，class3 UE 最大发射功率能力是 23dBm，class5 UE 最大发射功率能力是 20dBm。

解调信号 DMRS

包含不同子载波数的 RU（single-tone/multi-tone）对应产生不同的上行解调参考信号。主要按照 $N_{sc}^{RU}=1$（一个 RU 包含的子载波数量）和 $N_{sc}^{RU}>1$ 两类来计算。NPUSCH 两种传输格式的解调参考信号也不一样,格式 1 每个 NPUSCH 传输时隙包含一个解调参考信号，而格式 2 每个传输时隙则包含 3 个解调参考信号，这种设计可能源于承载控制信息的 NPUSCH 的 RU 中空闲位置较多，而且分配给控制信息的 RU 时域资源相对较少，因此每个传输时隙通过稍多的解调参考信号予以进行上行控制信息的解调保障。

在 single-tone 的模式下（$N_{sc}^{RU}=1$）：

基础参考信号为

$$\bar{r}_u(n) = \frac{1}{\sqrt{2}}(1+j)(1-2c(n))w(n\bmod 16), \ 0 \leqslant n < M_{\text{rep}}^{\text{NPUSCH}} N_{\text{slots}}^{\text{UL}} N_{\text{RU}}$$

其中，$c(n)$ 是由两个 m 序列产生的伪随机序列，$c_{\text{init}} = 35$，$w(n)$ 由表 1-33 进行计算。

表 1-33　$w(n)$ 的定义

u	$w(0),\cdots,w(15)$															
0	1	1	1	1	1	1	1	1	1	1	1	1	1	1	1	1
1	1	−1	1	−1	1	−1	1	−1	1	−1	1	−1	1	−1	1	−1
2	1	1	−1	−1	1	1	−1	−1	1	1	−1	−1	1	1	−1	−1
3	1	−1	−1	1	1	−1	−1	1	1	−1	−1	1	1	−1	−1	1
4	1	1	1	1	−1	−1	−1	−1	1	1	1	1	−1	−1	−1	−1
5	1	−1	1	−1	−1	1	−1	1	1	−1	1	−1	−1	1	−1	1
6	1	1	−1	−1	−1	−1	1	1	1	1	−1	−1	−1	−1	1	1
7	1	−1	−1	1	−1	1	1	−1	1	−1	−1	1	−1	1	1	−1
8	1	1	1	1	1	1	1	1	−1	−1	−1	−1	−1	−1	−1	−1
9	1	−1	1	−1	1	−1	1	−1	−1	1	−1	1	−1	1	−1	1
10	1	1	−1	−1	1	1	−1	−1	−1	−1	1	1	−1	−1	1	1
11	1	−1	−1	1	1	−1	−1	1	−1	1	1	−1	−1	1	1	−1
12	1	1	1	1	−1	−1	−1	−1	−1	−1	−1	−1	1	1	1	1
13	1	−1	1	−1	−1	1	−1	1	−1	1	−1	1	1	−1	1	−1
14	1	1	−1	−1	−1	−1	1	1	−1	−1	1	1	1	1	−1	−1
15	1	−1	−1	1	−1	1	1	−1	−1	1	1	−1	1	−1	−1	1

对于 NPUSCH 格式 2 和不开启组跳频的 NPUSCH 格式 1，$u = N_{\text{ID}}^{\text{Ncell}} \bmod 16$。NPUSCH 格式 1 的 DMRS 参考信号定义为 $r_u(n) = \bar{r}_u(n)$，NPUSCH 格式 2 的 DMRS 参考信号定义为

$$r_u(3n+m) = \bar{w}(m)\bar{r}_u(n)(m = 0,1,2)$$

其中，$\bar{w}(m)$ 根据表 1-34 对应的序列指示给出，$\bar{n}_{\text{oc}}^{(p)}(n_s) = \left(\sum_{i=0}^{7} c(8n_s + i)2^i\right)\bmod 3$，$c_{\text{init}} = N_{\text{ID}}^{\text{Ncell}}$。

表 1-34　$\bar{w}(m)$ 的定义

Sequence index $\bar{n}_{\text{oc}}^{(p)}(n_s)$	Normal cyclic prefix
0	[1　1　1]

（续）

Sequence index $\bar{n}_{oc}^{(p)}(n_s)$	Normal cyclic prefix
1	$[1 \quad e^{j2\pi/3} \quad e^{j4\pi/3}]$
2	$[1 \quad e^{j4\pi/3} \quad e^{j2\pi/3}]$

在 multi-tone 的模式下（$N_{sc}^{RU} > 1$）：

基础参考信号 $r_u(n) = e^{j\alpha n}e^{j\varphi(n)\pi/4}, 0 \leqslant n < N_{sc}^{RU}$。

对于包含不同子载波的 RU 而言（$N_{sc}^{RU} = 3, 6, 12$）需要保证每个子载波至少一个参考信号以确定信道质量，因此 $\varphi(n)$ 分别针对不同子载波的 RU 有如下（见表 1-35～表 1-37）不同定义。

表 1-35　$N_{sc}^{RU} = 3$ 的 $\varphi(n)$ 定义

u	$\varphi(0), \varphi(1), \varphi(2)$			n	$\varphi(0), \varphi(1), \varphi(2)$		
0	1	-3	-3	6	1	1	-3
1	1	-3	-1	7	1	1	-1
2	1	-3	3	8	1	1	3
3	1	-1	-1	9	1	3	-1
4	1	-1	1	10	1	3	1
5	1	-1	3	11	1	3	3

表 1-36　$N_{sc}^{RU} = 6$ 的 $\varphi(n)$ 定义

u	$\varphi(0), \cdots, \varphi(5)$					
0	1	1	1	1	3	-3
1	1	1	3	1	-3	3
2	1	-1	-1	-1	1	-3
3	1	-1	3	-3	-1	3
4	1	3	1	-1	-1	3
5	1	-3	-3	1	3	1
6	-1	-1	1	-3	-3	-1
7	-1	-1	-1	3	-3	-1
8	3	-1	1	-3	-3	3
9	3	-1	3	-3	-1	1
10	3	-3	3	-1	3	3
11	-3	1	3	1	-3	-1
12	-3	1	-3	3	-3	-1
13	-3	3	-3	1	1	-3

表 1-37　$N_{sc}^{RU}=12$ 的 $\varphi(n)$ 定义

u	$\varphi(0),\cdots,\varphi(11)$											
0	-1	1	3	-3	3	3	1	1	3	1	-3	3
1	1	1	3	3	3	-1	1	-3	-3	1	-3	3
2	1	1	-3	-3	-3	-1	-3	-3	1	-3	1	-1
3	-1	1	1	1	1	-1	-3	-3	1	-3	3	-1
4	-1	3	1	-1	1	-1	-3	-1	1	-1	1	3
5	1	-3	3	-1	-1	1	1	-1	-1	3	-3	1
6	-1	3	-3	-3	-3	3	1	-1	3	3	-3	1
7	-3	-1	-1	-1	1	-3	3	-1	1	-3	3	1
8	1	-3	3	1	-1	-1	-1	1	1	3	-1	1
9	1	-3	-1	3	3	-1	-3	1	1	1	1	1
10	-1	3	-1	1	1	-3	-3	-1	-3	-3	3	-1
11	3	1	-1	-1	3	3	-3	1	3	1	3	3
12	1	-3	1	1	-3	1	1	1	-3	-3	-3	1
13	3	3	-3	3	-3	1	1	3	-1	-3	3	3
14	-3	1	-1	-3	-1	3	1	3	3	3	-1	1
15	3	-1	1	-3	-1	-1	1	1	3	1	-1	-3
16	1	3	1	-1	1	3	3	3	-1	-1	3	-1
17	-3	1	1	3	-3	3	-3	-3	3	1	3	-1
18	-3	3	1	1	-3	1	-3	-3	-1	-1	1	-3
19	-1	3	1	3	1	-1	-1	3	-3	-1	-3	-1
20	-1	-3	1	1	1	1	3	1	-1	1	-3	-1
21	-1	3	-1	1	-3	-3	-3	-3	-3	1	-1	-3
22	1	1	-3	-3	-3	-3	-1	3	-3	1	-3	3
23	1	1	-1	-3	-1	-3	1	-1	1	3	-1	1
24	1	1	3	1	3	3	-1	1	-1	-3	-3	1
25	1	-3	3	3	1	3	3	1	-3	-1	-1	3
26	1	3	-3	-3	3	-3	1	-1	-1	3	-1	-3
27	-3	-1	-3	-1	-3	3	1	-1	1	3	-3	-3
28	-1	3	-3	3	-1	3	3	-3	3	3	-1	-1
29	3	-3	-3	-1	-1	-3	-1	3	-3	3	1	-1

当不开启组跳频模式时，$\varphi(n)$ 是由基带序列指示 u 予以明确的，u 可以由

SIB2-NB 中的可选配置参数 threeTone-BaseSequence、sixTone-BaseSequence 和 twelveTone-BaseSequence 来分别决定，如图 1-34 所示。

NPUSCH-Config-NBinformation element

```
-- ASN1START

NPUSCH-ConfigCommon-NB-r13 ::=        SEQUENCE {
    ack-NACK-NumRepetitions-Msg4-r13    SEQUENCE (SIZE(1..maxNPRACH-Resources-NB-r13))
OF
                                        ACK-NACK-NumRepetitions-NB-r13,
    srs-SubframeConfig-r13              ENUMERATED {
                                        sc0, sc1, sc2, sc3, sc4, sc5, sc6, sc7,
                                        sc8, sc9, sc10, sc11, sc12, sc13, sc14,
sc15
                                        }                       OPTIONAL,    --
Need OR
    dmrs-Config-r13                     SEQUENCE {
        threeTone-BaseSequence-r13      INTEGER (0..12)         OPTIONAL,    --
Need OP
        threeTone-CyclicShift-r13       INTEGER (0..2),
        sixTone-BaseSequence-r13        INTEGER (0..14)         OPTIONAL,    --
Need OP
        sixTone-CyclicShift-r13         INTEGER (0..3),
        twelveTone-BaseSequence-r13     INTEGER (0..30)         OPTIONAL
Need OP
    }       OPTIONAL,    -- Need OR
    ul-ReferenceSignalsNPUSCH-r13       UL-ReferenceSignalsNPUSCH-NB-r13
}

UL-ReferenceSignalsNPUSCH-NB-r13 ::=    SEQUENCE {
    groupHoppingEnabled-r13             BOOLEAN,
    groupAssignmentNPUSCH-r13           INTEGER (0..29)
}

NPUSCH-ConfigDedicated-NB-r13 ::=    SEQUENCE {
    ack-NACK-NumRepetitions-r13         ACK-NACK-NumRepetitions-NB-r13 OPTIONAL,    --
Need ON
```

图 1-34　NPUSCH-Config-NB 中关于 multi-tone
模式下 DMRS 的基带序列指示相关参数配置

```
    npusch-AllSymbols-r13              BOOLEAN                      OPTIONAL,    --
Cond SRS

    groupHoppingDisabled-r13          ENUMERATED {true}            OPTIONAL    --
Need OR
}


ACK-NACK-NumRepetitions-NB-r13   ::= ENUMERATED {r1, r2, r4, r8, r16, r32, r64, r128}
```

图 1-34　NPUSCH-Config-NB 中关于 multi-tone
模式下 DMRS 的基带序列指示相关参数配置（续）

如果 SIB2-NB 中没有进行配置，基带序列指示 u 可根据以下公式进行默认设置：

$$u = \begin{cases} N_{\mathrm{ID}}^{\mathrm{Ncell}} \bmod 12 & N_{\mathrm{sc}}^{\mathrm{RU}} = 3 \\ N_{\mathrm{ID}}^{\mathrm{Ncell}} \bmod 14 & N_{\mathrm{sc}}^{\mathrm{RU}} = 6 \\ N_{\mathrm{ID}}^{\mathrm{Ncell}} \bmod 30 & N_{\mathrm{sc}}^{\mathrm{RU}} = 12 \end{cases}$$

另外，基础参考信号计算公式 $r_u(n) = \mathrm{e}^{j\alpha n}\mathrm{e}^{j\varphi(n)\pi/4}, 0 \leqslant n < N_{\mathrm{sc}}^{\mathrm{RU}}$ 中的循环偏移 α 针对 multi-tone 传输模式中包含的不同子载波数（$N_{\mathrm{sc}}^{\mathrm{RU}} = 3$ 或 $N_{\mathrm{sc}}^{\mathrm{RU}} = 6$）亦可通过 SIB2-NB 中参数 threeTone-CyclicShift 和 sixTone-CyclicShift 进行配置（见图 1-34 和表 1-38），而当 $N_{\mathrm{sc}}^{\mathrm{RU}} = 12$ 时，$\alpha = 0$。

表 1-38　循环偏移 α 的定义

$N_{\mathrm{sc}}^{\mathrm{RU}} = 3$		$N_{\mathrm{sc}}^{\mathrm{RU}} = 6$	
threeTone-CyclicShift	α	sixTone-CyclicShift	α
0	0	0	0
1	$2\pi/3$	1	$2\pi/6$
2	$4\pi/3$	2	$4\pi/6$
		3	$8\pi/6$

解调参考信号还可以通过序列组跳变（Group Hopping）的方式避免不同小区间上行 DMRS 符号的干扰。序列组跳变并不改变 DMRS 参考信号在不同子帧的位置，而是通过编码方式的变化改变 DMRS 参考信号本身，通过序列组指示 u 的变化予以明确，$u = (f_{\mathrm{gh}}(n_s) + f_{\mathrm{ss}}) \bmod N_{\mathrm{seq}}^{\mathrm{RU}}$。序列组跳变可以由 SIB2-NB 中小区级参数 groupHoppingEnabled 开启（common），在小区开启序列组跳变

的前提下，除了随机接入过程中 Msg3 的传输/重传过程，都可以将一些特定 UE 通过 RRC 重配信令下发 UE 级（dedicated）参数 groupHoppingDisabled 将序列组跳变予以关闭。

组跳变模式 $f_{gh}(n_s)$ 由 $f_{gh}(n_s) = \left(\sum_{i=0}^{7} c(8n'_s + i) \cdot 2^i \right) \mod N_{seq}^{RU}$ 决定。其中，当 $N_{sc}^{RU} > 1$ 时，$n'_s = n_s$，这意味着 NPUSCH 格式 1 的 multi-tone 传输模式下每个时隙的 DMRS 都进行跳变，伪随机序列 $c(i)$ 在每偶数个时隙由初始值 $c_{init} = \left\lfloor \dfrac{N_{ID}^{Ncell}}{N_{seq}^{RU}} \right\rfloor$ 进行一次初始化。

当 $N_{sc}^{RU} = 1$ 时，n'_s 是每个传输 RU 第一个时隙的时隙号，这意味着 NPUSCH 格式 1 的 single-tone 传输模式下每 16 个时隙的 DMRS 符号按照表 1-33 的规则进行一次序列组跳变，伪随机序列 $c(i)$ 在每个 RU 传输的第一个时隙由初始值 $c_{init} = \left\lfloor \dfrac{N_{ID}^{Ncell}}{N_{seq}^{RU}} \right\rfloor$ 进行初始化。

序列移位模式 f_{ss} 由 $f_{ss} = \left(N_{ID}^{Ncell} + \Delta_{ss} \right) \mod N_{seq}^{RU}$ 决定，$\Delta_{ss} \in \{0, 1, \cdots, 29\}$ 由 SIB2-NB 中的可选配置参数 groupAssignmentNPUSCH 决定，如果值不下发，那么 $\Delta_{ss} = 0$。

另外，N_{seq}^{RU} 由表 1-39 进行定义。

表 1-39　N_{seq}^{RU} 定义

N_{sc}^{RU}	N_{seq}^{RU}	N_{sc}^{RU}	N_{seq}^{RU}
1	16	6	14
3	12	12	30

DMRS 映射到物理资源的原则是确保 RU 内每个时隙的每个子载波至少有一个参考信号而且并不占用 NPUSCH 符号传输位置，这样可以保证每个时隙的子载波上 NPUSCH 信息既能够被正确解调，同时又不会由于过多分配 DMRS 导致资源消耗，以上介绍物理层 DMRS 设计即基于此进行了相应的权衡考量。在物理资源映射分配上，格式 1 与格式 2 的 DMRS 还是有些差异。格式 1 在每个时隙、每个子载波上只分配 1 个 DMRS 参考信号，格式 2 在每个时隙、每个子载波上分配 3 个 DMRS 参考信号，DMRS 在每个时隙上的 OFDM 符号位置见表 1-40。

表 1-40　NPUSCH 的上行解调参考信号 DMRS 的时域位置

NPUSCH 格式	每时隙上的 OFDM 符号位	
	$\Delta f=3.75\text{kHz}$	$\Delta f=15\text{kHz}$
1	4	3
2	0,1,2	2,3,4

DMRS 的功率与所在 NPUSCH 信道的功率保持一致，因此在实际物理层传输中参考信号应该乘以由 NPUSCH 信道功率控制所决定的幅度比例因子 β_{NPUSCH}。

当 $N_{\text{sc}}^{\text{RU}}>1$ 时，NB-IoT 上行时域连续 SC-FDMA 基带信号由 $s_l^{(p)}(t)=\sum_{k=-\lfloor N_{\text{sc}}^{\text{UL}}/2 \rfloor}^{\lceil N_{\text{sc}}^{\text{UL}}/2 \rceil} a_{k^{(-)},l}^{(p)} \cdot e^{j2\pi(k+1/2)\Delta f(t-N_{\text{CP},l}T_{\text{s}})}$ 产生，这里的计算公式与 LTE 的上行 SC-FDMA 基带信号计算公式基本相同，唯一的区别就是将 $N_{\text{RB}}^{\text{UL}}N_{\text{sc}}^{\text{RB}}$（TS 36.211 5.6 R13）替换成 $N_{\text{sc}}^{\text{UL}}$。NB-IoT 上行发射过程中，像 LTE 一样同样需要对发射的基带信号做 1/2 的子载波间隔的频偏调整，对应的在 eNodeB 接收侧需要对接收的时域信号以 1/2 子载波间隔为固定频偏进行校正。这样设计的目的主要是修正发射端由于采取零中频方案所带来的本振泄漏导致的直流 DC 干扰。NB-IoT 终端发射机一般采取零中频的方案，该方案的优势是结构比较简单、成本低廉，但是性能较差，因为本振泄漏会在其发射信号的载频处产生一个较大的调整，上行 SC-FDMA 信号实质是单载波调制信号，如果像 LTE 下行传输一样将载波 DC 直流分量去掉，这样会人为造成上行传输的频率选择性衰落，会对所有传输符号的 EVM 都造成影响。因此采取的折中方案将基带数字 DC 与模拟 DC 错开半个子载波频宽（7.5kHz），这样本振泄漏在模拟 DC 部分产生的干扰不会影响基带 DC 信号。从终端天线口来看，基带 DC 信号被调制到了载频偏移 7.5kHz 的地方。

NB-IoT 引入了 single-tone 的上行数据传输模式，虽然实质上属于单载波传输，但由于 NB-IoT 是廉价的终端设备，为了保证功放的效率和系统覆盖，仍需进一步对终端的上行峰均比问题进行处理，协议里采取相位旋转（$\pi/2$-BIT/Sk 或者 $\pi/4$-QPSK）的方式进一步进行了削峰处理。当 $N_{\text{sc}}^{\text{RU}}=1$ 时，NB-IoT 上行时域连续 SC-FDMA 基带信号由以下公式给出：

$$s_{k,l}(t) = a_{k^{(-)},l} \cdot e^{j2\pi(k+1/2)\Delta f(t-N_{\text{CP},l}T_{\text{s}})}$$

$$k^{(-)} = k + \left\lfloor N_{\text{sc}}^{\text{UL}}/2 \right\rfloor$$

其中，$0 \leqslant t < (N_{\mathrm{CP},l} + N)T_{\mathrm{s}}$，$a_{k^{(-)},l}$ 是符号 l 的调制值，相位旋转 $\varphi_{k,l}$ 由如下公式进行定义：

$$\varphi_{k,l} = \rho(\tilde{l} \bmod 2) + \hat{\varphi}_k(\tilde{l})$$

$$\rho = \begin{cases} \dfrac{\pi}{2} & \text{for} \quad \text{BPSK} \\ \dfrac{\pi}{4} & \text{for} \quad \text{QPSK} \end{cases}$$

$$\hat{\varphi}_k(\tilde{l}) = \begin{cases} 0 & \tilde{l} = 0 \\ \hat{\varphi}_k(\tilde{l}-1) + 2\pi\Delta f(k+1/2)(N + N_{\mathrm{CP},l})T_{\mathrm{s}} & \tilde{l} > 0 \end{cases}$$

$$\tilde{l} = 0,1,\cdots, M_{\mathrm{rep}}^{\mathrm{NPUSCH}} N_{\mathrm{RU}} N_{\mathrm{slots}}^{\mathrm{UL}} N_{\mathrm{symb}}^{\mathrm{UL}} - 1$$

$$l = \tilde{l} \bmod N_{\mathrm{symb}}^{\mathrm{UL}}$$

$\tilde{l}$ 是 NPUSCH 传输过程中符号累计统计数，在每个新的 NPUSCH 传输起始设置为 0。

在 single-tone 传输模式下分别针对子载波间隔 $\Delta f = 15\mathrm{kHz}$ 和 $\Delta f = 3.75\mathrm{kHz}$ 的其他参数配置参见表 1-41。

表 1-41　single-tone 传输模式下（$N_{\mathrm{seq}}^{\mathrm{RU}} = 1$）的 SC-FDMA 参数配置

Parameter	$\Delta f = 3.75\mathrm{kHz}$	$\Delta f = 15\mathrm{kHz}$
N	8192	2048
Cyclic prefix length　$N_{\mathrm{CP},l}$	256	160 for $l = 0$ 144 for $l = 1,2,\cdots,6$
Set of values for k	$-24,-23,\cdots,23$	$-6,-5,\cdots,5$

值得注意的是，子载波间隔 $\Delta f = 3.75\mathrm{kHz}$ 的每时隙中的最后 $2304T_{\mathrm{s}}$ 不传输数据，作为保护带出现。

窄带物理随机接入信道 NPRACH

窄带物理随机接入信道负责发送 NB-IoT 终端随机接入请求，随机接入是通信系统中终端与网络侧交互的重要流程。NB-IoT 终端可以通过随机接入过程与网络进行上行初始同步和申请调度。NB-IoT 系统中取消了 LTE 中通过调度请求（Scheduling Request，SR）获取资源的流程，取而代之的是通过随机接入过程进行资源调度请求。NPRACH 信道采取在子载波间隔 3.75kHz single-tone 传输模式下以符号组跳频的方式发送随机接入前导（preamble）。随机接入过程中最基本的资源单位叫作随机接入符号组，如图 1-35 所示，它由 5

个相同的符号与循环前缀（CP）拼接而成。随机接入符号组只在前面加循环前缀，而不是在每个符号前都添加，例如 NPUSCH 每个时隙、每个 SC-FDMA 符号进行频-时域转换时都需要在前加上独立的循环前缀。NPRACH 中没有通过像 SC-FDMA 符号一样采取离散傅里叶变换扩频的正交频分复用多址接入（Discrete Fourier Transform-spread OFDM，DFT-s-OFDM）调制技术，随机接入符号组中包含 5 个连续的相同符号，由于符号相同，在接收端可以通过卷积获取移位，可当作相同符号的多径进行处理，不需要分别设置 CP 来抑制如不同符号之间延迟造成的符号间干扰（Inter Symbol Interference，ISI），同时节省下 CP 的时域资源可以承载更多的前导码信息，基站侧通过检测最强径的方式确认随机接入前导码。

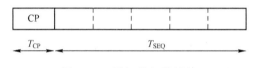

图 1-35　随机接入符号组

随机接入前导码包含两种格式，两种格式的循环前缀不一样，不同的循环前缀针对小区覆盖半径是不一样的，见表 1-42。前导格式 0 支持 CP 长度为 66.7μs，对应 10km 的小区覆盖；前导格式 1 支持 CP 长度为 266.7μs，对应 40km 的小区覆盖。

表 1-42　随机接入前导码参数配置

Preamble format 前导格式	循环前缀 T_{CP}	前导码序列总长度 T_{SEQ}
0	$2048T_s$	$5 \cdot 8192T_s$
1	$8192T_s$	$5 \cdot 8192T_s$

一个随机接入前导码（preamble）包含了 4 个符号组，被连续传输 N_{rep}^{NPRACH} 次。如果随机接入由 MAC 子层触发，那么随机接入前导码按照网络通过高层协议栈配置的一系列时频资源进行传输，这些参数通过 SIB2-NB 中的 NPRACH-ConfigSIB-NB 消息下发，如图 1-36 所示。

NPRACH-ConfigSIB-NBinformation elements

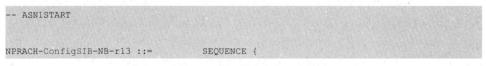

图 1-36　NPRACH 时频资源相关配置参数

```
    nprach-CP-Length-r13                    ENUMERATED {us66dot7, us266dot7},
    rsrp-ThresholdsPrachInfoList-r13        RSRP-ThresholdsNPRACH-InfoList-NB-r13
    OPTIONAL,    -- need OR
    nprach-ParametersList-r13               NPRACH-ParametersList-NB-r13
}


NPRACH-ConfigSIB-NB-v1330 ::=           SEQUENCE {
    nprach-ParametersList-v1330             NPRACH-ParametersList-NB-v1330
}


NPRACH-ParametersList-NB-r13 ::=    SEQUENCE (SIZE (1.. maxNPRACH-Resources-NB-r13))
OF NPRACH-Parameters-NB-r13


NPRACH-ParametersList-NB-v1330 ::=  SEQUENCE (SIZE (1.. maxNPRACH-Resources-NB-r13))
OF NPRACH-Parameters-NB-v1330


NPRACH-Parameters-NB-r13::=         SEQUENCE {
    nprach-Periodicity-r13                      ENUMERATED {ms40,ms80, ms160, ms240,
                                                    ms320, ms640, ms1280, ms2560},
    nprach-StartTime-r13                        ENUMERATED {ms8,ms16, ms32, ms64,
                                                    ms128, ms256, ms512, ms1024},
    nprach-SubcarrierOffset-r13                 ENUMERATED {n0, n12, n24, n36, n2, n18,
n34, spare1},
    nprach-NumSubcarriers-r13                   ENUMERATED {n12, n24, n36, n48},
    nprach-SubcarrierMSG3-RangeStart-r13        ENUMERATED {zero, oneThird, twoThird, one},
    maxNumPreambleAttemptCE-r13                 ENUMERATED {n3, n4, n5, n6, n7, n8, n10,
spare1},
    numRepetitionsPerPreambleAttempt-r13        ENUMERATED {n1, n2, n4, n8, n16, n32, n64,
n128},
    npdcch-NumRepetitions-RA-r13                ENUMERATED {r1, r2, r4, r8, r16, r32, r64,
r128,
                                                    r256, r512, r1024, r2048,
                                                    spare4, spare3, spare2,
spare1},
    npdcch-StartSF-CSS-RA-r13                   ENUMERATED {v1dot5, v2, v4, v8, v16, v32,
v48, v64},
    npdcch-Offset-RA-r13                        ENUMERATED {zero, oneEighth, oneFourth,
threeEighth}
}
```

图 1-36　NPRACH 时频资源相关配置参数（续）

这些参数包括如下：

1）nprach-Periodicity：NPRACH 资源周期 $N_{\text{period}}^{\text{NPRACH}}$。

2）nprach-SubcarrierOffset：分配给 NPRACH 的第一个子载波的频域位置 $N_{\text{scoffset}}^{\text{NPRACH}}$。

3）nprach-NumSubcarriers：分配给 NPRACH 的子载波数量 $N_{\text{sc}}^{\text{NPRACH}}$。

4）nprach-NumCBRA-StartSubcarriers：分配给基于竞争解决随机接入 NPRACH 的子载波数量 $N_{\text{sc\_cont}}^{\text{NPRACH}}$。

5）numRepetitionsPerPreambleAttempt：每次随机接入尝试的随机接入重传次数 $N_{\text{rep}}^{\text{NPRACH}}$。

6）nprach-StartTime：NPRACH 的起始时间 $N_{\text{start}}^{\text{NPRACH}}$。

7）nprach-SubcarrierMSG3-RangeStart：支持 Msg3 以 multi-tone 传输模式的 NB-IoT 终端可通过该参数 $N_{\text{MSG3}}^{\text{NPRACH}}$（分数）与预留分配给 NPRACH 的子载波数计算随机接入起始子载波指示。

NPRACH 传输在每个满足公式 $n_f \bmod(N_{\text{Period}}^{\text{NPRACH}}/10)=0$ 的无线帧开始之后 $N_{\text{start}}^{\text{NPRACH}} \cdot 30720T_s$ 时间单位发起，在连续传输 $40 \times 64(T_{\text{CP}}+T_{\text{SEQ}})$ 之后，插入传输间隔 $40 \times 30720T_s$ 进行上行频偏调整。

关于 NPRACH 频域的配置也需要遵循一些准则，例如，$N_{\text{scoffset}}^{\text{NPRACH}}+N_{\text{sc}}^{\text{NPRACH}} > N_{\text{sc}}^{\text{UL}}$ 这样的配置是无效的。分配给基于竞争解决的随机接入 NPRACH 的子载波可以分配为两组子载波，分别为 $\{0,1,\cdots,N_{\text{sc\_cont}}^{\text{NPRACH}} N_{\text{MSG3}}^{\text{NPRACH}}-1\}$ 和 $\{N_{\text{sc\_cont}}^{\text{NPRACH}} N_{\text{MSG3}}^{\text{NPRACH}},\cdots,N_{\text{sc\_cont}}^{\text{NPRACH}}-1\}$，如果网络侧配置了第二组子载波，那么这组子载波留给支持 Msg3 以 multi-tone 模式传输的 UE 使用。另外，在 NPRACH 传输过程中，跳频被限制在了 12 个子载波内，即 $N_{\text{sc}}^{\text{RA}}=12$。第 i 个符号组的跳频位置为 $n_{\text{sc}}^{\text{RA}}(i)=n_{\text{start}}+\tilde{n}_{\text{SC}}^{\text{RA}}(i)$，其中：

$$n_{\text{start}} = N_{\text{scoffset}}^{\text{NPRACH}}+\left\lfloor n_{\text{init}}/N_{\text{sc}}^{\text{RA}} \right\rfloor \cdot N_{\text{sc}}^{\text{RA}}$$

$$\tilde{n}_{\text{sc}}^{\text{RA}}(i)=\begin{cases}(\tilde{n}_{\text{sc}}^{\text{RA}}(0)+f(i/4))\bmod N_{\text{sc}}^{\text{RA}} & i\bmod 4=0 \text{ and } i>0 \\ \tilde{n}_{\text{sc}}^{\text{RA}}(i-1)+1 & i\bmod 4=1,3 \text{ and } \tilde{n}_{\text{sc}}^{\text{RA}}(i-1)\bmod 2=0 \\ \tilde{n}_{\text{sc}}^{\text{RA}}(i-1)-1 & i\bmod 4=1,3 \text{ and } \tilde{n}_{\text{sc}}^{\text{RA}}(i-1)\bmod 2=1 \\ \tilde{n}_{\text{sc}}^{\text{RA}}(i-1)+6 & i\bmod 4=2 \text{ and } \tilde{n}_{\text{sc}}^{\text{RA}}(i-1)<6 \\ \tilde{n}_{\text{sc}}^{\text{RA}}(i-1)-6 & i\bmod 4=2 \text{ and } \tilde{n}_{\text{sc}}^{\text{RA}}(i-1)\geqslant 6\end{cases}$$

$$f(t)=\left(f(t-1)+\left(\sum_{n=10t+1}^{10t+9}c(n)2^{n-(10t+1)}\right)\bmod(N_{\text{sc}}^{\text{RA}}-1)+1\right)\bmod N_{\text{sc}}^{\text{RA}}$$

$$f(-1) = 0$$

$$\tilde{n}_{SC}^{RA}(0) = n_{init} \bmod N_{sc}^{RA}$$

n_{init} 为 MAC 层在集合 $\{0,1,\cdots,N_{sc}^{NPRACH}-1\}$ 中随机挑选，$c(n)$ 是以 $c_{init} = N_{ID}^{Ncell}$ 初始化的伪随机序列。

第 i 个随机接入符号组在连续时间域上的表达式为

$$s_i(t) = \beta_{NPRACH}e^{j2\pi(n_{SC}^{RA}(i)+Kk_0+1/2)\Delta f_{RA}(t-T_{CP})}$$

其中，$0 \leqslant t < T_{SEQ}+T_{CP}$，$\beta_{NPRACH}$ 是随机接入开环功控对应的幅度缩放因子，$k_0 = N_{sc}^{UL}/2$，$K = \Delta f/\Delta f_{RA}$，$\Delta f$ 是上行数据传输子载波间隔，$\Delta f_{RA} = 3.75\text{kHz}$，$n_{SC}^{RA}(i)$ 是符号组跳频子载波。从公式中可以看出，随机接入基带信号同样进行了 1/2 子载波间隔频频处理。

从物理层角度看待随机接入过程，主要包括传输窄带随机接入前导（Msg1）和接收随机接入响应（Msg2）两个关键步骤，过程涉及的物理信道依次是 NPRACH、NPDCCH、NPDSCH。

第 2 章

eMTC 技术概述

2.1 eMTC 系统技术特点

eMTC 终端主要指那些廉价且较低复杂性的物联终端，这一类终端具有较低廉的成本/收益、较低的速率且对时延不敏感，因此这类终端 Tx/Rx 天线收发的能力也大大简化了。Cat.0（Category 0）终端需要通过解码 SIB1 以确认网络侧是否允许 Cat.0 终端接入，如果 SIB1 中指示不支持 Cat.0 终端，那么网络侧禁止接入，终端认为小区禁止驻留（cell barred）。网络侧可以通过 UE 发起的 CCCH 请求的 LCID（Logical Channel ID）和 UE 的能力来判定 UE 是否为 Cat.0 终端。S1 信令也将 UE 射频能力包含进了寻呼消息，eNB 将 UE 的能力信息提供给 MME，MME 将这些终端能力信息通过寻呼请求提供给 eNB。

eMTC 终端主要分为两种形态，一类是窄带低复杂度 UE（Bandwidth reduced Low complexity UE，BL UE），这类终端可以工作在任何 LTE 系统带宽上，上下行频域只占用 6 个 PRB（对应信道带宽为 1.4MHz 的 LTE 系统）。当小区 MIB 包含支持 BL UE 的 SIB1 调度信息时，BL UE 可以驻留访问该小区，否则认为小区禁止接入。

另一类被称作支持覆盖增强的 UE（UE in Enhanced Coverage，CE UE）。这类终端支持使用覆盖增强功能访问小区，协议（R13）规定这类终端需要支持两种覆盖增强模式，模式 A 和模式 B。对于 BL UE，覆盖增强模式 A 是必须支持的。支持覆盖增强类的终端不一定都是窄带低复杂度终端（BL UE），这类终端支持测量上报以及网络侧控制的切换，与 BL CE 一样不需要在连接态检测 SIB 消息变化。

这两类 eMTC 终端分别从性能的两个维度进行了定义，BL UE 从系统带宽以及工艺程度上进行了定义，覆盖增强类终端从覆盖增强功能维度上进行了定义。这两类终端的划分范畴不是泾渭分明的，这意味着 BL UE 可以具备覆盖增强的功能，而具备覆盖增强功能的终端范畴甚至可以延展至 LTE 的用户终端。综合而言，BL UE 属于 CE UE 的一个简化版本。

2.1.1 eMTC 接入网主要协议流程

系统消息和系统帧号获取

某种程度上，对于 eMTC 技术的理解可以认为是简化了的 LTE 版本，因此很多机制流程的设计是相似的。MIB 传输周期与 LTE 相同，是 40ms，即 MIB 起始传输于 SFN mod4=0 的无线帧的 0 号子帧，并且在其他无线帧的 0 号子帧上重复传输。为了确保 MIB 能够被正确解调，对于支持 eMTC 且系统带宽大于 1.4MHz 的 FDD 或 TDD 系统，MIB 可以分别在其他的子帧额外重复传输，例如 FDD 系统可选在每个传输 MIB 无线帧的前一个无线帧的 9 号子帧进行传输，TDD 系统可选在每个当前传输 MIB 的无线帧的 5 号子帧额外重复传输。MIB 固定占用频域 6 个物理资源块，常规配置下时域上占用 0 号子帧 1 号时隙第 0～3 号 OFDM 符号，额外配置时域符号位置详见 TS 36.211 6.6.4 R13。SIB1 也采取周期为 80ms 的固定调度方式，除了像 LTE 那样以每两个无线帧的 5 号子帧进行重复传输外，会在 80ms 固定调度周期内增加额外的重复传输。额外重复传输的系统消息命名为 System InformationBlockType1-BR，如图 2-1 所示，额外重复传输的 TBS 格式以及重复的次数通过 MIB 中的 schedulingInfoSIB1-BR 字段进行明确，UE 通过 MIB 中的 SIB1-BR 调度信息可以确定传输块（TBS）的大小和 80ms 的重复次数，详见表 2-1、表 2-2，并根据重复次数、系统制式（FDD/TDD）、小区物理识别 ID 和分配带宽可以分别确定重复传输的时域（无线帧、子帧）和频域的位置。对于有些不具备解调宽带（>6PRB）SIB1 能力的 eMTC 终端，解调额外的 SIB1-BR 重传信息就显得尤为重要。

MasterInformationBlock

```
-- ASN1START


MasterInformationBlock ::=        SEQUENCE {
    dl-Bandwidth                  ENUMERATED {
                                      n6, n15, n25, n50, n75, n100},

    phich-Config                  PHICH-Config,
    systemFrameNumber             BIT STRING (SIZE (8)),
    schedulingInfoSIB1-BR-r13     INTEGER (0..31),
    spare                         BIT STRING (SIZE (5))

}
-- ASN1STOP
```

图 2-1 MIB 中关于 SIB1-BR 的调度信息

表 2-1 schedulingInfoSIB1-BR 字段与 SIB1-BR 重传次数的
映射关系（0 代表 SIB1-BR 没有调度）

Value of schedulingInfoSIB1-BR-r13	Number of PDSCH repetitions	Value of schedulingInfoSIB1-BR-r13	Number of PDSCH repetitions
0	N/A	3	16
1	4	4	4
2	8	5	8

（续）

Value of schedulingInfoSIB1-BR-r13	Number of PDSCH repetitions	Value of schedulingInfoSIB1-BR-r13	Number of PDSCH repetitions
6	16	13	4
7	4	14	8
8	8	15	16
9	16	16	4
10	4	17	8
11	8	18	16
12	16	19～31	Reserved

表 2-2　schedulingInfoSIB1-BR 字段与承载 SIB1-BR 的 PDSCH
传输块大小映射关系（0 代表 SIB1-BR 没有调度）

I_{TBS}	0	1	2	3	4	5	6	7	8	9	10	11	12	13	14	15
TBS	N/A	208	208	208	256	256	256	328	328	328	504	504	504	712	712	712
I_{TBS}	16	17	18	19	20	21	22	23	24	25	26	27	28	29	30	31
TBS	936				936				936				Reserved			

　　eMTC 获取除 SIB1-BR 之外的其他系统消息（SI），首先需要获取 SIB1-BR 中的系统消息窗长（si-WindowLength-BR）以及重复传输格式（si-Repetition Pattern）。至于获取具体的时频域调度信息则参考结合了 NB-IoT 与 LTE 的方式，既可以通过解码 SI-RNTI 获取动态调度的系统消息(SI)，也可以采取在 SIB1-BR 中获取具体时频域的调度信息和传输块（TBS）信息，如图 2-2、图 2-3 所示。

```
SystemInformationBlockType1-v1310-IEs ::=   SEQUENCE {
    hyperSFN-r13                              BIT STRING (SIZE (10))      OPTIONAL,
-- Need OR
    eDRX-Allowed-r13                          ENUMERATED {true}          OPTIONAL,
-- Need OR
    cellSelectionInfoCE-r13                   CellSelectionInfoCE-r13 OPTIONAL,   --
Need OP
    bandwidthReducedAccessRelatedInfo-r13     SEQUENCE {
        si-WindowLength-BR-r13                ENUMERATED {
                                                ms20, ms40, ms60, ms80, ms120,
```

图 2-2　SIB1-BR 中明确了 SI 系统消息传输的具体时域位置（可通过窗长计算窗起始位置，通过 fdd-DownlinkOrTddSubframeBitmapBR（可选）字段明确时域接收帧和接收子帧）

```
                                               ms160, ms200, spare},
     si-RepetitionPattern-r13              ENUMERATED {everyRF, every2ndRF,
every4thRF,
                                                   every8thRF},
     schedulingInfoList-BR-r13             SchedulingInfoList-BR-r13   OPTIONAL,
-- Need OR
 fdd-DownlinkOrTddSubframeBitmapBR-r13     CHOICE {
     subframePattern10-r13                     BIT STRING (SIZE (10)),
     subframePattern40-r13                     BIT STRING (SIZE (40))
     }                                                        OPTIONAL,
-- Need OP
     fdd-UplinkSubframeBitmapBR-r13        BIT STRING (SIZE (10))     OPTIONAL,
-- Need OP
     startSymbolBR-r13                     INTEGER (1..4),
     si-HoppingConfigCommon-r13            ENUMERATED {on,off},
     si-ValidityTime-r13                   ENUMERATED {true}   OPTIONAL,
-- Need OP
     systemInfoValueTagList-r13            SystemInfoValueTagList-r13  OPTIONAL
-- Need OR
   }                                                        OPTIONAL,   --
Cond BW-reduced
```

图 2-2   SIB1-BR 中明确了 SI 系统消息传输的具体时域位置（可通过窗长计算窗起始位置，通过 fdd-DownlinkOrTddSubframeBitmapBR（可选）字段明确时域接收帧和接收子帧）（续）

```
SchedulingInfoList-BR-r13 ::= SEQUENCE (SIZE (1..maxSI-Message)) OF SchedulingInfo-BR-
r13

SchedulingInfo-BR-r13 ::=      SEQUENCE {
   si-Narrowband-r13                 INTEGER (1..maxAvailNarrowBands-r13),
   si-TBS-r13                        ENUMERATED {b152, b208, b256, b328, b408, b504,
b600, b712,
                                        b808, b936}
}

SIB-MappingInfo ::= SEQUENCE (SIZE (0..maxSIB-1)) OF SIB-Type

SIB-Type ::=                          ENUMERATED {
```

图 2-3   SIB1-BR 中明确了 SI 系统消息传输的具体频域位置和传输块（TBS）格式

```
                              sibType3, sibType4, sibType5, sibType6,

                              sibType7, sibType8, sibType9, sibType10,

                              sibType11, sibType12-v920, sibType13-v920,

                              sibType14-v1130, sibType15-v1130,

                              sibType16-v1130, sibType17-v1250, sibType18-
v1250,

                              ..., sibType19-v1250, sibType20-v1310}
```

图 2-3　SIB1-BR 中明确了 SI 系统消息传输的具体频域位置和传输块（TBS）格式（续）

　　eMTC 在计算系统消息（SI）窗的起始位置时暂时不需要获取 H-SFN 信息，但是在系统消息变更周期以及 eDRX 获取周期中可能会用到，因此，H-SFN 在 SIB1-BR 中以可选的形式进行配置（如果系统不配置 eDRX 获取周期，并且系统消息变更周期配置为 512 系统帧，此时 H-SFN 可以不用配置），如图 2-4 所示。

```
SystemInformationBlockType1-v1310-IEs ::=    SEQUENCE {
    hyperSFN-r13                             BIT STRING (SIZE (10))      OPTIONAL,
-- Need OR
    eDRX-Allowed-r13                         ENUMERATED {true}          OPTIONAL,
-- Need OR
    cellSelectionInfoCE-r13                  CellSelectionInfoCE-r13 OPTIONAL,    --
Need OP
    bandwidthReducedAccessRelatedInfo-r13    SEQUENCE {
        si-WindowLength-BR-r13               ENUMERATED {
                                                ms20, ms40, ms60, ms80, ms120,
                                                ms160, ms200, spare},
        si-RepetitionPattern-r13             ENUMERATED {everyRF, every2ndRF,
every4thRF,
                                                            every8thRF},
        schedulingInfoList-BR-r13            SchedulingInfoList-BR-r13   OPTIONAL,
-- Need OR
        fdd-DownlinkOrTddSubframeBitmapBR-r13   CHOICE {
            subframePattern10-r13               BIT STRING (SIZE (10)),
            subframePattern40-r13               BIT STRING (SIZE (40))
        }                                                               OPTIONAL,
-- Need OP
        fdd-UplinkSubframeBitmapBR-r13       BIT STRING (SIZE (10))      OPTIONAL,
```

图 2-4　SIB1-BR 中的超帧（H-SFN）配置

```
-- Need OP
     startSymbolBR-r13                       INTEGER (1..4),
     si-HoppingConfigCommon-r13              ENUMERATED {on,off},
     si-ValidityTime-r13                     ENUMERATED {true}    OPTIONAL,
-- Need OP
     systemInfoValueTagList-r13              SystemInfoValueTagList-r13  OPTIONAL
-- Need OR
     }                                                           OPTIONAL,    --
Cond BW-reduced
```

图 2-4　SIB1-BR 中的超帧（H-SFN）配置（续）

系统帧（SFN）获取方式与 LTE 一样，通过解码 MIB 获取 SFN 高位 8bit
（见图 2-5），并结合解码 40ms 的 PBCH 隐式获取低位 2bit，这样就可以确定具
体的无线帧号（SFN）。

MasterInformationBlock

```
-- ASN1START


MasterInformationBlock ::=          SEQUENCE {
    dl-Bandwidth                        ENUMERATED {
                                            n6, n15, n25, n50, n75, n100},

    phich-Config                        PHICH-Config,
    systemFrameNumber                   BIT STRING (SIZE (8)),
    schedulingInfoSIB1-BR-r13           INTEGER (0..31),
    spare                               BIT STRING (SIZE (5))
}


-- ASN1STOP
```

图 2-5　MIB 中的系统帧（SFN）高位 8bit

eMTC 终端监测系统消息变更的流程与 NB-IoT/LTE 基本上一样，不失一
般性，我们不在此进行重复的赘述。然而值得关注的有以下两点区别：

1）LTE 终端在成功确认系统消息可靠之后的 3h 考虑系统消息失效；
NB-IoT 终端在成功确认系统消息可靠之后的 24h 考虑系统消息失效；如果
SIB1-BR 中没有配置 si-ValidityTime 字段（见图 2-6），eMTC 终端在成功确认
系统消息可靠之后的 24h 考虑系统消息失效，否则在成功确认可靠之后的 3h
考虑系统消息失效。

2）LTE/NB-IoT/eMTC 终端通过接收寻呼消息的方式可以知道系统消息变更，但是无法确认哪些系统消息变更。在 NB-IoT 中可通过 MIB-NB 中的 systemInfoValueTag 字段得知系统消息发生变更，进一步解读 SIB1-NB 中的 systemInfoValueTagSI 字段可具体确知哪些系统消息发生了变更；在 eMTC 中可以通过 SIB1-BR 中的 systemInfoValueTag 字段和 systemInfoValueTagSI 字段来确认系统消息是否发生变更以及具体哪些系统消息发生了变更，如图 2-7 所示。

```
SystemInformationBlockType1-v1310-IEs ::=   SEQUENCE {
    hyperSFN-r13                                BIT STRING (SIZE (10))      OPTIONAL,
-- Need OR
    eDRX-Allowed-r13                            ENUMERATED {true}          OPTIONAL,
-- Need OR
    cellSelectionInfoCE-r13                     CellSelectionInfoCE-r13 OPTIONAL,   --
Need OP
    bandwidthReducedAccessRelatedInfo-r13   SEQUENCE {
        si-WindowLength-BR-r13                  ENUMERATED {
                                                    ms20, ms40, ms60, ms80, ms120,
                                                    ms160, ms200, spare},
        si-RepetitionPattern-r13                ENUMERATED {everyRF, every2ndRF,
every4thRF,
                                                            every8thRF},
        schedulingInfoList-BR-r13               SchedulingInfoList-BR-r13     OPTIONAL,
-- Need OR
        fdd-DownlinkOrTddSubframeBitmapBR-r13   CHOICE {
            subframePattern10-r13                   BIT STRING (SIZE (10)),
            subframePattern40-r13                   BIT STRING (SIZE (40))
        }                                                                  OPTIONAL,
-- Need OP
        fdd-UplinkSubframeBitmapBR-r13          BIT STRING (SIZE (10))      OPTIONAL,
-- Need OP
        startSymbolBR-r13                       INTEGER (1..4),
        si-HoppingConfigCommon-r13              ENUMERATED {on,off},
        si-ValidityTime-r13                     ENUMERATED {true}    OPTIONAL,
-- Need OP
        systemInfoValueTagList-r13              SystemInfoValueTagList-r13 OPTIONAL
-- Need OR
    }                                                                  OPTIONAL,   --
Cond BW-reduced
```

图 2-6　SIB1-BR 中可选配置 si-ValidityTime

```
SIB-MappingInfo ::= SEQUENCE (SIZE (0..maxSIB-1)) OF SIB-Type


SIB-Type ::=                        ENUMERATED {
                                    sibType3, sibType4, sibType5, sibType6,
                                    sibType7, sibType8, sibType9, sibType10,
                                    sibType11, sibType12-v920, sibType13-v920,
                                    sibType14-v1130, sibType15-v1130,
                                    sibType16-v1130, sibType17-v1250, sibType18-
v1250,
                                    ..., sibType19-v1250, sibType20-v1310}


SystemInfoValueTagList-r13 ::=      SEQUENCE (SIZE (1..maxSI-Message)) OF
SystemInfoValueTagSI-r13


SystemInfoValueTagSI-r13 ::=        INTEGER (0..3)


CellSelectionInfo-v920 ::=          SEQUENCE {
    q-QualMin-r9                    Q-QualMin-r9,
    q-QualMinOffset-r9              INTEGER (1..8)                    OPTIONAL
-- Need OP
}


CellSelectionInfo-v1130 ::=         SEQUENCE {
    q-QualMinWB-r11                 Q-QualMin-r9
}


CellSelectionInfo-v1250 ::=         SEQUENCE {
    q-QualMinRSRQ-OnAllSymbols-r12              Q-QualMin-r9
}

-- ASN1STOP
```

图 2-7　SIB1-BR 中可选配置 systemInfoValueTagSI
字段来确定具体系统消息变更情况（0-3 循环设置）

　　eMTC 或者 NB-IoT 在 RRC_CONNECTED 状态时（T311 定时运行时，eMTC
切换除外）不需要获取系统消息（eMTC 切换时只获取目标小区 MIB），如果此
时发生系统消息变更，UE 可以通过解读寻呼消息中的 systemInfoModification
字段来评估系统消息是否发生了改变。在 RRC_CONNECTED 状态下，eMTC

或者 NB-IoT 终端仍然使用已存储的系统消息。另一方面，如果在变更的系统消息对于 eMTC 或者 NB-IoT 终端很重要的情况下，网络侧可以触发连接释放。UE 通过连接释放从 RRC_CONNECTED 转为 RRC_IDLE 状态时，也可以通过解读 systemInfoValueTag 字段来判断系统消息是否发生了改变。

层 3 信令流程

eMTC 数据传输模式与 NB-IoT 一样，也分为三种，分别为 CP 数据优化传输模式、建立 DRB 承载传输数据以及 UP 数据优化传输模式。为了避免重复赘述，本章不再进行相关定义的描述，着重选取需要关注的方面进行描述：

1）eMTC 中 SRB 与 LTE 一样，包括 SRB0/SRB1/SRB0，没有 NB-IoT 专属的 SRB1bis，eMTC 能够支持 8 个 DRB（与 LTE 一样）。

2）eMTC 中同样存在针对 UP 数据优化传输模式的挂起（Suspend）-恢复（Resume）流程，eMTC 中的 RRCConnectionResumeRequest/RRCConnection Request 相比 LTE 现网版本（R9、R10）多出一条 mo-VoiceCall（R13 版本中这两条请求信令的触发原因集合相同）。解码现网 VoLTE 终端主叫触发原因字段一般设置为 mo-Data，如果触发原因是多媒体电话视频业务请求，并且驻留小区 SIB2 消息中包含 voiceServiceCauseIndication 字段，那么 RRC 连接建立/恢复请求的触发原因就可以设置为 mo-VoiceCall，从这里也可以看出，eMTC 物联网不仅仅能够传输数据，还可以传送语音，如图 2-8 所示。

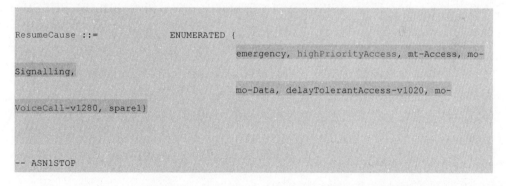

```
ResumeCause ::=                  ENUMERATED {
                                 emergency, highPriorityAccess, mt-Access, mo-
Signalling,
                                 mo-Data, delayTolerantAccess-v1020, mo-
VoiceCall-v1280, spare1}


-- ASN1STOP
```

图 2-8　RRCConnectionResumeRequest/RRCConnectionRequest 主叫触发原因值字段

2.1.2　eMTC 主要工作流程

eMTC 是一种全新的蜂窝物联网通信技术，在系统技术以及流程设计中融合吸取了很多 NB-IoT 和 LTE 设计思想，其最主要的三大核心技术特点包括全新的频域窄带设计，提供了时域上重复传输机制以及新增 eMTC 专属下行物理

控制信道（MPDCCH）。基于 3GPP 协议规范 Release 13 的定义，eMTC 终端的工作频带被限制在了频域窄带（6PRB）。然而，eMTC 终端应具备全频带（例如，LTE 系统下行频宽）锁频的能力，这表征 eMTC 终端的中心频率仍然可以工作在较宽的频带范围，仅仅实际工作频带能力被限制在频域 6 个连续物理资源块（PRB）之内。

终端在开机时尝试在 LTE 全频带进行锁频同步，仍然通过与 LTE 配置相同的 PSS/SSS 同步信号与基站实现下行同步，并读取与 LTE 配置相同的 MIB 消息，获取 SIB1-BR 调度信息之后通过解码 SIB1-BR 消息可以获取 MPDCCH 的时频域位置相关配置参数。另外，通过进一步解读系统消息 SIB2 还可以获取终端随机接入所需要的频域窄带，终端可通过随机接入流程实现与网络侧的上行同步。

基于不同的触发条件，例如基于 SI-RNTI 获取系统消息（非 SIB1-BR），基于 RA-RNTI 接收随机接入响应，基于临时 C-RNTI 发起竞争解决 Msg3 消息，基于临时 C-RNTI 接收竞争解决 Msg4，基于 P-RNTI 侦听寻呼消息，基于 C-RNTI 进行数据接收和传输或基于 SPS-RNTI 启用半持续性调度机制等，都可以通过盲检 MPDCCH 相应搜索空间动态获取上下行物理信道传输涉及的频域窄带位置以及该频域窄带内所分配的频域物理资源，从而在相应 PDSCH/PUSCH 物理信道完成数据接收/传输。为了进一步提升系统抗干扰能力，在 eMTC 上下行控制信道（MPDCCH/PUCCH）和业务信道传输（PDSCH/PUSCH）都设计了相应的跳频机制。

eMTC 工作在频域窄带，不需要单独组网部署，可以与 LTE 系统融合共存。从网络侧设计角度观察，LTE 与 eMTC 区别仅仅在于时频域资源调度的差异，因此运营商当前 4G 网络侧设备无需硬件改变，可以通过软件升级的方式进行快速系统建设。另外，由于工作频带的局限，eMTC 终端不需要对于 LTE 系统配置的控制信道（如 PDCCH/PCFICH/PHICH）进行侦听，相应的一些控制信息（例如下行 HARQ-ACK 信息）会重新设计在 MPDCCH 中进行传输。

2.2　eMTC 物理层技术

eMTC 物理层技术来源于 LTE 物理层技术设计，在物理层结构设计以及物理层流程方面复用程度很高，可以采取 FDD 制式帧结构部署，也可以采取 TDD 制式帧结构部署。为了避免繁冗的赘述，本章节以 eMTC 特有的一些概念以及技术特点进行针对性介绍。

2.2.1　eMTC 下行物理层技术

下行频域窄带

eMTC 在系统部署当中不存在如同 NB-IoT 与 LTE 系统共存的三种模式（in-band/gurad-band/stand-alone），它只有一种模式，即与 LTE 系统带内共存，无法独立进行组网，与 LTE 系统是共生共联的。因此，需要在 LTE 频域内引入"窄带"概念，用以确认 eMTC 实际频域位置。

一个下行频域窄带定义为频域 6 个连续互不交叠的物理资源块（PRB）。在一个 LTE 小区下行传输带宽中，下行窄带总数定义为

$$N_{\text{NB}}^{\text{DL}} = \left\lfloor \frac{N_{\text{RB}}^{\text{DL}}}{6} \right\rfloor$$

下行窄带以 $n_{\text{NB}} = 0, \cdots, N_{\text{NB}}^{\text{DL}} - 1$ 方式按照 PRB 升序进行标识，而窄带 n_{NB} 中包含的 PRB 索引则根据如下公式进行计算：

$$\begin{cases} 6n_{\text{NB}} + i_0 + i & \text{if} \quad N_{\text{RB}}^{\text{DL}} \bmod 2 = 0 \\ 6n_{\text{NB}} + i_0 + i & \text{if} \quad N_{\text{RB}}^{\text{DL}} \bmod 2 = 1 \text{ and } n_{\text{NB}} < N_{\text{NB}}^{\text{DL}} / 2 \\ 6n_{\text{NB}} + i_0 + i + 1 & \text{if} \quad N_{\text{RB}}^{\text{DL}} \bmod 2 = 1 \text{ and } n_{\text{NB}} \geqslant N_{\text{NB}}^{\text{DL}} / 2 \end{cases}$$

式中，$i = 0, 1, \cdots, 5$；$i_0 = \left\lfloor \dfrac{N_{\text{RB}}^{\text{DL}}}{2} \right\rfloor - \dfrac{6N_{\text{RB}}^{\text{DL}}}{2}$。

半双工 FDD 制式帧结构保护间隔

eMTC 物联网终端成本低廉，一般采取半双工工作制式。在半双工上下行工作频带转换之间创建缓冲保护间隔。对于类型 A 半双工 FDD 制式，在下行子帧转换为上行子帧情况下，下行子帧的最后一部分不再接收而作为保护间隔。对于类型 B 半双工 TDD 制式，下行子帧转换为上行子帧情况下，该下行子帧不再接收而作为保护间隔；上行子帧转换为下行子帧情况下，该下行子帧不再接收而作为保护间隔。

TDD 制式帧结构保护间隔

eMTC TDD 制式的上下行保护间隔就是特殊时隙中的 GP（Guard Period），如图 2-9 所示。

MTC 下行共享控制信道（MPDCCH）

MPDCCH 是 eMTC 为了进行上下行资源调度而专门设计的信道结构。该信道的设计思想源于 PDCCH，使用一个或者多个聚合的增强控制信道单元

（Enhanced Control Channel Element，ECCE）承载物理层控制信息。每个 ECCE 包含多个增强资源单元组（Enhanced Resource Element Group，EREG），每个 ECCE 中包含 EREG 的数量见表 2-3。每一对（2 个）物理资源块（Physical Resource Block，PRB）中包含了计数从 0～15 共 16 个 EREG，如果在一个 PRB pair 之内除了 DMRS 的位置采取先频域后时域的方式对 RE 依序进行 0～15 的循环标号，标号同为 i 的 RE 归属于同归属于第 i 个 EREG。标准循环前缀格式下，DMRS 的位置根据天线逻辑端口 $p = \{107,108,109,110\}$ 进行定义；扩展循环前缀格式下，DMRS 的位置根据天线逻辑端口组 $p = \{107,108\}$ 进行定义。

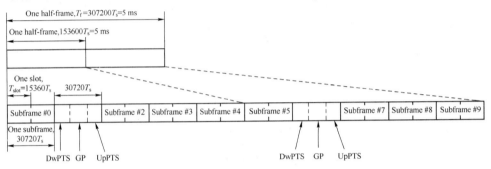

图 2-9　TDD 制式帧结构（5ms 转换点周期）

表 2-3　每个 ECCE 中包含 EREG 的数量，N_{EREG}^{ECCE}（FDD/TDD）

Normal cyclic prefix			Extended cyclic prefix	
Normal subframe	Special subframe, configuration 3, 4, 8	Special subframe, configuration 1, 2, 6, 7, 9	Normal subframe	Special subframe, configuration 1, 2, 3, 5, 6
4			8	

MPDCCH 需要在 $N_{rep}^{MPDCCH} \geqslant 1$ 个连续 eMTC 下行子帧内传输。在 eMTC TDD 制式下，如果高层没有配置最大重复传输次数（r_{max}），那么每个 ECCE 中包含的 EREG 数量遵循表 2-3 规定，否则按照表 2-4 要求。对于表 2-4 中没有指明的那些特殊子帧格式设置，只有当高层信令指示才可以用作 MPDCCH 和 PDSCH 传输。

表 2-4　每个 ECCE 中包含 EREG 数量，N_{EREG}^{ECCE}（TDD）

Normal cyclic prefix		Extended cyclic prefix	
Normal subframe	Special subframe, configuration 3, 4, 8	Normal subframe	Special subframe, configuration 1, 2, 3, 5, 6
4		8	

MPDCCH 如果配置为 2 个 PRB 频宽或者 4 个 PRB 频宽，如果最大重复传

输次数没有配置，那么对应每个 MPDCCH 格式所包含的 ECCE 个数由表 2-5 定义，否则由表 2-6 定义。

表 2-5　对应不同格式下一个 MPDCCH 信道包含的 ECCE 数量（ $N_{\text{rep}}^{\text{MPDCCH}}$ 没有配置）

MPDCCH format	Number of ECCEs for one MPDCCH, $N_{\text{ECCE}}^{\text{MPDCCH}}$			
	$N_{\text{EREG}}^{\text{ECCE}} = 4$		$N_{\text{EREG}}^{\text{ECCE}} = 8$	
	Localized transmission	Distributed transmission	Localized transmission	Distributed transmission
0	2	2	1	1
1	4	4	2	2
2	8	8	4	4
3	16	16	8	8
4	–	32	–	16

表 2-6　对应不同格式下一个 MPDCCH 信道包含的 ECCE 数量（ $N_{\text{rep}}^{\text{MPDCCH}} \geqslant 1$ ）

MPDCCH format	Number of ECCEs in a subframe for one MPDCCH, $N_{\text{ECCE}}^{\text{MPDCCH}}$			
	$N_{\text{EREG}}^{\text{ECCE}} = 4$		$N_{\text{EREG}}^{\text{ECCE}} = 8$	
	Localized transmission	Distributed transmission	Localized transmission	Distributed transmission
0	2	2	1	1
1	4	4	2	2
2	8	8	4	4
3	16	16	8	8
4	–	–	–	–
5	24	24	12	12

　　MPDCCH 可以采取局部或者分布式两种不同的资源映射传输方式，这两种传输方式的本质区别在于 ECCE 与 EREG 匹配映射的方式以及物理资源对匹配的方式。由高层配置的 MPDCCH 频域格式下 X_m（2PRB/4PRB/2+4PRB）的所有 MPDCCH 候选只能选择一种资源映射传输方式。假定子帧 i 中 MPDCCH 频域配置为 X_m，包含所有 MPDCCH 候选中的 ECCE 索引计数为 $0, 1 \cdot n \cdots N_{\text{ECCE},m,i} - 1$，对于第 n 个 ECCE 的第 j 个 EREG $j = 0, 1, \cdots, N_{\text{EREG}}^{\text{ECCE}} - 1$。

　　如果以局部传输方式进行资源匹配，其在 PRB 索引为 $\left\lfloor n / N_{\text{ECCE}}^{\text{RB}} \right\rfloor$ 上的 EREG 位置为 $(n \bmod N_{\text{ECCE}}^{\text{RB}}) + j N_{\text{ECCE}}^{\text{RB}}$。

如果以分布式传输方式进行资源匹配，其在 PRB 索引为 $(n+j\max(1,N_{\mathrm{RB}}^{X_m}/N_{\mathrm{EREG}}^{\mathrm{ECCE}}))\bmod N_{\mathrm{RB}}^{X_m}$ 上的 EREG 位置为 $\left\lfloor n/N_{\mathrm{RB}}^{X_m}\right\rfloor+jN_{\mathrm{ECCE}}^{\mathrm{RB}}$。

其中，$N_{\mathrm{ECCE}}^{\mathrm{RB}}=16/N_{\mathrm{EREG}}^{\mathrm{ECCE}}$ 定义为一个 PRB 中所包含的 ECCE 个数，MPDCCH 频域组合 X_m 中所包含的 PRB pair 以升序方式进行映射匹配。

MPDCCH 如果配置为 2 个 PRB 频宽或者 4 个 PRB 频宽，且物理资源配置为局部传输模式，MPDCCH 使用单天线逻辑端口 p 进行传输，p 定义参见表 2-7。

表 2-7　MPDCCH 局部传输模式下的天线逻辑端口配置

n'	Normal cyclic prefix		Extended cyclic prefix
	Normal subframes,Special subframes, configurations 3, 4, 8	Special subframes, configurations 1, 2, 6, 7, 9	Any subframe
0	107	107	107
1	108	109	108
2	109	–	–
3	110	–	–

其中，$n'=n_{\mathrm{ECCE,low}}\bmod N_{\mathrm{ECCE}}^{\mathrm{RB}}+n_{\mathrm{RNTI}}\bmod\min(N_{\mathrm{ECCE}}^{\mathrm{MPDCCH}},N_{\mathrm{ECCE}}^{\mathrm{RB}})$，$N_{\mathrm{ECCE}}^{\mathrm{RB}}=16/N_{\mathrm{EREG}}^{\mathrm{ECCE}}$，$n_{\mathrm{RNTI}}$ 是 C-RNTI，$n_{\mathrm{ECCE,low}}$ 是 MPDCCH 信道传输中包含的最小 ECCE 索引。

MPDCCH 如果配置为 2 个 PRB 频宽或者 4 个 PRB 频宽时，且物理资源配置为分布式传输模式，每个 EREG 中包含的 RE 所使用天线逻辑端口号以天线逻辑端口 107 起始，标准循环前缀下的 MPDDCH 按照 $p\in\{107,109\}$ 依次交替使用，扩展循环前缀下的 MPDCCH 按照 $p\in\{107,108\}$ 交替使用。

MPDCCH 如果配置为 6 个 PRB 频宽，且物理资源配置为局部传输模式，MPDCCH 使用单天线逻辑端口 p 进行传输，p 定义参见表 2-7，其中 $n'=n_{\mathrm{RNTI}}\bmod N_{\mathrm{ECCE}}^{\mathrm{RB}}$。

如果在重传过程中遇到非 eMTC 下行传输子帧，MPDCCH 重复传输子帧需要进行相应延迟，因此 eMTC 的 MPDCCH 重复传输实际占用的绝对连续子帧数可能为 $N_{\mathrm{abs}}^{\mathrm{MPDCCH}}\geqslant N_{\mathrm{rep}}^{\mathrm{MPDCCH}}$。MPDCCH 信道以每 N_{acc} 个绝对连续子帧作为一组进行传输序列加扰初始化。第 j 组 N_{acc} 子帧的扰码初始化定义如下：

$$c_{\mathrm{init}}=\begin{cases}[(j_0+j)N_{\mathrm{acc}}\bmod10]\cdot2^9+N_{\mathrm{ID}}^{\mathrm{cell}} & \text{for Type1}-\text{Common, Type2}-\text{common}\\[(j_0+j)N_{\mathrm{acc}}\bmod10]\cdot2^9+n_{\mathrm{ID},m}^{\mathrm{MPDCCH}} & \text{otherwise}\end{cases}$$

其中，i_0 是传输 MPDCCH 的第一个下行子帧的绝对子帧号，并且，

$$j = 0,1,\cdots,\left\lfloor \frac{i_0 + N_{\text{abs}}^{\text{MPDCCH}} + i_\Delta - 1}{N_{\text{acc}}} \right\rfloor - j_0$$

$$j_0 = \left\lfloor (i_0 + i_\Delta) / N_{\text{acc}} \right\rfloor$$

$$i_\Delta = \begin{cases} 0 & \text{for frame structure type 1 or } N_{\text{acc}} = 1 \\ N_{\text{acc}} - 2 & \text{for frame structure type 2 or } N_{\text{acc}} = 10 \end{cases}$$

如果 MPDCCH 是由 P-RNTI 加扰传输的，那么对于 eMTC FDD 帧结构，$N_{\text{acc}} = 4$；对于 eMTC TDD 帧结构，$N_{\text{acc}} = 10$。否则，如果针对配置了 CEModeA 模式或者处于随机接入覆盖等级 0/1 下的 UE，$N_{\text{acc}} = 1$；针对配置了 CEModeB 模式或者处于随机接入覆盖等级 2/3 下的 eMTC UE，FDD 帧结构下设置 $N_{\text{acc}} = 4$，而 TDD 帧结构下设置 $N_{\text{acc}} = 10$。

经过加扰后需要经过 QPSK 调制（见表 2-8）产生一系列复数值符号 $d(0), \cdots, d(M_{\text{symb}} - 1)$。这一组复数值符号经过单层映射和预编码，产生 MPDCCH 符号 $y(i) = d(i)$（$i = 0, \cdots, M_{\text{symb}} - 1$）。MPDCCH 符号物理层资源映射采取先频域后时域的方式，MPDCCH 格式 5 对应 6 个 PRB，而其他 MPDCCH 格式对应 2 或 4 个 PRB。

表 2-8　MPDCCH 信道调整方式

Physical channel	Modulation schemes
MPDCCH	QPSK

在物理资源匹配映射过程中，涉及信道状态信息参考信号（CSI reference signal）、同步信号、PBCH 核心内容、PBCH 重传以及 PBCH 所包含作为占位的参考信号（不实际用作参考信号传输）的 RE 位置应被计算作为 MPDCCH 的匹配，但不作为实际传输。

MPDCCH 在子帧 k 的第一个时隙的 OFDM 起始位置由 $l_{\text{MPDCCHStart}}$ 决定，如果子帧 k 被配置为 MBSFN 子帧并且 eMTC UE 被配置为 CEModeA 模式，$l_{\text{MPDCCHStart}}$ 由如下公式确定：

$$l_{\text{MPDCCHStart}} = \min(2, l'_{\text{MPDCCHStart}})$$

否则，

$$l_{\text{MPDCCHStart}} = l'_{\text{MPDCCHStart}}$$

其中，$l'_{\text{MPDCCHStart}}$ 由高层参数 startSymbolBR 配置决定，当 MIB 中参数

dl-Bandwidth 指示 LTE 下行带宽大于 10PRB 时，为了避开 LTE PDCCH 所占用 OFDM 符号位置，startSymbolBR 取值范围为 1、2 和 3，否则（dl-Bandwidth <10PRB）startSymbolBR 取值范围为 2、3 和 4。

MPDCCH 传输可以启用跳频机制，针对 UE 专属 MPDCCH 搜索空间，通过 C-RNTI 或者 SPS-RNTI 加扰的 MPDCCH 可以由高层参数 mpdcch-pdsch-HoppingConfig 控制是否启用跳频机制，而在随机接入过程中，通过 RA-RNTI 或者临时 C-RNTI 加扰的 MPDCCH 也可以由高层参数 rar-HoppingConfig 控制是否启用跳频机制。跳频原理相对比较简单，采取只进行频域窄带跳变，而窄带内 PRB 资源不变的规则，如不启用跳频机制，频域窄带位置保持不变。MPDCCH 重复传输中频域窄带的跳频位置根据如下公式计算确定：

$$n_{\mathrm{NB}}^{(i)} = \left(n_{\mathrm{NB}}^{(i_{0,ss})} + \left(\left\lfloor \frac{i + i_{\Delta}}{N_{\mathrm{NB}}^{\mathrm{ch,DL}}} - j_0 \right\rfloor \bmod N_{\mathrm{NB}}^{\mathrm{DL}} \right) \cdot f_{\mathrm{NB,hop}}^{\mathrm{DL}} \right) \bmod N_{\mathrm{NB}}^{\mathrm{DL}}$$

$$j_0 = \left\lfloor (i_{0,ss} + i_{\Delta}) / N_{\mathrm{NB}}^{\mathrm{ch,DL}} \right\rfloor$$

$$i_{0,ss} \leqslant i \leqslant i_{0,ss} + N_{\mathrm{abs,ss}}^{\mathrm{MPDCCH}} - 1$$

$$i_{\Delta} = \begin{cases} 0 & \text{for frame structure type1} \\ N_{\mathrm{NB}}^{\mathrm{ch,DL}} & \text{for frame structure type2} \end{cases}$$

其中，$n_{\mathrm{NB}}^{(i_{0,ss})}$ 是由高层配置的 MPDCCH 搜索空间的起始子帧中的频域窄带，$i_{0,ss}$ 是 MPDCCH 搜索空间的起始子帧的绝对子帧号，$N_{\mathrm{NB,hop}}^{\mathrm{ch,DL}}$、$N_{\mathrm{NB}}^{\mathrm{ch,DL}}$ 和 $f_{\mathrm{NB,hop}}^{\mathrm{DL}}$ 都是通过高层配置的小区级参数。如果跳频机制针对最近一次随机接入覆盖等级 0/1 或者 CEModeA 传输模式启用，则 $N_{\mathrm{NB,hop}}^{\mathrm{ch,DL}}$ 由高层参数 interval-DlHopping-ConfigCommonModeA 配置；如果跳频机制针对最近一次随机接入覆盖等级 2/3 或者 CEmodeB 传输模式启用，则 $N_{\mathrm{NB,hop}}^{\mathrm{ch,DL}}$ 由 interval-DlHoppingConfig-CommonModeB 配置。

eMTC UE 在接收寻呼消息时，需要在预先规定的频域窄带侦听由 P-RNTI 加扰的 MPDCCH 信道，接收窄带索引 n_{NB} 由如下公式进行计算：

$$n_{\mathrm{NB}} = s_j$$

$$j = (N_{\mathrm{ID}}^{\mathrm{cell}} \bmod N_{\mathrm{NB}}^{\mathrm{S}} + i \cdot \left\lfloor N_{\mathrm{NB}}^{\mathrm{S}} / m \right\rfloor) \bmod N_{\mathrm{NB}}^{\mathrm{S}}$$

$$i = 0, 1, \cdots, m-1$$

$$m = (\tilde{N}_{\mathrm{NB}}^{\mathrm{p}} + N_{\mathrm{ID}}^{\mathrm{cell}}) \bmod N_{\mathrm{NB}}^{\mathrm{S}}$$

其中，$\tilde{N}_{\mathrm{NB}}^{\mathrm{p}} \in \{0,1,\cdots,N_{\mathrm{NB}}^{\mathrm{p}}-1\}$ 是由 UE_ID（IMSI）以及 SIB2 中关于寻呼信道中的参数 defaultPagingCycle 和 nB 联合确定的（计算公式详见 TS 36.304 7.1 R13），$N_{\mathrm{NB}}^{\mathrm{p}}$ 由高层参数 paging-narrowBands 定义，由此可以看出寻呼频域窄带是基于 UE 专属配置的。eMTC 技术在寻呼过程中也可以通过高层参数配置 si-HoppingConfigCommon 是否启用跳频机制，如果不启用跳频机制，每个 MPDCCH 候选在固定窄带位置 s_m（$m = (\tilde{N}_{\mathrm{NB}}^{\mathrm{p}} + N_{\mathrm{ID}}^{\mathrm{cell}}) \bmod N_{\mathrm{NB}}^{\mathrm{S}}$）的固定 PRB 位置进行重复传输。当启用跳频机制后，在每个 MPDCCH 下行重传子帧（绝对子帧号 i）的跳频窄带 s_j 中的固定 PRB 位置进行 MPDCCH 重复传输，跳频窄带 s_j 由如下公式计算得出：

$$j = \left((\tilde{N}_{\mathrm{NB}}^{\mathrm{p}} + N_{\mathrm{ID}}^{\mathrm{cell}}) + \left(\left\lfloor \frac{i+i_{\Delta}}{N_{\mathrm{NB}}^{\mathrm{ch,DL}}} - j_0 \right\rfloor \bmod N_{\mathrm{NB,hop}}^{\mathrm{ch,DL}} \cdot f_{\mathrm{NB,hop}}^{\mathrm{DL}} \right) \right) \bmod N_{\mathrm{NB}}^{\mathrm{S}}$$

$$j_0 = \left\lfloor (i_{0,ss} + i_{\Delta}) / N_{\mathrm{NB}}^{\mathrm{ch,DL}} \right\rfloor$$

$$i_{0,ss} \leqslant i \leqslant i_{0,ss} + N_{\mathrm{abs,ss}}^{\mathrm{MPDCCH}} - 1$$

$$i_{\Delta} = \begin{cases} 0 & \text{for frame structure type1} \\ N_{\mathrm{NB}}^{\mathrm{ch,DL}} - 2 & \text{for frame structure type2} \end{cases}$$

其中，$i_{0,ss}$ 为 Type1-MPDCCH 公共搜索空间的起始子帧的绝对子帧号码，如果系统消息 SIB1-BR 中包含了参数 interval-DlHoppingConfigCommon- ModeB，则 $N_{\mathrm{NB}}^{\mathrm{ch,DL}}$ 按照该参数进行设置，否则按照 SIB1-BR 中的参数 interval-DlHoppingConfigCommonModeA 进行设置。

　　eMTC 终端通过盲检解码高层信令配置的 1 个或者多个频域窄带中的每一个 MPDCCH 获取 DCI 格式类型以及所含信息。非 eMTC 终端不需要侦听解码 MPDCCH 信道。eMTC 终端可以通过高层信令获知侦听 MPDCCH 所需要预先知道的频域 PRB 配置 MPDCCH-PRB-set（1 或 2）。一个 MPDCCH-PRB-set 包含了 0～ $N'_{\mathrm{ECCE},p,k}-1$ 共计 $N'_{\mathrm{ECCE},p,k}$ 个 ECCE，其中 k 是子帧标号，p 是 MPDCCH-PRB-set 标号。MPDCCH-PRB-set 可以由高层配置为局部传输或者分布式传输两种模式。eMTC 终端通过在 MPDCCH 搜索空间中解码获取承载不同内容的 MPDCCH，而 MPDCCH 搜索空间有如下 4 种定义：

　　1）Type0-MPDCCH 公共搜索空间，适用于配置为 CEModeA 模式下 UE

进行侦听，配置 CEModeB 模式的 UE 不要求侦听。

2）Type1-MPDCCH 公共搜索空间，UE 通过监听解码该搜索空间获取寻呼消息。

3）Type2-MPDCCH 公共搜索空间，UE 通过监听解码该搜索空间获取随机接入响应消息（RAR）。

4）UE 专属 MPDCCH 搜索空间。

对于以上定义搜索空间，eMTC UE 不需要具备能力能够同时侦听 2）和 4），也不需要能够同时侦听 3）和 4）。如果 MDCCH 的某个 ECCE 与之前预先调度的 PDSCH 传输分配在同一个子帧的物理资源块对（PRB pair）内，eMTC 终端不期望侦听解码该候选 MPDCCH。对于聚合等级 $L' = 24$ 或 $L' = 12$ 个 ECCE，即 MPDCCH 格式 5，MPDCCH 中 ECCE 映射在 2+4PRB 组合中的物理资源单位（RE）。MPDCCH 的搜索空间 $MS_k^{(L',R)}$ 是由聚合等级 $L' \in \{1, 2, 4, 8, 16, 12, 24\}$ 和重复传输等级 $R \in \{1, 2, 4, 8, 16, 32, 64, 128, 256\}$ 联合定义的。对于一个 MPDCCH 的 PRB 设置格式 p（MPDCCH-PRB-set），确定搜索空间 $MS_k^{(L',R)}$ 中 MPDCCH 候选 m 的 ECCE 由如下公式定义：

$$L'\left\{\left(Y_{p,k} + \left\lfloor \frac{m \cdot N'_{\text{ECCE},p,k}}{L' \cdot M_P'^{(L')}} \right\rfloor\right) \bmod \left\lfloor N'_{\text{ECCE},p,k} / L' \right\rfloor\right\} + i$$

其中，k 是 R 个重复传输子帧的起始子帧，$i = 0, \cdots, L' - 1$，$m = 0, 1, K, M_P'^{(L')} - 1$，$M_P'^{(L')}$ 是 R 个重复传输子帧中每一个子帧中，每一组 MPDCCH-PRB-set p，每一个聚合等级 L' 下 MPDCCH 候选的个数；针对 UE 专属搜索空间，$Y_{p,k}$ 取值为 $i = 0, \cdots, L' - 1$，针对其他搜索空间 $Y_{p,k}$ 取值为 0。

eMTC 结合 NB-IoT 中 NPDCCH 和 LTE PDCCH 两种盲检技术进行 MPDCCH 的特有盲检机制设计。除了有类似 NB-IoT 的最大重复传输次数 $r_{\max}$，LTE 中的聚合等级 L'（$N_{\text{ECCE}}^{\text{MPDCCH}}$），还新增了频域 PRB 分配类型（MPDCCH-PRB-set，$N_{\text{RB}}'^{X_p}$），eMTC 终端在不同的 MPDCCH 搜索空间通过这三个维度结合进行盲检确定网络侧实际传输的 MPDCCH 候选。

以 UE 专属 MPDCCH 搜索空间的盲检举例，若 mPDCCH-Num Repetition>1：

1）如果 UE 配置了 CEModeA 模式，并且 $N_{\text{RB}}'^{X_p} = 2$ 或者 $N_{\text{RB}}'^{X_p} = 4$（该值由高层参数 PRB-Pairs-r11 配置），表 2-9 中聚合等级和重复传输等级定义了搜索空间和需要侦听的 MPDCCH 候选个数。

表 2-9　CEModeA 模式下，MPDCCH-PRB-set 大小为 2/4PRB，
需要侦听的 MPDCCH 候选

$N_{\text{RB}}'^{X_p}$	R	$M_P'^{(L')}$				
		$L'=2$	$L'=4$	$L'=8$	$L'=16$	$L'=24$
2	r1	2	1	1	0	0
4		1	1	1	1	0
2	r2	2	1	1	0	0
4		1	1	1	1	0
2	r3	2	1	1	0	0
4		1	1	1	1	0
2	r4	2	1	1	0	0
4		1	1	1	1	0

2）如果 UE 配置了 CEModeA 模式，并且 $N_{\text{RB}}'^{X_p} = 2+4$（该值由高层参数 PRB-Pairs-r13 配置），表 2-10 中聚合等级和重复传输等级定义了搜索空间和需要侦听的 MPDCCH 候选个数。

表 2-10　CEModeA 模式下，MPDCCH-PRB-set 大小为 2+4PRB，
需要侦听的 MPDCCH 候选

MPDCCH PRB set	R	$M_P'^{(L')}$				
		$L'=2$	$L'=4$	$L'=8$	$L'=16$	$L'=24$
2 PRB set in 2+4 PRB set	r1	1	1	0	0	0
4 PRB set in 2+4 PRB set		0	0	2	1	0
Both PRB sets in 2+4 PRB set		0	0	0	0	1
2 PRB set in 2+4 PRB set	r2	0	1	1	0	0
4 PRB set in 2+4 PRB set		0	0	2	1	0
Both PRB sets in 2+4 PRB set		0	0	0	0	1
2 PRB set in 2+4 PRB set	r3	0	0	0	0	0
4 PRB set in 2+4 PRB set		0	0	1	1	0
Both PRB sets in 2+4 PRB set		0	0	0	0	1
2 PRB set in 2+4 PRB set	r4	0	0	0	0	0
4 PRB set in 2+4 PRB set		0	0	0	0	0
Both PRB sets in 2+4 PRB set		0	0	0	0	1

3）如果 UE 配置了 CEModeB 模式，并且 $N_{\text{RB}}'^{X_p} = 2$ 或者 $N_{\text{RB}}'^{X_p} = 4$（该值由

高层参数 PRB-Pairs-r11 配置），表 2-11 中聚合等级和重复传输等级定义了搜索空间和需要侦听的 MPDCCH 候选个数。

表 2-11 CEModeB 模式下，MPDCCH-PRB-set 大小为 2/4PRB，
需要侦听的 MPDCCH 候选

$N_{\mathrm{RB}}^{\prime\prime X_p}$	R	$M_P^{\prime(L^{\prime})}$				
		$L'=2$	$L'=4$	$L'=8$	$L'=16$	$L'=24$
2	$r1$	0	0	1	0	0
4		0	0	1	1	0
2	$r2$	0	0	1	0	0
4		0	0	1	1	0
2	$r3$	0	0	1	0	0
4		0	0	1	1	0
2	$r4$	0	0	1	0	0
4		0	0	1	1	0

4）如果 UE 配置了 CEModeB 模式，并且 $N_{\mathrm{RB}}^{\prime\prime X_p} = 2 + 4$（该值由高层参数 PRB-Pairs-r13 配置），表 2-12 中聚合等级和重复传输等级定义了搜索空间和需要侦听的 MPDCCH 候选个数。

表 2-12 CEModeB 模式下，MPDCCH-PRB-set 大小为 2+4PRB，
需要侦听的 MPDCCH 候选

MPDCCH PRB set	R	$M_P^{\prime(L^{\prime})}$				
		$L'=2$	$L'=4$	$L'=8$	$L'=16$	$L'=24$
2 PRB set in 2+4 PRB set		0	0	1	0	0
4 PRB set in 2+4 PRB set	$r1$	0	0	0	1	0
Both PRB sets in 2+4 PRB set		0	0	0	0	1
2 PRB set in 2+4 PRB set		0	0	1	0	0
4 PRB set in 2+4 PRB set	$r2$	0	0	0	1	0
Both PRB sets in 2+4 PRB set		0	0	0	0	1
2 PRB set in 2+4 PRB set		0	0	1	0	0
4 PRB set in 2+4 PRB set	$r3$	0	0	0	1	0
Both PRB sets in 2+4 PRB set		0	0	0	0	1
2 PRB set in 2+4 PRB set		0	0	1	0	0
4 PRB set in 2+4 PRB set	$r4$	0	0	0	1	0
Both PRB sets in 2+4 PRB set		0	0	0	0	1

$r1$，$r2$，$r3$，$r4$（$N_{\text{rep}}^{\text{MPDCCH}}$）可以根据表 2-13 中由不同 r_{max} 确定，r_{max} 取值可由高层配置参数 mPDCCH-NumRepetition 确定。另外，MPDCCH 重复传输次数可以通过解码 DCI 中的"DCI 子帧重复传输个数（DCI subframe repetition number-2bit）"消息予以明确，详见表 2-14。

表 2-13　不同最大重复传输 r_{max} 的重传级别取值

r_{max}	$r1$	$r2$	$r3$	$r4$
1	1	–	–	–
2	1	2	–	–
4	1	2	4	–
$\geqslant 8$	$r_{\text{max}}/8$	$r_{\text{max}}/4$	$r_{\text{max}}/2$	r_{max}

表 2-14　DCI 子帧重复传输个数映射关系

R	DCI subframe repetition number
$r1$	
$r2$	01
$r3$	10
$r4$	11

eMTC UE 在相应的 MPDCCH 搜索空间进行盲检时，如遇到如下情况，可不需要对于 MPDCCH 进行侦听检测：

1）SIB1-BR 或者 SI 在子帧 k 的某一频域窄带进行传输时，UE 应假定在同一子帧 k 的相同频域窄带传输的 MPDCCH 被丢弃。

2）如果 MPDCCH 搜索空间中任意 MPDCCH 候选的任意 ECCE 同时出现在 $n_f = 0$ 之前的无线帧内和 $n_f \geqslant 0$ 的无线帧内，UE 不需要侦听这个 MPDCCH 搜索空间。

3）MPDCCH 搜索空间相互混叠配置。

4）如果将涉及 UE 专属 MPDCCH 空间或者 Type0-MPDCCH 公共搜索空间的高层参数 mPDCCH-NumRepetition 设置为 1，或者将涉及 Type2-MPDCCH 公共搜索空间的高层参数 mPDCCH-NumRepetition-RA 设置为 1，那么对于 eMTC TDD 下行标准循环前缀格式下特殊子帧配置索引 0 和 5 的特殊子帧以及 eMTC TDD 下行扩展循环前缀配置下特殊子帧配置索引 0、4 和 7 的特殊子帧，eMTC UE 不要求侦听其 MPDCCH。

5）否则（即 mPDCCH-NumRepetition>1 或 mPDCCH-NumRepetition-

RA>1），配置为 CEModeB 模式下的 eMTC UE 不需要侦听 TDD 制式下的特殊
子帧，配置为 CEModeA 模式下的 eMTC UE 不需要侦听 TDD 下行标准循环前
缀格式下特殊子帧配置索引 0、1、2、5、6、7 和 9 的特殊子帧，配置为 CEModeA
模式下的 eMTC UE 不需要侦听 TDD 下行扩展循环前缀格式下特殊子帧配置索
引 0、4、7、8 和 9 的特殊子帧，特殊子帧配置索引定义参见 TS 36.211 4.2 R13。

6）eMTC UE 不需要在 TDD 制式特殊子帧中侦听 Type1-MPDCCH 公共搜
索空间。

关于 UE 专属 MPDCCH 搜索空间（mPDCCH-NumRepetition=1）以及其他
类型搜索空间需要侦听的 MPDCCH 候选个数，感兴趣的读者可以查阅 TS
36.213 9.1.5 R13 进一步了解，本章节不展开进行介绍。

与 MPDCCH 相关的下行解调参考信号

MPDCCH 并不在频域固定的位置进行传输，eMTC 为 MPDCCH 设计了专
用的下行解调参考信号 DMRS。该参考信号采取与相关 MPDCCH 一样的天线
逻辑端口 $p \in \{107,108,109,110\}$ 进行传输，并且仅仅用于对应逻辑端口 MPDCCH
的解调参考，在频域占据 PRB 的位置与分配给 MPDCCH 频域 PRB 的位置一致。
DMRS 信号在物理层资源映射中不能与共存 LTE 系统的其他物理信道或物理
信号相冲突。

对任一天线逻辑端口 $p \in \{107,108,109,110\}$，基本参考信号序列由如下公式
定义：

$$r(m) = \frac{1}{\sqrt{2}}(1 - 2 \cdot c(2m)) + j\frac{1}{\sqrt{2}}(1 - 2 \cdot c(2m+1))$$

$$m = \begin{cases} 0,1,\cdots,12N_{RB}^{max,DL} - 1 & \text{normal cyclic prefix} \\ 0,1,\cdots,16N_{RB}^{max,DL} - 1 & \text{extended cyclic prefix} \end{cases}$$

DMRS 参考信号以每 N_{acc} 个绝对连续子帧作为一组进行传输序列加扰初始
化。第 j 组 N_{acc} 子帧的扰码初始化定义如下：

$$c_{init} = \begin{cases} ([(j_0 + j)N_{acc} \bmod 10] + 1) \cdot (2N_{ID,i}^{MPDCCH} + 1) \cdot 2^{16} + n_{SCID}^{MPDCCH} & \text{otherwise} \\ ([(j_0 + j)N_{acc} \bmod 10] + 1) \cdot (2N_{ID}^{cell} + 1) \cdot 2^{16} + n_{SCID}^{MPDCCH} & \text{for Type1-Common} \\ & \text{and Type2-Common} \end{cases}$$

$$j = 0,1,\cdots,\left\lfloor \frac{i_0 + N_{abs}^{MPDCCH} + i_\Delta - 1}{N_{acc}} \right\rfloor - j_0$$

$$j_0 = \left\lfloor (i_0 + i_\Delta) / N_{\text{acc}} \right\rfloor$$

$$i_\Delta = \begin{cases} 0 & \text{for frame structure type 1 or } N_{\text{acc}} = 1 \\ N_{\text{acc}} - 2 & \text{for frame structure type 2 or } N_{\text{acc}} = 10 \end{cases}$$

其中，i_0 是 MPDCCH 起始子帧的绝对子帧号，$N_{\text{abs}}^{\text{MPDCCH}}$ 是 MPDCCH 时域传输所占用的绝对子帧个数，可能包含非 eMTC 下行传输子帧，MPDCCH 会相应延迟传输避开这样的子帧。如果 MPDCCH 是由 P-RNTI 加扰传输的，那么对于 eMTC FDD 帧结构，$N_{\text{acc}} = 4$；对于 eMTC TDD 帧结构，$N_{\text{acc}} = 10$。否则，针对配置了 CEModeA 模式或者处于随机接入覆盖等级 0/1 下的 UE，$N_{\text{acc}} = 1$；针对配置了 CEModeB 模式或者处于随机接入覆盖等级 2/3 下的 eMTC UE，FDD 帧结构下设置 $N_{\text{acc}} = 4$，而 TDD 帧结构下设置 $N_{\text{acc}} = 10$。$n_{\text{SCID}}^{\text{MPDCCH}} = 2$，$n_{\text{ID},i}^{\text{MPDCCH}}$ 针对不同 MPDCCH 频域分配类型 $i \in \{0,1\}$（$i=0$ 对应 2+4PRB 设置，$i=1$ 对应 2PRB 或 4PRB 设置），根据高层参数 dmrs-ScramblingSequenceInt-r11 进行配置。

针对分配给 MPDCCH 的物理资源块 n_{PRB} 内以及配置了相关天线逻辑端口 $p \in \{107,108,109,110\}$，基础参考信号 $r(m)$ 的一部分会被用来按照如下计算公式最终生成标准循环前缀格式下（normal cyclic prefix）复数值解调参考信号 $a_{k,l}^{(p)}$：

$$a_{k,l}^{(p)} = w_p(l') \cdot r(3 \cdot l' \cdot N_{\text{RB}}^{\text{max,DL}} + 3 \cdot n_{\text{PRB}} + m')$$

其中，

$$w_p(i) = \begin{cases} \overline{w}_p(i) & (m' + n_{\text{PRB}}) \bmod 2 = 0 \\ \overline{w}_p(3 - i) & (m' + n_{\text{PRB}}) \bmod 2 = 1 \end{cases}$$

$$k = 5m' + N_{\text{sc}}^{\text{RB}} n_{\text{PRB}} + k'$$

$$k' = \begin{cases} 1 & p \in \{107,108\} \\ 0 & p \in \{109,110\} \end{cases}$$

$$l = \begin{cases} l' \bmod 2 + 2 & \text{if in a special subframe with configuration 3, 4, 8 or 9 (see Table4.2}-1) \\ l' \bmod 2 + 2 + 3 \left\lfloor l'/2 \right\rfloor & \text{if in a special subframe with configuration 1, 2, 6 or 7 (see Table4.2}-1) \\ l' \bmod 2 + 5 & \text{if not in a special subframe} \end{cases}$$

$$l' = \begin{cases} 0,1,2,3 & \text{if } n_s \bmod 2 = 0 \text{ and in a special subframe with} \\ & \text{configuration 1, 2, 6 or 7 (see Table4.2-1)} \\ 0,1 & \text{if } n_s \bmod 2 = 0 \text{ and not in a special subframe} \\ & \text{with configuration 1, 2, 6 or 7 (see Table4.2-1)} \\ 2,3 & \text{if } n_s \bmod 2 = 1 \text{ and not in a special subframe with} \\ & \text{configuration 1, 2, 6 or 7 (see Table4.2-1)} \end{cases}$$

$$m' = 0,1,2$$

序列 $\overline{w}_p(i)$ 由表 2-15 定义。

表 2-15　标准循环前缀下序列 $\overline{w}_p(i)$ 定义

Antenna port p	$[\overline{w}_p(0) \quad \overline{w}_p(1) \quad \overline{w}_p(2) \quad \overline{w}_p(3)]$
107	$[+1 \quad +1 \quad +1 \quad +1]$
108	$[+1 \quad -1 \quad +1 \quad -1]$
109	$[+1 \quad +1 \quad +1 \quad +1]$
110	$[+1 \quad -1 \quad +1 \quad -1]$

扩展循环前缀格式下（extended cyclic prefix）复数值解调参考信号 $a_{k,l}^{(p)}$ 由如下公式生成：

$$a_{k,l}^{(p)} = w_p(l' \bmod 2) \cdot r(4 \cdot l' \cdot N_{\text{RB}}^{\text{max,DL}} + 4 \cdot n_{\text{PRB}} + m')$$

其中，

$$w_p(i) = \begin{cases} \overline{w}_p(i) & m' \bmod 2 = 0 \\ \overline{w}_p(1-i) & m' \bmod 2 = 1 \end{cases}$$

$$k = 3m' + N_{\text{sc}}^{\text{RB}} n_{\text{PRB}} + k'$$

$$k' = \begin{cases} 1 & \text{if } n_s \bmod 2 = 0 \text{ and } p \in \{107,108\} \\ 2 & \text{if } n_s \bmod 2 = 1 \text{ and } p \in \{107,108\} \end{cases}$$

$$l = l' \bmod 2 + 4$$

$$l' = \begin{cases} 0,1, & \text{if } n_s \bmod 2 = 0 \text{ and in a special subframe with} \\ & \text{configuration 1, 2, 3, 5 or 6 (see Table4.2-1)} \\ 0,1 & \text{if } n_s \bmod 2 = 0 \text{ and not in a special subframe} \\ 2,3 & \text{if } n_s \bmod 2 = 1 \text{ and not in a special subframe with} \end{cases}$$

$$m' = 0, 1, 2, 3$$

序列 $\overline{w}_p(i)$ 由表 2-16 定义。

表 2-16　扩展循环前缀下序列 $\overline{w}_p(i)$ 定义

Antenna port p	$[\overline{w}_p(0) \quad \overline{w}_p(1)]$
107	$[+1 \quad +1]$
108	$[-1 \quad +1]$

对于扩展循环前缀格式，解调参考信号不支持天线逻辑端口 $p \in \{109,110\}$。

对应不同天线逻辑端口下的参考信号所匹配映射的物理资源单位均不用作同时隙中 MPDCCH 匹配映射。天线逻辑端口归属集合 $S = \{107,108\}$ 或 $S = \{109,110\}$ 之间不能在同时隙对于同一用户传输时复用相同的物理资源单位，需要错开物理资源映射匹配位置。标准循环前缀格式下天线逻辑端口 $p \in \{107,108,109,110\}$（对应图 2-10 中天线逻辑端口 $p \in \{7,8,9,10\}$）以及扩展循环前缀格式下天线逻辑端口 $p \in \{107,108\}$（对应图 2-11 中天线逻辑端口 $p \in \{7,8\}$）的 MPDCCH 相关解调参考信号在时频域的资源单位映射分别由图 2-10 和图 2-11 示意说明。

PDSCH 新增特性

eMTC 中下行共享信道（PDSCH）承载了下行数据传输。该信道加扰、层映射、预编码等步骤与 LTE 网络侧基带处理一致，在物理层资源映射方面略有如下不同：

1）涉及 CSI 参考信号、同步信号、PBCH 的核心部分、PBCH 重传以及 PBCH 所包含作为占位的参考信号（不用作参考信号传输）的 RE 位置应被计算作为 PDSCH 匹配，但是不作为实际传输。

2）对于处于 CEModeB 模式并配置了传输模式 9 的 eMTC UE，在 MBSFN 相关子帧中如与子帧 0 小区级参考信号位置相对应的 RE 既不作为 PDSCH 映射，也不进行传输。

eMTC PDSCH 传输子帧 k 的第一时隙的起始 OFDM 符号由 $l_{\text{DataStart}}$ 定义：

当 PDSCH 承载 SIB1-BR 时，如果共存 LTE 系统下行带宽 $N_{\text{RB}}^{\text{DL}} > 0$，则 $l_{\text{DataStart}} = 3$；如果共存 LTE 系统下行带宽 $N_{\text{RB}}^{\text{DL}} \leq 0$，则 $l_{\text{DataStart}} = 4$。

除此之外，如果子帧 k 被配置为 MBSFN 子帧并且 eMTC UE 被配置为 CEModeA 模式，$l_{\text{DataStart}}$ 由如下公式确定：

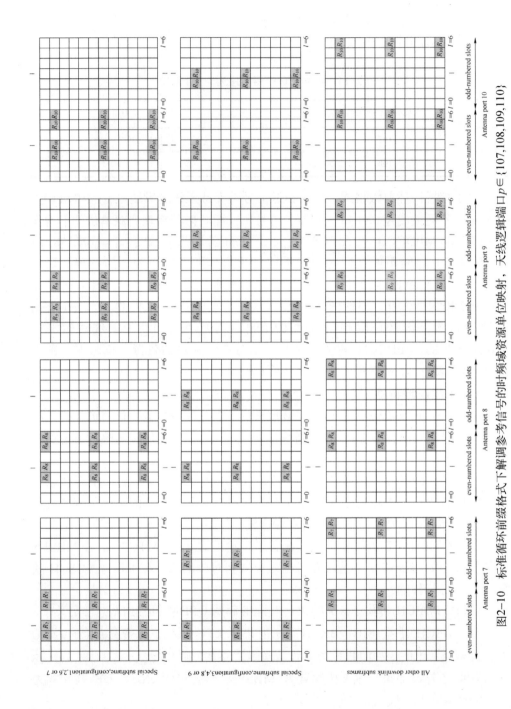

图2–10 标准循环前缀格式下解调参考信号的时域或频域资源单位映射，天线逻辑端口 $p \in \{107,108,109,110\}$;

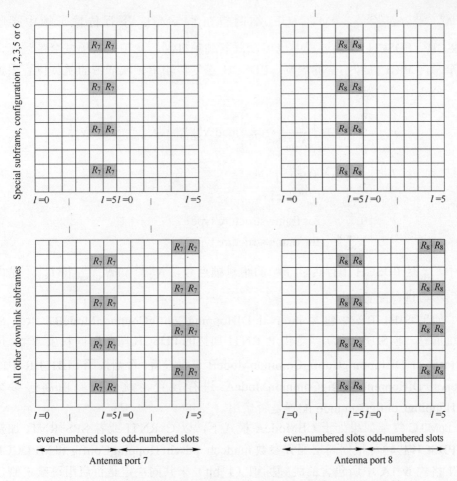

图 2-11　扩展循环前缀格式下解调参考信号的时频域资源单位映射，
天线逻辑端口 $p \in \{109,110\}$

$$l_{\text{DataStart}} = \min(2, l'_{\text{DataStart}})$$

否则，

$$l_{\text{DataStart}} = l'_{\text{DataStart}}$$

其中，$l'_{\text{DataStart}}$ 仍由高层参数 startSymbolBR 配置决定。

　　eMTC UE 通过解码 MPDCCH 中 DCI 格式 6-1A/6-1B/6-2 内容或者通过解码高层信令可以获知承载非 SIB1-BR 的 PDSCH 频域窄带 $n_{\text{NB}}^{(i_0)}$ 以及分配的 PRB 资源。PDSCH 从对应起始传输子帧开始需要重复传输 $N_{\text{rep}}^{\text{PDSCH}} \geqslant 1$ 个子帧，由于传输过程中可能包含非 eMTC 下行子帧，因此实际传输的绝对连续子帧数可能

为 $N_\text{abs}^\text{PDSCH} \geqslant N_\text{rep}^\text{PDSCH}$，eMTC UE 不期望在非 eMTC 下行传输子帧中接收 PDSCH。PDSCH 传输过程中也可以采取跳频机制，跳频采取频域窄带跳变，而窄带内 PRB 资源不变的规则，PDSCH 重复传输中频域窄带的跳频位置根据如下公式计算确定：

$$n_\text{NB}^{(i_0)} = \left(n_\text{NB}^{(i_0)} + \left(\left\lfloor \frac{i + i_\Delta}{N_\text{NB}^\text{ch,DL}} - j_0 \right\rfloor \bmod N_\text{NB,hop}^\text{ch,DL} \cdot f_\text{NB,hop}^\text{DL} \right) \bmod N_\text{NB}^\text{DL} \right.$$

$$j_0 = \left\lfloor (i_0 + i_\Delta) / N_\text{NB}^\text{ch,DL} \right\rfloor$$

$$i_0 \leqslant i \leqslant i_0 + N_\text{abs}^\text{PDSCH} - 1$$

$$i_\Delta = \begin{cases} 0 & \text{for frame structure type1} \\ N_\text{NB}^\text{ch,DL} & \text{for frame structure type2} \end{cases}$$

其中，i_0 是 PDSCH 下行传输子帧的绝对频点号，$N_\text{NB}^\text{ch,DL}$、$N_\text{NB,hop}^\text{ch,DL}$ 和 $f_\text{NB,hop}^\text{DL}$ 是由高层参数进行配置的。

如果 SIB1-BR 中包含 interval-DlHoppingConfigCommonModeB，承载 SI 系统消息（非 SIB1-BR）或者由 P-RNTI 加扰的 PDSCH 跳频时间粒度 $N_\text{NB}^\text{ch,DL}$ 按照 interval-DlHoppingConfigCommonModeB 进行设置，否则按照 SIB1-BR 中的 interval-DlHoppingConfigCommonModeA 进行设置，跳频机制由高层参数 si-HoppingConfigCommon 配置是否启用。

eMTC 终端如果处于 CEModeA 模式下，以 C-RNTI 或者 SPS-RNTI 加扰的 PDSCH 传输可根据高层配置参数 mpdcch-pdsch-HoppingConfig 和 MPDCCH DCI 格式 6-1A 中所包含的跳频标识（1-bit）来共同决定是否启用跳频机制，协议并未对 CEModeB 模式的 PDSCH 传输设计跳频机制。

通过 RA-RNTI 或者临时 C-RNTI 加扰的 PDSCH 也可以由高层参数 rar-HoppingConfig 控制是否启用跳频机制，针对最近一次随机接入覆盖等级为 0/1 的 eMTC UE，跳频时间粒度 $N_\text{NB}^\text{ch,DL}$ 由高层参数 interval-DlHoppingConfig-CommonModeA 配置，而对最近一次随机接入覆盖等级为 2/3 的 eMTC UE，跳频时间粒度 $N_\text{NB}^\text{ch,DL}$ 由高层参数 interval-DlHoppingConfigCommonModeB 配置。

如果 PDSCH 承载了 SIB1-BR，该 PDSCH 以无线帧 $n_\text{f} \bmod 8 = 0$ 作为起始无线帧，并以 8 个无线帧进行循环传输，在 8 个无线帧的期间内，承载 SIB1-BR 的 PDSCH 被重复传输 $N_\text{PDSCH}^\text{SIB1-BR}$ 次。定义 $\{s_j\}$ 为一定带宽下，承载 SIB1-BR 的 PDSCH 的频域窄带集合，当 $N_\text{RB}^\text{DL} > 15$ 时，该窄带不与中间 72 个子载波混叠。该频域窄带的位置随着 j 数值增加进行升序排列。在不同子帧中承载了

SIB1-BR 的 PDSCH 频域窄带传输位置根据 i 由如下公式进行定义，$i=0$ 对应了承载 SIB1-BR 的 PDSCH 起始传输子帧，对应的频域窄带位置按照子集合 $\{s_i\}$ 周期循环：

$$n_{\mathrm{NB}} = s_j$$
$$j = (N_{\mathrm{ID}}^{\mathrm{cell}} \bmod N_{\mathrm{NB}}^{\mathrm{S}} + i\left\lfloor N_{\mathrm{NB}}^{\mathrm{S}} / m \right\rfloor) \bmod N_{\mathrm{NB}}^{\mathrm{S}}$$
$$i = 0,1,\cdots,m-1$$
$$m = \begin{cases} 1 & N_{\mathrm{NB}}^{\mathrm{DL}} < 12 \\ 2 & 12 \leqslant N_{\mathrm{NB}}^{\mathrm{DL}} \leqslant 50 \\ 4 & 50 < N_{\mathrm{NB}}^{\mathrm{DL}} \end{cases}$$

其中，$N_{\mathrm{NB}}^{\mathrm{S}}$ 是全频段窄带集合 $\{s_j\}$ 内元素的个数，在每一个 SIB1-BR 的循环周期内（8 个无线帧），SIB1-BR 具体时域传输位置由表 2-17、表 2-18 进行定义。

表 2-17　下行带宽 $N_{\mathrm{RB}}^{\mathrm{DL}} \leqslant 15$ 时 SIB1-BR 传输无线帧和子帧位置集合

$N_{\mathrm{PDSCH}}^{\mathrm{SIB1-BR}}$	$N_{\mathrm{ID}}^{\mathrm{cell}} \bmod 2$	Frame structure type 1		Frame structure type 2	
		$n_{\mathrm{f}} \bmod 2$	n_{sf}	$n_{\mathrm{f}} \bmod 2$	n_{sf}
4	0	0	4	1	5
	1	1	4	1	5

表 2-18　下行带宽 $N_{\mathrm{RB}}^{\mathrm{DL}} > 15$ 时 SIB1-BR 传输无线帧和子帧位置集合

$N_{\mathrm{PDSCH}}^{\mathrm{SIB1-BR}}$	$N_{\mathrm{ID}}^{\mathrm{cell}} \bmod 2$	Frame structure type 1		Frame structure type 2	
		$n_{\mathrm{f}} \bmod 2$	n_{sf}	$n_{\mathrm{f}} \bmod 2$	n_{sf}
4	0	0	4	1	5
	1	1	4	1	0
8	0	0, 1	4	0, 1	5
	1	0, 1	9	0, 1	0
16	0	0, 1	4, 9	0, 1	0, 5
	1	0, 1	0, 9	0, 1	0, 5

　　eMTC 终端可通过解码 MPDCCH DCI 格式 6-1A/6-1B/6-2 获取承载非 SIB1-BR 的 PDSCH 具体传输子帧 $n+ki(i=0, 1, \cdots, N-1)$，其中 n 是 MPDCCH 最后一个传输子帧，可通过解码 MPDCCH 起始传输子帧中包含的 DCI 重传子帧指示（DCI subframe repetition number field-2bit）予以明确；PDSCH 重复传

输子帧个数 $N \in \{n_1, n_2, \cdots, n_{\max}\}$，$n_1, n_2, \cdots, n_{\max}$ 分别由表 2-19、表 2-20 和表 2-21 进行定义，并由相应 DCI 格式中重复传输个数（Repetition number-2 bits）予以明确。

表 2-19　DCI 格式 6-1A 包含 PDSCH 重复传输等级

Higher layer parameter "pdsch-maxNumRepetitionCEModeA"	n_1, n_2, n_3, n_4
Not configured	{1,2,4,8}
16	{1,4,8,16}
32	{1,4,16,32}

表 2-20　DCI 格式 6-1B 包含 PDSCH 重复传输等级

Higher layer parameter "pdsch-maxNumRepetitionCEModeB"	$\{n_1, n_2, \cdots, n_8\}$
Not configured	{4,8,16,32,64,128,256,512}
192	{1,4,8,16,32,64,128,192}
256	{4,8,16,32,64,128,192,256}
384	{4,16,32,64,128,192,256,384}
512	{4,16,64,128,192,256,384,512}
768	{8,32,128,192,256,384,512,768}
1024	{4,8,16,64,128,256,512,1024}
1536	{4,16,64,256,512,768,1024,1536}
2048	{4,16,64,128,256,512,1024,2048}

表 2-21　DCI 格式 6-2 包含 PDSCH 重复传输等级

2-bit "DCI subframe repetition number" field in DCI Format 6-2	$\{n_1, n_2, \cdots, n_8\}$
00	{1,2,4,8,16,32,64,128}
01	{4,8,16,32,64,128,192,256}
10	{32,64,128,192,256,384,512,768}
11	{192,256,384,512,768,1024,1536,2048}

针对 PDSCH 重复传输，eMTC UE 应假定 PDSCH 不同传输内容恰巧占用相同子帧、相同频域窄带资源这种情况有差异化处理机制，可以认为承载 SIB1-BR 的 PDSCH 优先级>承载非 SIB1-BR 系统消息的 PDSCH 优先级>承载非系统消息 PDSCH 优先级，当遇到资源调度碰撞的情况时，相对低优先级的 PDSCH 传输被丢弃。

2.2.2　eMTC 上行物理层技术

上行频域窄带

一个上行频域窄带定义为频域 6 个连续互不交叠的物理资源块（Physical Resource Block，PRB）。在一个 LTE 小区上行传输带宽中，上行窄带总数定义为

$$N_{\mathrm{NB}}^{\mathrm{UL}} = \left\lfloor \frac{N_{\mathrm{NB}}^{\mathrm{UL}}}{6} \right\rfloor$$

上行窄带以 $n_{\mathrm{NB}} = 0, \cdots, N_{\mathrm{NB}}^{\mathrm{UL}} - 1$ 方式按照 PRB 升序进行标识，而窄带 n_{NB} 中包含的 PRB 索引则根据如下公式进行计算：

$$\begin{cases} 6n_{\mathrm{NB}} + i_0 + i & \text{if } N_{\mathrm{RB}}^{\mathrm{UL}} \bmod 2 = 0 \\ 6n_{\mathrm{NB}} + i_0 + i & \text{if } N_{\mathrm{RB}}^{\mathrm{UL}} \bmod 2 = 1 \text{ and } n_{\mathrm{NB}} < N_{\mathrm{RB}}^{\mathrm{UL}}/2 \\ 6n_{\mathrm{NB}} + i_0 + i + 1 & \text{if } N_{\mathrm{RB}}^{\mathrm{UL}} \bmod 2 = 1 \text{ and } n_{\mathrm{NB}} \geq N_{\mathrm{RB}}^{\mathrm{UL}}/2 \end{cases}$$

其中，

$$i = 0, 1, \cdots, 5$$

$$i_0 = \left\lfloor \frac{N_{\mathrm{RB}}^{\mathrm{UL}}}{2} \right\rfloor - \frac{6N_{\mathrm{RB}}^{\mathrm{UL}}}{2}$$

窄带频偏纠正保护间隔

对于廉价的 eMTC 终端而言，在上行调整不同频域窄带位置进行传输之时，需要在两个连续子帧之间创造特定的保护间隔来进行频率振荡器纠偏处理。保护间隔按照如下原则进行处理：

1）如果 UE 从传输 PUSCH 的前一个窄带调整到传输 PUSCH 的后一个窄带，或者从传输 PUCCH 的前一个窄带调整到传输 PUSCH 的后一个窄带，保护间隔为前一个传输子帧的最后一个 SC-FDMA 符号时间占位和第二个传输子帧的第一个 SC-FDMA 符号的时间占位，在此期间不传输任何 SC-FDMA 符号。

2）如果 UE 从传输 PUCCH 的前一个窄带调整到传输 PUSCH 的后一个窄带，若 PUCCH 使用缩短 PUCCH 格式，则保护间隔为第二个传输子帧的第一个 SC-FDMA 符号的时间占位，否则（使用标准 PUCCH 格式）保护间隔为第二个传输子帧的前两个 SC-FDMA 符号的时间占位，在此期间均不传输任何 SC-FDMA 符号。

3）如果 UE 从传输 PUSCH 的前一个窄带调整到传输 PUCCH 的后一个窄

带，保护间隔为第一个传输子帧的最后两个 SC-FDMA 的时间占位，在此期间不传输任何 SC-FDMA 符号。

PUCCH 新特性

上行物理控制信道（PUCCH）承载了 CQI/SR/ACK/NACK/PMI 等上行控制信息传输。TS 36.211 R13 之前 LTE/eMTC 中 PUCCH 包括格式 1/1a/1b/2/2a/2b/3，而 TS 36.211 R13 新增了 PUCCH 格式 4/5（详见表 2-22），新增的 PUCCH 格式并不是为 eMTC 专属设计的。PUCCH 格式 4/5 被设计用来提升上行共享控制信道的反馈消息容量，其中 PUCCH 格式 5 以扩频的方式实现了多用户复用 PUCCH 资源进行上行控制信息（Uplink Control Information，UCI）传输。

表 2-22　PUCCH 格式

PUCCH format	Modulation scheme	Number of bits per subframe, M_{bit}	Information
1	N/A	N/A	Scheduling Request
1a	BIT/SK	1	HARQ ACK with/without SR
1b	QPSK	2	HARQ ACK with/without SR
2	QPSK	20	CSI
2a	QPSK+BIT/SK	21	CSI with HARQ ACK
2b	QPSK+QPSK	22	CSI with HARQ ACK
3	QPSK	48	HARQ ACK,HARQ ACK with/without SR,CSI with/without SR
4	QPSK	$M_{RB}^{PUCCH4} \cdot N_{sc}^{RB} \cdot (N_0^{PUCCH} + N_1^{PUCCH}) \cdot 2$	HARQ ACK+SR+periodic CSI
5	QPSK	$N_{sc}^{RB} \cdot (N_0^{PUCCH} + N_1^{PUCCH})$	HARQ ACK+SR+periodic CSI

其中，M_{RB}^{PUCCH4} 代表了 PUCCH 格式 4 的频域带宽，N_0^{PUCCH} 和 N_1^{PUCCH} 定义见表 2-23，N_{sc}^{RB} 是一个 RB 频域大小，包括 12 个子载波。PUCCH 格式 4/5，如同其他格式一样，在每一个无线帧不同时隙的不同 SC-FDMA 传输符号上都需要独立进行循环偏移的计算：

$$n_{cs}^{cell}(n_s, l) = \sum_{i=0}^{7} c(8N_{symb}^{UL} \cdot n_s + 8l + i) \cdot 2^i$$

其中，n_s 是时隙索引，l 是 SC-FDMA 符号索引，N_{symb}^{UL} 是一个上行时隙内包含的 SC-FDMA 个数（标准循环前缀模式下 $N_{symb}^{UL} = 7$）。分配给 PUCCH 格式 4 和 5 的资源由非负索引 $n_{PUCCH}^{(4)}$ 和 $n_{PUCCH}^{(5)}$ 分别表征。

表 2-23　N_0^{PUCCH} 和 N_1^{PUCCH} 的定义

PUCCH format type	Normal cyclic prefix		Extended cyclic prefix	
	N_0^{PUCCH}	N_1^{PUCCH}	N_0^{PUCCH}	N_1^{PUCCH}
Normal PUCCH format	6	6	5	5
Shortened PUCCH format	6	5	5	4

PUCCH 格式 4 中传输的一系列原始比特经过加扰，QPSK 调制后得到了一系列复数值调制符号，$d(0),\cdots,d(M_{\text{symb}}-1)$，这一系列复数值调制符号进一步分成 $N_0^{\text{PUCCH}}+N_1^{\text{PUCCH}}$ 组复数值调制符号，每一组复数值调制符号对应了一个 SC-FDMA 符号，按照常规方式根据如下公式计算进行 DFT 预编码转换：

$$z^{(\tilde{p})}(l\cdot N_{\text{sc}}^{\text{PUCCH4}}+k)=\frac{1}{\sqrt{M_{\text{sc}}^{\text{PUCCH4}}}}\sum_{i=0}^{M_{\text{sc}}^{\text{PUCCH4}}-1}d(l\cdot M_{\text{sc}}^{\text{PUCCH4}}+i)\text{e}^{-\text{j}\frac{2\pi ik}{M_{\text{sc}}^{\text{PUCCH4}}}}$$

$$k=0,\cdots,M_{\text{sc}}^{\text{PUCCH4}}-1$$

$$l=0,\cdots,N_0^{\text{PUCCH}}+N_1^{\text{PUCCH}}-1$$

其中，天线逻辑端口 $\tilde{p}=0$，$M_{\text{sc}}^{\text{PUCCH4}}=M_{\text{sc}}^{\text{PUCCH4}}\cdot N_{\text{sc}}^{\text{RB}}$，而 $M_{\text{RB}}^{\text{PUCCH4}}$ 是为了 PUCCH 格式 4 分配的频域资源块，需要满足条件 $M_{\text{RB}}^{\text{PUCCH4}}=2^{\alpha_2}\cdot2^{\alpha_3}\cdot5^{\alpha_5}\leqslant N_{\text{RB}}^{\text{UL}}$，$\alpha_2,\alpha_3,\alpha_5$ 为一组非负整数。根据 DFT 预编码转换这一步骤后，得到 PUCCH 格式 4 复数值符号集合 $z^{(\tilde{p})}(0),\cdots,z^{(\tilde{p})}(M_{\text{symb}}-1)$。

PUCCH 格式 5 中传输的一系列原始比特经过加扰，QPSK 调制后得到了一系列复数值调制符号，$d(0),\cdots,d(M_{\text{symb}}-1)$，这一系列复数值调制符号进一步分成 $N_0^{\text{PUCCH}}+N_1^{\text{PUCCH}}$ 组复数值调制符号，每一组复数值调制符号对应了一个 SC-FDMA 符号，基于每一组复数值调制符号的扩频序列定义如下：

$$y_n(i)=w_{n_{\text{oc}}}(i)\cdot d(i\bmod N_{\text{sc}}^{\text{RB}}/N_{\text{SF}}^{\text{PUCCH}}+n\cdot N_{\text{sc}}^{\text{RB}}/N_{\text{SF}}^{\text{PUCCH}})$$

$$n=0,\cdots,N_0^{\text{PUCCH}}+N_0^{\text{PUCCH}}-1$$

$$i=0,1,\cdots,N_{\text{sc}}^{\text{RB}}-1$$

其中，扩频因子 $N_{\text{SF}}^{\text{PUCCH}}=2$，$N_0^{\text{PUCCH}}$ 和 N_1^{PUCCH} 分别由表 2-23 根据标准 PUCCH 格式 5 和缩短 PUCCH 格式 5 进行定义，$w_{n_{\text{oc}}}(i)$ 根据表 2-24 定义，n_{oc} 由高层提供。

表 2-24　正交序列 $w_{n_{oc}}(i)$

n_{oc}	Orthogonal sequences $w_{n_{CDM}}(0)$ $\cdots$ $w_{n_{CDM}}(N_{sc}^{RB}-1)$
0	[+1　+1　+1　+1　+1　+1　+1　+1　+1　+1　+1　+1]
1	[+1　+1　+1　+1　+1　+1　−1　−1　−1　−1　−1　−1]

每一组扩频复数值符号按照常规方式根据如下公式计算进行 DFT 预编码转换:

$$z^{(\tilde{p})}(n \cdot N_{sc}^{RB}+k)=\frac{1}{\sqrt{N_{sc}^{RB}}}\sum_{i=0}^{N_{sc}^{RB}-1}y_n(i)e^{-j\frac{2\pi ik}{N_{sc}^{RB}}}$$

$$k=0,\cdots,N_{sc}^{RB}-1$$

$$n=0,\cdots,N_0^{PUCCH}+N_1^{PUCCH}-1$$

其中,天线逻辑端口 $\tilde{p}=0$。根据 DFT 预编码转换这一步骤后,得到 PUCCH 格式 5 复数值符号集合 $z^{(\tilde{p})}(0),\cdots,z^{(\tilde{p})}((N_0^{PUCCH}+N_0^{PUCCH})N_{sc}^{RB}-1)$。

eMTC 终端在进行上行控制信息反馈时可以选择表 2-22 涉及的部分 PUCCH 格式,并且需要进行 $N_{rep}^{PUCCH}\geqslant1$ 次重复传输。如果在重传过程中遇到非 eMTC 上行传输子帧,PUCCH 重复传输子帧需要进行相应延迟,因此 eMTC 的 PUCCH 重复传输实际占用的绝对连续子帧数为 $N_{abs}^{PUCCH}\geqslant N_{rep}^{PUCCH}$。eMTC 的 PUCCH 重复子帧传输次数 N_{rep}^{PUCCH} 分别由高层信令进行配置,例如 pucch-Num RepetitionCE-Format1 可以配置 PUCCH 格式 1/1a 的重复传输次数,pucch-NumRepetitionCE-Format2 可以配置 PUCCH 格式 2/2a/2b 的重复传输次数,pucch-NumRepetitionCE-Msg4 可以配置随机接入过程中对于 Msg4 的 HARQ-ACK/NACK 的重复传输次数,如图 2-12 所示,其中 PUCCH 格式 1/1a/2/2a 可以在 eMTC FDD 制式下结合 CEModeA 配置并使用,PUCCH 格式 1/1a/1b/2/2a/2b 可以在 eMTC TDD 制式下结合 CEModeA 配置并使用,PUCCH 格式 1/1a 可以结合 CEModeB 配置并使用,如图 2-13 所示。

如果 pucch-NumRepetitionCE-Format1 和 pucch-NumRepetitionCE-Format2 均设置为 1,当在同一个上行传输子帧中出现周期 CSI 报告,HARQ-ACK 和 SR 中任意两个或者更多碰撞且 PUSCH 没有配置的情况,那么此时 UE 的行为遵循 LTE 终端的处理行为,如果此时周期 CSI 报告与 HARQ-ACK 恰巧在同一上行传输子帧发生碰撞且该子帧没有配置 PUSCH,那么根据高层配置参数 simultaneousAckNackAndCQI 来决定周期 CSI 报告是否与 HARQ-ACK 复用传输，如果参数值设置为 TRUE，二者复用上传，否则，相对低优先级的 CSI 需要被丢弃。

如果 pucch-NumRepetitionCE-Format1 和 pucch-NumRepetitionCE-Format2 至少有一个值设置大于 1，当在同一个上行传输子帧中出现周期 CSI 报告、HARQ-ACK 和 SR 中任意两个或者更多碰撞且 PUSCH 没有配置的情况下，选择最高优先级的 UCI 进行传输，这三者的优先级依次为 HARQ-ACK>SR>周期 CSI 报告。

3GPP（TS 36.213 R13）协议对于 eMTC 终端在一个上行子帧中是否支持同时传输 PUCCH 和 PUSCH 不做任何预期，由此可以默认 eMTC 终端一般不支持同时传输 PUCCH 和 PUSCH。如果 pucch-NumRepetitionCE-Format1 和 pucch-NumRepetitionCE-Format2 至少有一个值设置大于 1，或者 DCI 格式 6-0A/6-0B 中指示的 PUSCH 重复传输个数大于 1，当在同一个子帧恰巧出现了 UCI 与 PUSCH 传输碰撞的情况下，PUSCH 传输会在该子帧被丢弃。

对于半双工 FDD 制式的 eMTC 终端而言，如果包括半双工保护子帧的 PUCCH 格式 2 与下行 PDSCH 重复发生了碰撞，那么 PUCCH 格式 2 将被丢弃。

另外，如果在同一个子帧之内对于 eMTC 终端 PUCCH 传输 UCI 分配的 PRB 资源与 eMTC/LTE 为随机接入 PRACH 信道所配置的 PRB 资源发生碰撞冲突，PUCCH 传输将被丢弃。

在 $N_{\mathrm{abs}}^{\mathrm{PUCCH}}$ 个连续绝对子帧中，子帧 i 中 PUCCH 的 PRB 资源分配根据如下公式确定：

$$n_{\mathrm{PRB}}(i) = \begin{cases} m'(j)/2 & \text{if } m'(j)\bmod 2 = 0 \\ N_{\mathrm{RB}}^{\mathrm{UL}} - 1 - \left\lfloor m'(j)/2 \right\rfloor & \text{if } m'(j)\bmod 2 = 1 \end{cases}$$

$$m'(j) = \begin{cases} m & \text{if } j\bmod 2 = 0 \\ m+1 & \text{if } j\bmod 2 = 1 \text{ and } m\bmod 2 = 0 \\ m-1 & \text{if } j\bmod 2 = 1 \text{ and } m\bmod 2 = 1 \end{cases}$$

$$j \left\lfloor \frac{i}{N_{\mathrm{NB}}^{\mathrm{ch,UL}}} \right\rfloor$$

$$i_0 \leqslant i \leqslant i_0 + N_{\mathrm{abs}}^{\mathrm{PUCCH}} - 1$$

其中，i_0 是第一个传输 PUCCH 的上行子帧的绝对子帧号，m 根据如下公式进行确定：

$$m = \begin{cases} N_{RB}^{(2)} & \text{if } n_{PUCCH}^{(1,\tilde{p})} < c \cdot N_{cs}^{(1)} / \Delta_{shift}^{PUCCH} \\ \left\lfloor \dfrac{n_{PUCCH}^{(1,\tilde{p})} - c \cdot N_{cs}^{(1)} / \Delta_{shift}^{PUCCH}}{c \cdot N_{cs}^{RB} / \Delta_{shift}^{PUCCH}} \right\rfloor + N_{RB}^{(2)} + \left\lceil \dfrac{N_{cs}^{(1)}}{8} \right\rceil & \text{otherwise} \end{cases}$$

$$c = \begin{cases} 3 & \text{normal cyclic prefix} \\ 2 & \text{extended cyclic prefix} \end{cases} \qquad （\text{PUCCH 格式 1/1a}）$$

$$m = \left\lfloor n_{PUCCH}^{(2,\tilde{p})} / N_{sc}^{RB} \right\rfloor \qquad （\text{PUCCH 格式 2/2a/2b}）$$

可以认为 eMTC 的 PUCCH 在重复传输过程中，也进行了类似于 PUSCH 窄带跳频处理，以 $N_{NB}^{ch,UL}$ 作为固定时间粒度选择窄带 PRB 资源进行传输。

PUCCH-Config information elements

```
-- ASN1START

PUCCH-ConfigCommon ::=                SEQUENCE {
    deltaPUCCH-Shift                  ENUMERATED {ds1, ds2, ds3},
    nRB-CQI                           INTEGER (0..98),
    nCS-AN                            INTEGER (0..7),
    n1PUCCH-AN                        INTEGER (0..2047)
}


PUCCH-ConfigCommon-v1310 ::=         SEQUENCE {
    n1PUCCH-AN-InfoList-r13                 N1PUCCH-AN-InfoList-r13      OPTIONAL,    --
Need OR
    pucch-NumRepetitionCE-Msg4-Level0-r13   ENUMERATED {n1, n2, n4, n8}     OPTIONAL,
    -- Need OR
    pucch-NumRepetitionCE-Msg4-Level1-r13   ENUMERATED {n1, n2, n4, n8}     OPTIONAL,
    -- Need OR
    pucch-NumRepetitionCE-Msg4-Level2-r13   ENUMERATED {n4, n8, n16, n32}   OPTIONAL,
    -- Need OR
    pucch-NumRepetitionCE-Msg4-Level3-r13   ENUMERATED {n4, n8, n16, n32}   OPTIONAL
    -- Need OR
}
```

图 2-12　不同随机接入覆盖等级下 Msg4 的 HARQ-ACK/NACK 重复传输配置

TS 36.211 R13 明确说明了 PUCCH 格式 5 不被 eMTC 使用，同时也隐式地表述了格式 3/4 不作为 eMTC 使用，而 PUCCH 格式 1b 可以在 eMTC TDD 模

式下使用。在 eMTC 传输 PUCCH 中如果遇到了保护间隔，需要针对作为保护间隔的 SC-FDMA 符号进行 PUCCH 传输符号匹配处理，但是并不进行实际传输，这意味着一定程度传输信息的损失。

```
pucch-NumRepetitionCE-r13              CHOICE {
    release                            NULL,
    setup                              CHOICE {
        modeA                              SEQUENCE {
            pucch-NumRepetitionCE-format1-r13              ENUMERATED {r1, r2,
r4, r8},
            pucch-NumRepetitionCE-format2-r13              ENUMERATED {r1, r2,
r4, r8}
        },
        modeB                              SEQUENCE {
            pucch-NumRepetitionCE-format1-r13              ENUMERATED {r4, r8,
r16, r32},
            pucch-NumRepetitionCE-format2-r13              ENUMERATED {r4, r8,
r16, r32}
        }
    }
}                                                          OPTIONAL
--Need ON
```

图 2-13　模式 A/B 下 PUCCH 格式 1/1a/2/2a/2b 的重复传输配置

HARQ-ACK 重复传输的概念并不仅仅在 eMTC 技术中才被引入，LTE 中为了确保上行重要反馈进行的接收，也可以采取 HARQ-ACK 重传机制，该机制由 RRC 专属信令中 ackNackRepetition 参数开启或者关闭，并且通过重传因子 N_{ANRep} 来具体控制 HARQ-ACK 的重复次数。LTE 中的 HARQ-ACK 重传机制仅仅适用于 FDD/TDD 模式下单服务小区配置（无下行 CA），对于 TDD 模式，HARQ-ACK 重复只能通过 HARQ-ACK 绑定来实现，如图 2-14 所示。另外，对于配置了上行双天线端口传输的 LTE 终端可以启用 PUCCH 格式 1a/1b 通过两个 PUCCH 资源（分别对应天线端口 p_0 和 p_1）重传机制，对于其他的 PUCCH 传输格式或者上行仅配置了单端口的情况，HARQ-ACK 重传所需要的 PUCCH 资源（$n_{\text{PUCCH,ANRep}}^{(1,\tilde{p}_0)}$）仅仅按照单天线端口 p_0 进行配置。

LTE 中的 SR 是根据触发条件选择预先配置的周期时刻进行传输的，SR 的周期传输时刻需要满足如下公式定义：

$$(10 \times n_f + \lfloor n_s / 2 \rfloor - N_{OFFSET,SR}) \bmod SR_{PERIODICITY} = 0$$

其中，$SR_{PERIODICITY}$ 以及 SR 子帧偏置由高层配置参数 sr-ConfigIndex（I_{SR}）根据表 2-25 映射确定，高层配置参数 sr-ConfigIndex 如图 2-15 所示。

```
PUCCH-ConfigDedicated ::=              SEQUENCE {
    ackNackRepetition                 CHOICE{
        release                       NULL,
        setup                         SEQUENCE {
            repetitionFactor              ENUMERATED {n2, n4, n6, spare1},
            n1PUCCH-AN-Rep                INTEGER (0..2047)
        }
    },
    tdd-AckNackFeedbackMode           ENUMERATED {bundling, multiplexing} OPTIONAL
-- Cond TDD
}
```

图 2-14　LTE 中关于 HARQ-ACK 重复机制的相关参数配置

*SchedulingRequestConfig*information element

```
-- ASN1START

SchedulingRequestConfig ::=       CHOICE {
    release                       NULL,
    setup                         SEQUENCE {
        sr-PUCCH-ResourceIndex        INTEGER (0..2047),
        sr-ConfigIndex                INTEGER (0..157),
        dsr-TransMax                  ENUMERATED {
                                          n4, n8, n16, n32, n64, spare3, spare2,
spare1}
    }
}


SchedulingRequestConfig-v1020 ::=     SEQUENCE {
    sr-PUCCH-ResourceIndexP1-r10      INTEGER (0..2047)          OPTIONAL         --
Need OR
}


SchedulingRequestConfigSCell-r13 ::=          CHOICE {
```

图 2-15　LTE/eMTC 中 UE 专属 SR 相关参数配置

```
    release                            NULL,
    setup                              SEQUENCE {
        sr-PUCCH-ResourceIndex-r13         INTEGER (0..2047),
        sr-PUCCH-ResourceIndexP1-r13       INTEGER (0..2047)            OPTIONAL,
-- Need OR
        sr-ConfigIndex-r13                 INTEGER (0..157),
        dsr-TransMax-r13                   ENUMERATED {
                                           n4, n8, n16, n32, n64, spare3, spare2,
spare1}}
    }

}

-- ASN1STOP
```

图 2-15　LTE/eMTC 中 UE 专属 SR 相关参数配置（续）

表 2-25　UE 专属 SR 周期和子帧偏移配置

SR configuration Index I_{SR}	SR periodicity (ms) $SR_{PERIODICITY}$	SR subframe offset $N_{OFFSET,SR}$
0～4	5	I_{SR}
5～14	10	$I_{SR}-5$
15～34	20	$I_{SR}-15$
35～74	40	$I_{SR}-35$
75～154	80	$I_{SR}-75$
155～156	2	$I_{SR}-155$
157	1	$I_{SR}-157$

　　eMTC 中 SR 需要被连续重复传输 $N_{PUCCH,rep}^{(m)}$ 次，该值由高层配置参数 Num-RepetitionCE-format1 提供，SR 传输的起始子帧仍然依据上述 LTE 的计算定义公式确定。

　　PUSCH 新特性

　　总体来说，eMTC 相比 LTE 新增的 PUSCH 重要特性就是基于模式 A（CEModeA）/模式 B（CEModeB）在时域的重复传输机制。其中，模式 A 中基于每个子帧进行扰码初始化，FDD 制式模式 B 中基于每 4 个连续子帧进行扰码初始化，TDD 制式模式 B 中基于每 5 个连续子帧进行扰码初始化，这里连续子

帧的定义是指可能包含了非 eMTC 上行子帧的 PUSCH 连续传输子帧。在进行物理资源匹配时，类似于 LTE 处理机制，需要避免 CEModeA 模式下将 PUSCH 配置为小区级 SRS 所占用的最后一个 SC-FDMA 符号以及可能出现的用户级非周期 SRS 所占用的 SC-FDMA 符号。CEModeB 模式下，可将配置了小区级 SRS 所占用子帧的最后一个 SC-FDMA 符号作为 PUSCH 符号的映射匹配，但是并不传输。另外，用作上行窄带频率重调（retuning）保护间隔的一个或者多个 SC-FDMA 符号也应作为 PUSCH 的符号匹配，不进行实际传输。这意味着窄带 PUSCH 传输中也存在一定概率的信息损失。

eMTC 的 PUSCH 上行资源分配包含三种类型，上行资源分配类型 0 仅仅用于 CEModeA 模式且上行窄带带宽 $N_{RB}^{UL}=6$ 的条件下，上行资源调度授予（UL grant）中资源分配包含了资源指示值（Resource Indication Value，RIV），UE 通过解码 DCI 格式 6-0A 获取该值，并根据如下公式分别确定分配起始资源块（RB_{START}）以及连续资源分配数量（L_{CRBs}）：

$$RIV = N_{RB}^{UL}(L_{CRBs}-1) + RB_{START} \qquad 当 (L_{CRBs}-1) \leqslant \left\lfloor N_{RB}^{UL}/2 \right\rfloor$$

$$RIV = N_{RB}^{UL}(N_{RB}^{UL} - L_{CRBs} +1) + (N_{RB}^{UL} -1+ RB_{START}) \qquad 其他$$

而新增的上行资源分配类型 2 则仅仅适用于 CEModeB 模式下，见表 2-26，资源分配类型 2 指示了上行窄带之内的连续 PRB 数量。

表 2-26　eMTC CEModeB 模式下的上传传输资源块分配

Value of resource allocation field	Allocated resource blocks	Value of resource allocation field	Allocated resource blocks
'000'	0	'100'	4
'001'	1	'101'	5
'010'	2	'110'	0 and 1
'011'	3	'111'	2 and 3

eMTC 终端通过解码 MPDCCH 中 DCI 格式 6-0A/B 获取分配窄带频域信息 $n_{NB}^{(i_0)}$，并且重复传输 $N_{rep}^{PUSCH} \geqslant 1$ 次。当 $N_{rep}^{PUSCH} > 1$ 时，在重复传输过程中遇到非 eMTC 上行传输子帧，PUSCH 重传子帧需要进行相应延迟传输，因此 eMTC 的 PUSCH 重复传输实际占用的绝对连续子帧数为 $N_{abs}^{PUSCH} \geqslant N_{rep}^{PUSCH}$。在不开启跳频机制的条件下，eMTC 以相同的频域窄带相同的 PRB 分配资源发起 PUSCH 重复传输。eMTC 仅在 CEModeA 模式下才可以启用 PUSCH 跳频机制以规避干扰，网络侧通过配置高层参数 pusch-HoppingConfig 和 DCI 格式 6-0A 中的跳频指示（frequency hopping flag-1bit）通知 UE 启用跳频机制。跳频原理仍然采

取频域窄带跳变，而窄带内 PRB 资源不变的规则。PUSCH 重复传输中频域窄带的跳频位置根据如下公式计算确定：

$$n_{\mathrm{NB}}^{(i)} = \begin{cases} n_{\mathrm{NB}}^{(i_0)} & \text{if } \left\lfloor i/N_{\mathrm{NB}}^{\mathrm{ch,UL}} - j_0 \right\rfloor \bmod 2 = 0 \\ (n_{\mathrm{NB}}^{(i_0)} + f_{\mathrm{NB,hop}}^{\mathrm{PUSCH}}) \bmod N_{\mathrm{NB}}^{\mathrm{UL}} & \text{if } \left\lfloor i/N_{\mathrm{NB}}^{\mathrm{ch,UL}} - j_0 \right\rfloor \bmod 2 = 1 \end{cases}$$

$$j_0 = \left\lfloor i_0 / N_{\mathrm{NB}}^{\mathrm{ch,UL}} \right\rfloor$$

$$i_0 \leqslant i \leqslant i_0 + N_{\mathrm{abs}}^{\mathrm{PUSCH}} - 1$$

其中，i_0 为承载 PUSCH 的第一个子帧的绝对子帧号，$N_{\mathrm{NB}}^{\mathrm{ch,UL}}$（interval-Ul-HoppingConfigCommonModeA）和 $f_{\mathrm{NB,hop}}^{\mathrm{PUSCH}}$（pusch-HoppingOffset）为高层配置小区级相关跳频配置参数。

当 eMTC 基于临时 C-RNTI 加扰进行 PUSCH 传输时（例如携带 CCCH SDU 的 Msg3），可根据高层参数 rar-HoppingConfig 设置决定是否启用跳频机制。当 UE 决定启用跳频机制之后，如果最近一次的随机接入尝试基于覆盖等级 0 或 1，那么 $N_{\mathrm{NB}}^{\mathrm{ch,UL}}$ 根据高层参数 interval-UlHoppingConfigCommonModeA 进行取值；如果最近一次的随机接入尝试基于覆盖等级 2 或 3，那么 $N_{\mathrm{NB}}^{\mathrm{ch,UL}}$ 根据高层参数 interval-UlHoppingConfigCommonModeB 进行取值。

eMTC 终端同样是一种低成本的蜂窝物联网终端，较低成本晶振在连续长时间的上行传输时会由于终端的功率放大器的发热导致晶振频率偏移，终端处理芯片需要在工作一定时间之后进行频偏纠正，因此如同 NB-IoT 上行连续传输之后引入传输间隔的机制一样，eMTC 的 PUSCH 传输在如下两种情况下会插入 $40 \cdot 30720 T_{\mathrm{s}}$ 的时间单位等待晶振适当冷却从而进行频偏纠正：

eMTC FDD 工作在 CEModeB 模式下，以 C-RNTI 加扰并持续 $256 \cdot 30720 T_{\mathrm{s}}$ 时间单位的 PUSCH 连续传输（可能包含非 eMTC 上行子帧）。

eMTC FDD 以最近一次随机接入覆盖等级 2 或 3 条件下传输 Msg3，以临时 C-RNTI 加扰并持续 $256 \cdot 30720 T_{\mathrm{s}}$ 时间单位的 PUSCH 连续传输（可能包含非 eMTC 上行子帧）。

对于以上这两种情况，插入 $40 \cdot 30720 T_{\mathrm{s}}$ 时间单位作为保护间隔应计算作为 PUSCH 的资源匹配，但并不用作实际传输。

PRACH 新特点

eMTC 随机接入前导格式和生成机制与 LTE 一致，PRACH 物理信道时频域资源配置略有区别，同时新增了基于差异化随机接入覆盖等级概念的时域重复传输机制以确保提升随机接入成功率，具体相关物理信道参数设置具体参见第 4 章 4.2.1 小节。

上行参考信号新特点

eMTC 关于上行参考信号（DMRS/SRS）的设计初衷与 LTE 大体一致，基站可以根据上行参考信号辅助解调传输信息和全频带的频域调度评估。DMRS/SRS 序列均源自于 Zadoff-Chu 序列，eMTC 上行 DMRS 信号的主要区别在于 PUSCH 中解调参考信号（DMRS）的循环偏移设计相应简化了，并且 DMRS 带宽根据上行窄带传输信道（PUCCH/PUSCH）带宽进行相应匹配。

eMTC SRS 参考信号的传输同样需要根据实际上行带宽进行调整，处于 CEModeB 模式下终端不期望配置 SRS 相关参数发起 SRS 流程。另外，由于 eMTC 上行为窄带传输，如果出现了 PUSCH/PUCCH 传输与 SRS 传输恰好在同一个子帧 n，或者 PUCCH/PUSCH 传输在子帧 $n+1$，并且在子帧 n 中 SRS 传输带宽大于 PUSCH/PUCCH 窄带带宽，那么 UE 将放弃在子帧 n 中传输 SRS。eMTC TDD 制式中，如果 SRS 在 UpPTS 中的频域位置与同一个特殊子帧中的 DwPTS 窄带频域位置不匹配，UE 也将放弃 SRS 传输。

第 3 章

蜂窝物联网端到端技术

3.1 蜂窝物联网端到端技术概述

3.1.1 蜂窝物联网核心网关键技术流程

3GPP 23.401 Rel.13 中对于蜂窝物联网的定义为，蜂窝网络支持低复杂度和低吞吐率的物联网设备，CIoT 的传输数据可以包括物联网应用的状态信息以及测量数据。这些数据既可以遵循传统 IP 协议进行数据传输，也可以通过 Non-IP 数据格式进行传输（Non-IP 的数据指的是站在 EPS 的角度来看的一些非结构化数据，尽管还是会被分配 APN）。3GPP 基于物联网通信的总体网络架构（漫游架构）如图 3-1 所示。

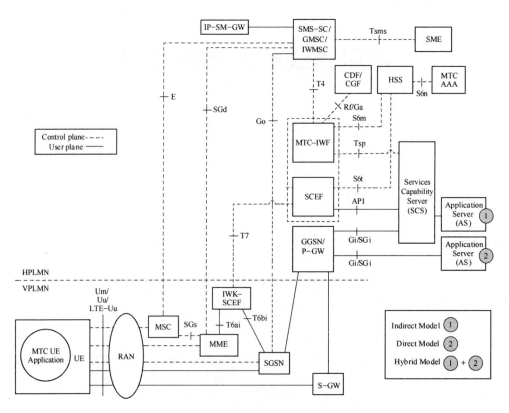

图 3-1　3GPP 基于物联网通信的总体网络架构（漫游架构）

3GPP 关于 LTE 的网络架构（非漫游架构）如图 3-2 所示。

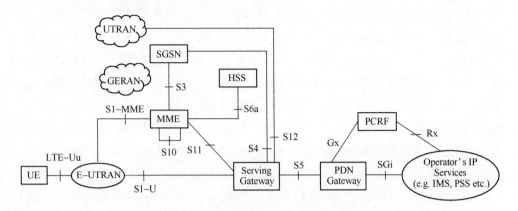

图 3-2　3GPP 关于 LTE 的网络架构（非漫游架构）

3GPP 关于 LTE 的网络架构（漫游架构，归属地路由）如图 3-3 所示。

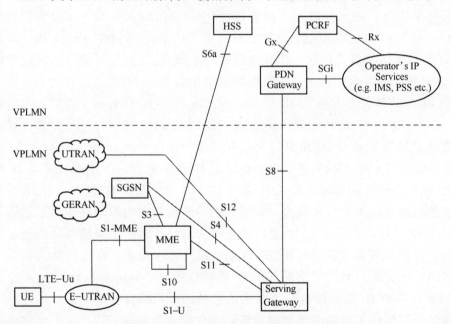

图 3-3　3GPP 关于 LTE 的网络架构（漫游架构，归属地路由）

对于物联网，小包数据业务传输将成为应用的典型特征。因此，对于核心网而言，基于物联网的这种小数据，短时延传输模式进行了一些协议流程方面的优化。这种优化方式包含了两种模式，一种是基于用户面数据传输的优化模

式（UP 数据传输优化模式），而另一种是将用户数据封装在了 NAS 层消息里的控制面传输优化模式（CP 数据传输优化模式）。这两种模式都可以优化一部分 NAS 信令开销，相较而言，CP 数据传输优化模式对于 NAS 信令开销的优化更加彻底一些。在蜂窝物联网中，重新定义了两种类型的数据，一种是传统的基于 IP 寻址传输的数据，另一种针对解决物联网安全提出的一种新的数据传输解决方案，称作 Non-IP 数据。无论 IP 数据传输还是 Non-IP 数据传输，网络侧都要分配 PDN 连接，除非网络侧只提供 SMS（短信）业务，可以不用分配 PDN 承载，这又是蜂窝物联网提出的另一种新的 EPS 优化功能，叫作 Attach without PDN Connection。

在蜂窝物联网中通过 IP 进行数据传输时，如同 LTE 的"永远在线"机制一样，在终端初始网络附着之时的分组域网络（Packet Domain Network，PDN）连接请求为用户分配有效的 IP 地址。这个流程通过在 NAS EMM 信令请求 EPS Attach（网络注册附着）之中包含关于 PDN 请求建立的 ESM 消息实体来实现，这本身就是一种流程优化（EPS Attach 信令协议流程见图 3-4）。因为 PDN 连接可以通过 UE 单独发起请求，而 EPS Attach 通过封装 ESM 消息实体的方式将这一信令流程进行了简化。通过这样的方式就能实现"终端开机即在线"的技术。终端附着请求中携带的 PDN 连接请求主要为了建立 PDN 连接并分配有效 IP 地址，因此需要在 PDN type（类型）中明确 UE 可以支持的 IP 地址形式，例如 IPv4、IPv6 或者 IPv4v6，当然也可以设置数据类型为 Non-IP，这是专门为物联网应用设计的 Non-IP 非结构化数据。IP（网络协议）存在的主要安全隐患就是 IP 地址假冒（IP Spoofing），IP 根据 IP 包头中的目的地址项发送 IP 数据包，IP 网关路由 IP 包时，对 IP 包头中提供的源地址不做任何检查，并且认为 IP 包头中的源地址即为发送该包机器的 IP 地址。许多依靠 IP 源地址做确认的服务将产生问题并且会被非法入侵，其中最重要的就是利用 IP 欺骗引起的各种攻击。以防火墙为例，一些网络的防火墙只允许网络信任的 IP 数据包通过。但是由于 IP 地址不检测 IP 数据包中的 IP 源地址是否为发送该包的源主机的真实地址，攻击者可以首先使得被信任主机的网络暂时瘫痪，以免对攻击造成干扰，接下来将源地址伪装成被信任主机的 IP 地址请求连接，这样攻击者就采取这种 IP 源地址欺骗的方式绕过了防火墙。另外一些以 IP 地址作为安全权限分配依据的网络应用，攻击者很容易使用 IP 源地址欺骗的方法获得特权，从而给被攻击者造成严重的损失。

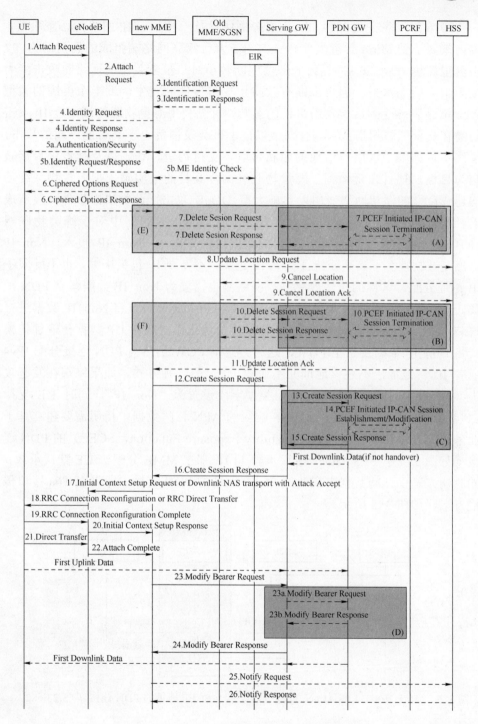

图 3-4　EPS Attach 信令协议流程（TS 23.401）

2016 年发生在美国的 DDoS 攻击事件就是一种基于 IP 网络的恶意攻击，攻击来源于受 Mirai 恶意软件感染的约 5 万台物联网终端组成的僵尸网络，攻击流量高达 600Gbit/s，导致服务器中断数小时，虽然美国的网络防攻击能力处于世界领先水平，但也未能有效防止攻击事件的发生，近半个美国的大型 Web 网站服务受到这次攻击事件的影响，可见利用海量物联终端结合 IP 攻击的潜在安全威胁相当巨大。有别于以往手机类及消费电子类智能终端的攻击，黑客不再局限于以用户给他的隐私窃取、支付钓鱼、诈骗以及勒索等直接获利为目标，把目光延伸到了海量物联终端，其目的很明确，把海量物联终端构建成巨型的僵尸网络，用以实施大型 DDoS 攻击，此类攻击事件一般造成的社会影响恶劣，破坏力巨大。有鉴于此，3GPP R13 中对于蜂窝物联网（NB-IoT/eMTC）定义了一项全新的数据传输方案——Non-IP 技术。Non-IP 仍然是数据业务，其重要特征是无 IP 包头，不需要 IP 包头压缩，也不受限于 IP 地址分配，这样的传输效率高。网络侧也需要为 Non-IP 数据建立 PDN 承载，一种方式采取 UDP/IP 的 PtP SGi(TS 29.061)隧道协议将 Non-IP 数据进行封装，结合物联网终端支持的 CP 数据传输优化模式或者 UP 数据传输优化模式将 Non-IP 数据发送至 PGW，这种方式下 PGW 仍然为 PDN 连接分配 IPv4 或者 IPv6 地址，不过该地址并不通知 UE。另一种方式，如果终端在发起攻击（Attach）过程中所携带 PDN 类型字段设置为"Non-IP"，同时 UE 支持 CP 数据传输优化模式，并且 HSS 响应的 APN 订阅数据中指明需要建立基于业务能力开发功能（Service Capability Exposure Function，SCEF）的 PDN 连接（见图 3-4 中 EPS Attach 流程步骤 11），那么 MME 分配给 UE 默认承载，同时建立基于订阅数据中指明的 SCEF 地址的 PDN 连接，即采取 T6a 接口传输方案，如图 3-5 所示。

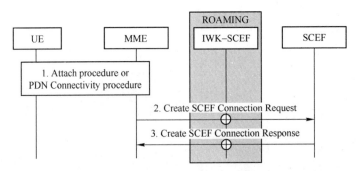

图 3-5 MME 在 UE EPS Attach 过程中建立基于 SCEF 地址的 PDN 连接（TS 23.682）

基于以上提到的两种传输 Non-IP 数据的方式，Non-IP 数据连续传输并不具备纠错功能，这意味着传输过程中有可能丢包，只能凭借更高层协议进行纠错处理了。采取 SCEF 连接的方式，UE 侧寻址方式是 UE IMSI，而 SCEF 的寻址方式则采取 SCEF 的 FQDN，这可以是 SCEF 的主机名称，也可以是 SCEF 的 IP 地址。SCEF 是 3GPP 协议专门为了物联网小包数据业务新增的逻辑网元，它类似于 PGW 的功能，负责与外部 IP 网络进行互联，严格意义上讲，Non-IP 不是一种新型的协议，它是基于物联网安全保障考量下提出的一种新型的数据传输解决方案。SCEF 汇聚了 Non-IP 的终端和数据，可以 API 形式向云端应用提供服务，而非直接把数据转发出去，运营商在这个节点上可以沉淀数据并进行大数据分析，从中挖掘出具有商业价值的信息。

对于终端来说，并不关注特定 Non-IP PDN 连接由 SCEF 提供还是通过 PGW 提供。无论 IP 数据传输还是 Non-IP 数据传输，PDN 连接可以基于 CP 数据传输优化模式提供，也可以基于 UP 数据传输优化模式提供。基于 IP 的数据传输可以采取 S1-U 接口进行传输（UP 数据传输优化模式），也可以采取 S11-U 接口进行传输（CP 数据传输优化模式），网络需要通知终端该 Non-IP PDN 连接是否使用了 CP 数据传输优化模式。

总体来说，从核心网的角度来看，支持蜂窝物联网数据通信的 MME 可能包含如下几种数据传输模式：

1）支持控制面 CIoT 数据传输优化模式（CP 数据传输优化模式）。

2）支持用户面 CIoT 数据传输优化模式（UP 数据传输优化模式）。

3）支持传统的 S1-U 数据传输模式。

同时，也包括了一些特殊的 CIoT 优化功能，比如：

1）是否支持无需联合附着的 SMS 消息传输。

2）是否支持没有 PDN 连接的附着。

3）是否支持控制面 CIoT 数据传输优化模式的包头压缩。

协议规定 NB-IoT 的终端必须支持 CP 数据传输优化模式，网络侧应该相应提供支持 CP 数据传输优化模式的能力，同时对于仅仅具备 CP 数据传输优化模式能力的 NB-IoT 终端，MME 应该在 NAS 接受响应的消息中（例如 Attach accept）附加支持 CP 数据传输优化模式的信息。对于传统基于 S1-U 用户面数据传输模式，其虽不属于 CIoT 的数据传输优化范畴，但是支持用户面 CIoT 数据传输优化模式（UP 数据传输优化模式）的 UE 也必然需要能够支持 S1-U 模式。

UE 会通过 ATTACH/TAU 请求中附带消息体 Preferred and Supported

Network Behaviour 与核心网络具备能力进行协商。如果是 NB-IoT 终端，UE 需要在 RRC 信令接入时明确 UE 能力是否支持"User Plane CIoT EPS Optimisation"以及"EPS Attach without PDN Connectivity"。对于那些非窄带通信终端，例如 eMTC 物联终端，或者更高阶的 LTE 终端，在 RRC 信令接入时除了以上两个字段之外，还需要额外明确 UE 是否支持"Control Plane CIoT EPS Optimisation"，eNodeB 根据终端这些能力信息并结合 MME 的支持能力进行 MME 选择。这里值得一提的是，协议同时说明了核心网络数据传输的优化机制并不仅仅限于那些低复杂度、低吞吐率的物联网应用，这也意味着未来进一步演进的 LTE 终端也可以采取类似的优化机制。

用户面 CIoT 核心网优化机制（UP 数据传输优化模式）指在 UE 与网络之间的 RRC 连接处于挂起状态的前提下，可以无需如当前 LTE 数据传输信令流程那样，通过 NAS 层信令服务请求（Service Request，SR）触发一系列的接入网流程以建立数据传输的承载。这意味着 UE 与网络侧的接入网承载和接入网安全上下文等相关信息已经在之前协商分配好了。通过挂起流程，在 UE 转为 ECM-IDLE 过程中，UE 与 eNodeB 分别存储了接入层和承载上下文等相关信息，同时 MME 存储了与 S1AP 和核心网承载相关的上下文。可以说"挂起"流程是一种基于终端节能考虑的"睡眠"机制，并不把 UE 已建立连接的相关信息删除。

从核心网 CP 数据传输优化模式下的用户面协议栈结构（见图 3-6）中可以看出与典型 LTE 网络中用户面数据传输在协议架构中的不同（见图 3-7）。在蜂窝物联网中，UE 与 MME 之间通过 NAS 层信令传输小包数据，而 LTE 系统中 S1 接口的 GTP-u 传输隧道协议后移到 S11 接口中作为用户面数据传输协议。

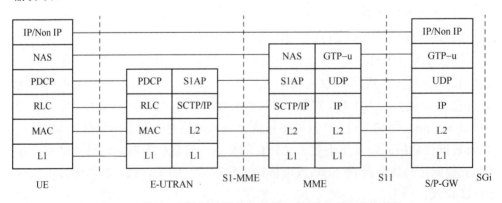

图 3-6 基于 CP 数据传输优化模式下的用户面协议栈结构

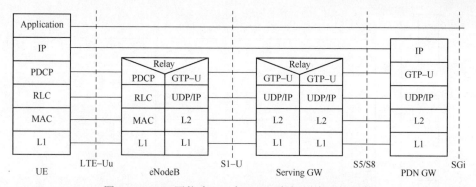

图 3-7　LTE 网络中 UE 与 PGW 之间用户面协议栈

在 CP 数据传输优化模式下，UE 上行数据包和相应的 EPS Bearer ID（EBI）被封装在 NAS DATA PDU 中，通过 S1-AP 初始 UE 消息传递，MME 在收到了初始消息后可以与 SGW/PGW 协商传递上行数据，同时并行的触发核心网移动性以及会话管理流程，比如鉴权和安全涉及流程。相较而言，如果此时有来自于 SGW/PGW 的下行数据，则需要在 MME 缓存，等待 EMM 和 ESM 流程完毕之后进行传递。这里其实表达了一层逻辑，上行 NAS PDU 数据和上行 NAS 信令流程可以在 MME 进行分离，数据通过 S11 接口传出去，NAS 鉴权安全流程可以并发进行，而下行的 NAS PDU 数据则需要等待 NAS 鉴权安全流程结束之后才能继续下发 eNodeB。另外，对于接入侧通过 NB-IoT 技术建立连接，并且触发原因是 MO Exception Data，MME 需要将此触发原因告知 SGW。

在 UE 与 MME 采取 CP 数据传输优化模式下，即 UE 处于 ECM_CONNECTED 连接态下，如果需要通过建立用户面 S1-U 承载传输数据，可以采取基本 S1-U 模式进行数据传输或者采取用户面优化数据传输模式（UP 数据传输优化模式），相关信令流程如图 3-8 所示。如果 UE 根据自身能力想要采取用户面承载传输数据，UE 可以通过发送控制面业务请求（Contol Plane Service Request，CPSR）信令，并附带 active flag 字段的方式通知 MME，这一 NAS 层信令是被封装在 RRC 信令中进行透传的。MME 可以通过接收这样的 NAS 消息或者自己根据实际情况（例如可以根据 CP 数据传输优化模式中上下行实际传输数据的大小）决定启用 S1-U 模式进行数据传输。另外，MME 还需要根据之前接收到的 UE 的网络能力中指示 UE 支持最大用户 RB 数量来决定是否建立请求的额外 RB 承载数量。一旦 MME 决定为 UE 建立 S1-U 承载，需要将缓存的 UL 上行数据通过 S11-U 发出并将 S11-U 的相关承载删除，之后通过初始上下文请求（S1-AP Initial Context Setup Request）告知 eNodeB 相关信息，包括 SGW 地址、安全上下文、MME 信令连接 ID、EPS 承载 QoS 参数，S1 隧道端标识（S1-TEID（Tunnel Endpoint Identifier））、切换限制列表、CSG 会员指示（CSG Membership Indication）、服务接受（Service Accept）等。

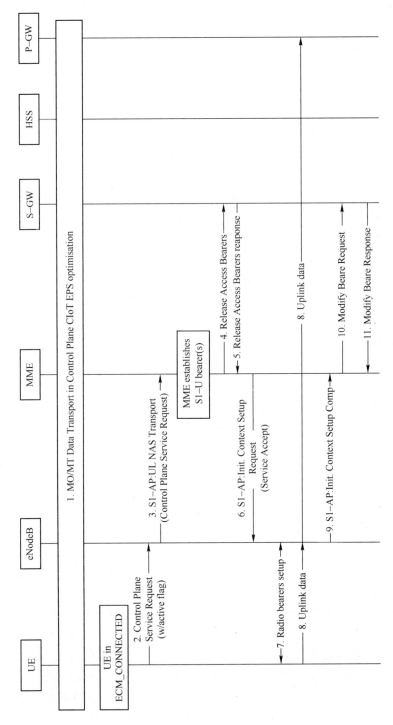

图3-8　CP数据传输优化模式进行中建立S1-U用户面承载

NAS 主要信令流程

服务请求（Service Request）是常见的 NAS 层信令流程，如图 3-9 所示。基于主/被叫业务触发，终端可通过 SR 信令请求建立 S1-U 承载或者发送 NAS 信令，从而使得终端从 EMM-IDLE 状态转移到 EMM-CONNECTED 状态。扩展服务请求（Extended Service Request，ESR）可以被用来触发 CSFB 流程，当然也可以用来申请数据业务资源。终端到底采取 SR 还是 ESR 申请数据业务资源取决于终端 USIM 卡中关于 NAS 的参数配置，例如终端 NAS 层消息体 Device properties 中所含低位比特标识 NAS signalling low priority 设置为 1（TS 24.301，TS 24.008，TS 24.368，TS 31.102），同时终端接收到的最近一次的 Attach Accept/TAU Accept 消息中明确了网络侧可以支持 ESR 消息申请服务类型"packet services via S1"，此时终端通过 ESR 申请数据业务，否则由 SR 申请数据业务。MME 可根据接收到的 NAS signalling low priority 标识在核心网信令拥塞时采取相应处理机制。

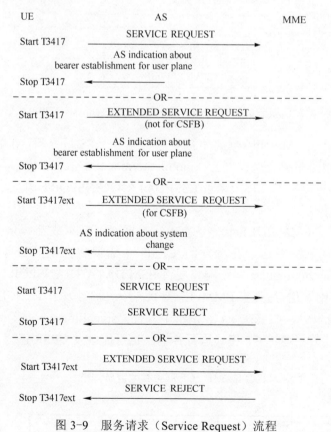

图 3-9　服务请求（Service Request）流程

采取 CP 数据传输优化模式的蜂窝物联网终端可以通过 CPSR 请求核心网服务，CPSR 信令流程如图 3-10 所示。可基于如下场景触发：

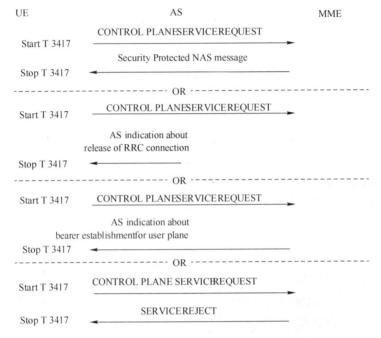

图 3-10　控制面服务请求（Control Plane Service Request，CPSR）信令流程

1）终端在 EMM-IDLE 状态下接收核心网基于 PS 域寻呼，在触发的 CPSR 中需要将控制面服务类型设置为 "mobile terminating request"，详见表 3-1、表 3-2。终端可以在 CPSR 中携带 ESM DATA TRANSPORT 消息，但是不能携带其他 ESM 消息。

2）终端在 EMM-IDLE 状态下有上行数据（IP 数据或者 Non-IP 数据）需要通过控制面承载发送，在触发的 CPSR 中需要将控制面服务类型设置为 "mobile originating request"。终端需要将 ESM DATA TRANSPORT 消息封装在 ESM 容器 IE 中发送；另外当 EMM-IDLE 状态下终端触发了 TAU（Tracking Area Updating）请求时，如果在 TAU 请求中设置 "signalling active" 标签为 1，那么意味着后续数据通过 CP 模式进行传输，也可能触发 CPSR 流程。

表 3-1　CP 服务类型消息体

8	7	6	5	4	3	2	1	
Control plane service type IEI				"Active" flag	Control plane service type value			octet 1

表 3-2　CP 服务类型消息体取值含义

Control plane service type value (octet 1, bit 1 to 3)
Bits
3 2 1
0 0 0　　　　　mobile originating request
0 0 1　　　　　mobile terminating request
0 1 0
to　　　　　unused; shall be interpreted as " mobile originating request", if received
1 1 1　　　　　by the network.
All other values are reserved.
"Active" flag (octet 1, bit 4)
Bit
4
0　　　　　　　No radio bearer establishment requested
1　　　　　　　Radio bearer establishment requested

3）终端在 EMM-IDLE 状态或者在通过 CP 优化模式进行数据传输的 EMM-CONNETED 状态下有上行待发数据（IP 数据或者 Non-IP 数据）需要建立 S1-U 用户面承载发送，在触发的 CPSR 中需要将控制面服务类型设置为 "mobile originating request"，并且将 active flag 置为 1。在这种情况下，终端通过触发 CPSR 将 CP 数据传输迁移为建立 S1-U 用户面承载进行数据传输，此时终端就不用在 CPSR 中携带任何 ESM 消息容器或者 NAS 消息容器了。

4）终端存在上行待发信令时（非 SMS 消息），在触发的 CPSR 中需要将控制面服务类型设置为 "mobile originating request"，不携带任何 ESM 消息容器或者 NAS 消息容器；如果 CPSR 是为了发送 SMS（短信），除了将控制面服务类型设置为 "mobile originating request"，另外需携带 NAS 消息容器，而不携带任何 ESM 消息容器。

而网络侧分别针对以上场景触发的 CPSR 进行如下的响应：

1）MME 在收到携带原因值为 "mobile terminating request" 的 CPSR 之后，需要首先完成诸如鉴权、安全模式管控等 EMM 公共流程，MME 通过发送 SERVICE ACCEPT 消息完成 EPS 承载上下文状态同步（触发 EPS 承载上下文同步条件 1，EPS 承载上下文仅通过 CP 传输 "Control plane only indication"；条件 2，EPS 承载上下文不一定必须通过 CP 传输，并且无下行用户面数据传输同时 UE 没有将 CP 服务类型消息体中的 "active flag" 设置为 1，即无用户面

上行传输数据），进一步可以决定通过控制面流程或者其他 NAS 信令流程传输数据，或者根据需求采取用户面承载的方式传输数据（终端支持）。

2）MME 在收到携带原因值为"mobile originating request"的 CPSR 之后，需要首先完成诸如鉴权、安全模式管控等 EMM 公共流程，MME 通过发送 SERVICE ACCEPT 消息完成 EPS 承载上下文状态同步。如果后续 MME 没有下行数据或者信令传输，并且从 ESM 层收到了"Release assistance indication"指示，那么 MME 可能发起 NAS 信令释放流程；如果有需要通过用户平面下发的下行数据或者终端将 Control plane service type IE 中的"Active flag"标识设置为 1，MME 会发起建立用户面承载流程；如果下行 MME 有下行通过控制面待发数据，通过 NAS 消息携带 ESM DATA TRANSPORT 下发；如果下行有待发信令，则将受安全保护的 NAS 信令下发；SERVICE ACCEPT 是 MME 与 UE 之间 EPS 承载上下文状态的同步过程，如果没有触发鉴权、安全机制等 EMM 公共流程，那么 MME 不会发送 SERVICE ACCEPT 消息，也不会有任何后续相关流程。

3）MME 在收到携带原因值为"mobile originating request"和 CP 服务类型的"active flag"置为 1 的 CPSR 之后，如果 MME 接受请求将触发基于所有用户面承载，反之，MME 仍然通过 CP 模式传输下行数据或者信令或者下发 SERVICE ACCEPT 消息完成服务请求流程。

4）MME 在收到携带原因值"mobile originating request"，并且没有任何 ESM 消息容器，即仅仅上行 NAS 信令之后，需要首先完成诸如鉴权、安全模式管控等 EMM 公共流程，MME 通过发送 SERVICE ACCEPT 消息完成 EPS 承载上下文状态同步（触发 EPS 承载上下文同步条件 1，EPS 承载上下文仅通过 CP 传输"Control plane only indication"；条件 2，EPS 承载上下文不一定必须通过 CP 传输，并且无下行用户面数据传输），MME 会发起建立用户面承载流程；如果下行 MME 有下行通过控制面待发数据，通过 NAS 消息携带 ESM DATA TRANSPORT 下发；如果下行有待发信令，则将受安全保护的 NAS 信令下发；SERVICE ACCEPT 是 MME 与 UE 之间 EPS 承载上下文状态的同步过程，如果没有触发鉴权、安全机制等 EMM 公共流程，那么 MME 不会发送 SERVICE ACCEPT 消息，也不会有任何后续相关流程。

针对 NB-IoT 终端，MME 如果需要为该 UE 建立用户面承载时需要检查该 UE 网络能力中明确的最大数量，3GPP 协议 R13 版本中对于 NB-IoT 终端最大用户承载规定为 2。MME 如果成功解码控制面（CP）携带的 ESM 消息容器或者 NAS 消息容器，或者收到底层用户面承载成功建立的指示，则认为该服务请求流程成功完成，并将 ESM 消息容器中的内容或者 NAS 消息容器中的内容进行相应转发。对于以上 1）～3）涉及的场景，当 UE 收到安全保护的 NAS 消息或者底层用户面承载成功建立的指示，则认为服务请求流程完成；对于 2）涉及的场景，如果 UE 收到了来自底层的 RRC 连接释放指示，也认为服务请求流程完成，UE 将会重新设置服务请求尝试计数器，终止定时器 T3417 并且进入 EMM-REGISTERED 状态。这里受安全保护的 NAS 消息可以是 SECURITY MODE COMMAND、SERVICE ACCEPT 或者 ESM DATA TRANSPORT 消息。当然，对于 1）～3）涉及的场景，如果 UE 同样收到底层连接释放指示，则将此情况视为异常，同样重新设置服务请求尝试计数器，终止定时器 T3417 并且进入 EMM-REGISTERED 状态。

如果 UE 处于 EMM-IDLE 状态发起初始服务请求，当 T3417 超时时，除了如下情况：

1）服务请求是为了紧急呼叫承载的 PDN 连接。

2）UE 已经建立了紧急呼叫承载的 PDN 连接。

3）UE 类型为接入等级 11～15 的特殊类型终端。

4）该服务请求由网络寻呼触发（被叫业务）。

5）NB-IoT 终端传输由异常事件触发进行异常数据上报。

UE 会继续尝试连续发起 5 次服务请求，一旦超过 5 次之后，UE 会启动定时器 T3325，在此期间除了如下情况，UE 不会再发起服务请求：

1）服务请求是为了紧急呼叫承载的 PDN 连接。

2）UE 类型为接入等级 11～15 的特殊类型终端。

3）该服务请求由网络寻呼触发（被叫业务）。

4）UE 已经建立了紧急呼叫承载的 PDN 连接。

5）NB-IoT 终端传输由异常事件触发进行异常数据上报。

6）UE 注册到了一个新的 PLMN。

如果 UE 从 EMM-IDLE 状态触发服务请求申请的业务不是数据业务，那么当 T3417 超时后，UE 的 EMM 子层会放弃服务请求流程同时在 UE 侧删除分配给服务请求流程的相关资源。如果 UE 从 EMM-CONNECTED 状态触发服务请求流程，当 T3417 超时后，UE 的 EMM 子层会放弃服务请求流程同时考虑携带 "active flag" 置为 1，即申请用户面承载的服务请求流程失败，UE 仍在保持在 EMM-CONNECTED 状态。T3417 协议规定为 5s，而 T3325 是一个基于终端实现可以调整的值，最小值为默认 60s。

从以上介绍的 NAS 信令流程可以归纳几点核心网对于蜂窝物联网技术的优化设计思路：

1）小包数据如果通过控制面承载，先于确认信息将待发数据进行传输。

2）新增 SERVICE ACCEPT 是为了响应 CPSR 请求进行 EPS 承载上下文同步的，对于初始通过用户面承载发送数据，则无需 SERVICE ACCEPT 进行响应。

3）LTE 网络的主要设计思路是由网络控制调度的，而蜂窝物联网为了对 NAS 消息进行相应的优化，物联网的终端在一定程度上参与数据传输模式选择，这对 UE 设计更多了一些灵活性。相比 LTE 网络单一控制调度流程则更加丰富，这种新型的蜂窝物联网设计思路大大降低了海量物联设备对网络带来的信令冲击。

为了应对大量物联网连接对于核心网络的负荷带来的冲击，核心网对设备的上下行数据还进行了流控机制。这里包含两种流控：一种是服务 PLMN 网络流控，另一种是 APN 流控。这二者的区别在于前一种流控机制主要为了防止 NAS 数据 PDU 引起的针对 MME 以及接入网络相关信令冲击，而后一种机制更多体现在运营策略上，例如规定物联设备一天之内最多可以发送多少消息或者消耗多少数据流量，一般认为后者所规定的消息总限额要小于前者，而且这两个流控机制都可以在逻辑网元 PGW 或者 SCEF 上具体实现，APN 流控机制一般会先于服务 PLMN 流控机制生效在用户数据上。

3.1.2　NB-IoT/eMTC/LTE 端到端主要技术特点对比

本章节结合一些蜂窝物联网端到端技术的新流程、新特点进行对比阐述，同时对于蜂窝物联网络日常维护优化中需要关注的概念和流程以独立专题形式进行说明。

挂起-恢复流程

挂起-恢复流程是因 eMTC/NB-IoT 等蜂窝物联网技术才引进的，LTE 并不具备这样的流程。这种机制的引入主要针对物联网海量连接、不活跃小数据包的特点，适时地挂起流程可以减少网络的资源开销，并且降低了物联终端的功耗。而恢复流程对于 NAS 的信令流程进行了优化，这样在简化信令流程的同时也可以减少海量物联对于核心网的信令冲击。

网络侧通过无线资源控制（Radio Resource Control，RRC）RRCConnection Release 封装 Suspend 消息通知 UE 挂起，当 RRC 连接被挂起后，UE 存储 UE AS 上下文和 resumeIdentity，同时变为 RRC_IDLE 状态。挂起针对已建立的用户面承载，所以在至少一个 DRB 成功建立之后，挂起流程才能够执行，RRCConnection Release 消息内容如图 3-11 所示，端到端挂起信令流程如图 3-12 所示。

RRCConnectionRelease message

```
-- ASN1START

RRCConnectionRelease ::=            SEQUENCE {
    rrc-TransactionIdentifier          RRC-TransactionIdentifier,
    criticalExtensions                 CHOICE {
        c1                                 CHOICE {
            rrcConnectionRelease-r8            RRCConnectionRelease-r8-IEs,
            spare3 NULL, spare2 NULL, spare1 NULL
        },
        criticalExtensionsFuture           SEQUENCE {}
    }
}


RRCConnectionRelease-r8-IEs ::=     SEQUENCE {
    releaseCause                       ReleaseCause,
    redirectedCarrierInfo              RedirectedCarrierInfo               OPTIONAL,
-- Need ON
    idleModeMobilityControlInfo        IdleModeMobilityControlInfo         OPTIONAL,
-- Need OP
    nonCriticalExtension               RRCConnectionRelease-v890-IEs       OPTIONAL
}


RRCConnectionRelease-v890-IEs ::=   SEQUENCE {
    lateNonCriticalExtension           OCTET STRING (CONTAINING
RRCConnectionRelease-v9e0-IEs)  OPTIONAL,
    nonCriticalExtension               RRCConnectionRelease-v920-IEs       OPTIONAL
}


-- Late non critical extensions
RRCConnectionRelease-v9e0-IEs ::= SEQUENCE {
    redirectedCarrierInfo-v9e0         RedirectedCarrierInfo-v9e0          OPTIONAL,
-- Cond NoRedirect-r8
    idleModeMobilityControlInfo-v9e0   IdleModeMobilityControlInfo-v9e0    OPTIONAL,
-- Cond IdleInfoEUTRA
    nonCriticalExtension               SEQUENCE {}                         OPTIONAL
}


-- Regular non critical extensions
RRCConnectionRelease-v920-IEs ::=   SEQUENCE {
    cellInfoList-r9                    CHOICE {
        geran-r9                           CellInfoListGERAN-r9,
```

图 3-11　RRCConnection Release 消息内容

```
    utra-FDD-r9                          CellInfoListUTRA-FDD-r9,
    ...,
    utra-TDD-r10                         CellInfoListUTRA-TDD-r10
    }                                                    OPTIONAL,    -- Cond
Redirection
    nonCriticalExtension                 RRCConnectionRelease-v1020-IEs    OPTIONAL
}

RRCConnectionRelease-v1020-IEs ::=  SEQUENCE {
    extendedWaitTime-r10                 INTEGER (1..1800)      OPTIONAL,    -- Need ON
    nonCriticalExtension                 RRCConnectionRelease-v1320-IEs
    OPTIONAL
}

RRCConnectionRelease-v1320-IEs::=   SEQUENCE {
    resumeIdentity-r13                   ResumeIdentity-r13            OPTIONAL,    --
Need OR
    nonCriticalExtension                 SEQUENCE {}                  OPTIONAL
}

ReleaseCause ::=                     ENUMERATED {loadBalancingTAUrequired,
                                     other, cs-FallbackHighPriority-v1020,
rrc-Suspend-v1320}
```

图 3-11 RRCConnection Release 消息内容（续）

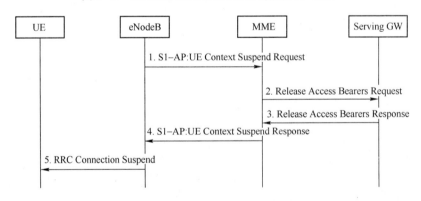

图 3-12 端到端挂起信令流程

如果有上行数据传输请求或者收到寻呼通知，UE 将通过高层触发 RRC 连接恢复流程。当网络侧接收 UE 恢复请求后，UE 从 RRC_IDLE 状态转变为 RRC_CONNECTED 状态。UE 的 RRC 层依据 UE 之前存储的 AS 上下文和接收来自网络侧 RRC 配置信息重新对 UE 进行配置。RRC 连接恢复流程重新激活安全机制并重建 SRB 和 DRB。RRC 恢复请求（RRCConnectionResume Request-NB）

携带 resumeIdentity，该请求不被加密，但是需进行 MAC（Message Authentication Code）保护。

eNodeB 发起的 RRC 连接挂起流程一般可由某种特定原因所触发，例如当 UE 不活跃定时器超时导致。挂起流程请求首先"悬挂"（或者可以称之为暂停，只不过悬挂这个词更加形象）了核心网 NAS 信令交互，这也可以算是一种 UP 传输优化（user plane CIoT optimization）。在 UP 模式下，RRC 通知 NAS 层连接被挂起，此时 UE 携带悬挂指示进入 EMM-IDLE 模式，但并不释放相关 NAS 消息，根据进一步的底层指示，UE 更新 EMM-IDLE 模式下的悬挂指示状态。可以看出，UP 数据传输优化模式实际包含了两层针对 NAS 信令交互优化的含义，在接入网触发挂起的时候隐式地省略掉终端与核心网之间的 NAS 信令交互，而在终端恢复与网络连接时也不需要 NAS 信令交互就可以获取相应承载资源信息（如 DRB、EPS bear 等）。因此 UP 优化模式流程就意味着 UE 被挂起后再请求连接恢复，站在终端角度来看，可以说 RRC 恢复流程就是 UP 数据传输优化模式的实际体现，恢复之后不需要发送 NAS 信令 Service Request。对应 eNodeB 与核心网信令交互确认进一步挂起 RRC 连接这一流程顺序，UE 则通过 RRC 连接恢复流程进行 NAS 层信令连接的恢复，当 UE 触发 RRC 层恢复时，需提供 RRC 建立的原因值，NB-IoT 的 RRC 连接恢复请求消息如图 3-13 所示，NB-IoT 的 RRC 连接建立/恢复原因值如图 3-14 所示。

RRCConnectionResumeRequest-NBmessage

```
-- ASN1START

RRCConnectionResumeRequest-NB ::=     SEQUENCE {
    criticalExtensions                    CHOICE {
        rrcConnectionResumeRequest-r13        RRCConnectionResumeRequest-NB-r13-IEs,
        criticalExtensionsFuture              SEQUENCE {}
    }
}


RRCConnectionResumeRequest-NB-r13-IEs ::=    SEQUENCE {
    resumeID-r13                          ResumeIdentity-r13,
    shortResumeMAC-I-r13                      ShortMAC-I,
    resumeCause-r13                       EstablishmentCause-NB-r13,
    spare                                 BIT STRING (SIZE (9))
}


-- ASN1STOP
```

图 3-13　NB-IoT 的 RRC 连接恢复请求消息

EstablishmentCause-NBinformationelement

```
-- ASN1START

EstablishmentCause-NB-r13 ::=                    ENUMERATED {
                                        mt-Access, mo-Signalling, mo-Data,
mo-ExceptionData,
                                        delayTolerantAccess-v1330, spare3, spare2,
spare1}

-- ASN1STOP
```

图 3-14　NB-IoT 的 RRC 连接建立/恢复原因值

eMTC 中对于原因值的规定要比 NB-IoT 更丰富一些，如图 3-15 所示，常用的几个原因值说明如下：

RRCConnectionResumeRequest message

```
-- ASN1START

RRCConnectionResumeRequest-r13 ::=  SEQUENCE {
    criticalExtensions                  CHOICE {
        rrcConnectionResumeRequest-r13      RRCConnectionResumeRequest-r13-IEs,
        criticalExtensionsFuture            SEQUENCE {}
    }
}


RRCConnectionResumeRequest-r13-IEs ::=    SEQUENCE {
    resumeIdentity-r13                  CHOICE {
        resumeID-r13                        ResumeIdentity-r13,
        truncatedResumeID-r13               BIT STRING (SIZE (24))
    },
    shortResumeMAC-I-r13                    BIT STRING (SIZE (16)),
    resumeCause-r13                        ResumeCause,
    spare                              BIT STRING (SIZE (1))
}

ResumeCause ::=              ENUMERATED {
                                emergency, highPriorityAccess,mt-Access,
mo-Signalling,
                                mo-Data, delayTolerantAccess-v1020,
mo-VoiceCall-v1280, spare1}


-- ASN1STOP
```

图 3-15　eMTC RRC 建立/恢复原因值

1）**Emergency**：紧急呼叫涉及的信令与业务请求，一般都是主叫发起。

2）**mo-Signalling**：一般是由类似 Attach Request/Tracking Area Update 这样的 NAS 层信令触发，在 VoLTE 通话中的 TAU 也算作这一类型的触发原因。

3）**mo-Data**：一般由主叫 Service Request/Extended Service Request 触发该原因值，可以是主叫数据业务，也可以是主叫 VoLTE 话音/视频业务或者主叫 SMSoIP 业务，或者是主叫 CSFB 业务（CDMA2000 1xRTT 例外），其中 ESR 里面所带服务类型标签 "mobile originating CS fallback"。

4）**mt-Access**：一般是被叫 UE 收到寻呼后触发 Service Request/Extended Service Request/Control Plane Service Request，其中 SR 携带 "PS" 指示，ESR 携带 "packet services via S1" 或者 "mobile terminating CS fallback"，CPSR 携带 "mobile terminating request"，这些主要针对类似数据业务寻呼响应，CSFB 寻呼响应，NB/eMTC 控制面传输数据业务寻呼响应。

5）**delayTolerantAcess**：针对主叫数据业务，UE 配置为 NAS 信令低优先级，那么 RRC 建立的原因设置为 Delay tolerant。不过对于 VoLTE 话音（MMTEL voice）、多媒体音频（MMTEL video）、SMSoIP 之类的 IMS 业务依然设置为 mo-Data 类型。

6）**mo-ExceptionData**：针对 NB-IoT 的主叫信令发起，如果小区访问禁止，而 UE 允许使用接入异常事件标签，那么对于 Attach/TAU/Service request 可以继续发送，而 RRC 接入标签则可设置为 mo-ExceptionData 原因值。

7）**mo-VoiceCall**：如果 UE 支持 mo-VoiceCall 的设置，而且该小区通过 SIB2 中的 voiceServiceCauseIndication 指示支持 mo-VoiceCall，并且 UE 发起的业务是 VoLTE，那么可以将 RRC 建立原因值设置为 mo-VoiceCall；

8）**highPriorityAccess**：基于 mo-Signalling 请求，对于某一系列特定终端（AC11-15）可以设置该原因值，携带该值得接入对于 NAS 层 EMM 管理优先级较高，如同 Emergency 一样，不会由于流控被拒绝。

这些 RRC 侧请求携带的原因标签与 NAS 层请求的优先级息息相关，NAS 层可以直接通过 reject 消息进行流控，也可以通过 S1 发送 OVERLOAD START 通知 eNodeB 触发相应的流控机制。NAS 层可以通过特定业务的 NAS 请求比率作为门限触发流控。NAS 和 eNodeB 两级流控机制触发门限可以根据实际业务信令请求模型进行调整。

当 UE 重选到新的小区发现 TAC 改变、准备发起 TAU 流程时，如果读系统消息发现该小区不支持 UP 数据传输优化模式，那么 UE 就清理掉 suspend indication，以 "非挂起" 的身份重新发起 RRC 连接流程。另外，当 UE 获悉 RRC 连接恢复以后，UE 就进入了 EMM-CONNECTED，而除了 SERVICE REQUEST/CONTROL PLANE SERVICE REQUEST（不带数据包）/EXTENDED

SERVICE REQUEST 等 NAS 信令，其他的 NAS 初始消息都可以被发送。

挂起、恢复的流程图归纳整理如图 3-16、图 3-17 所示。

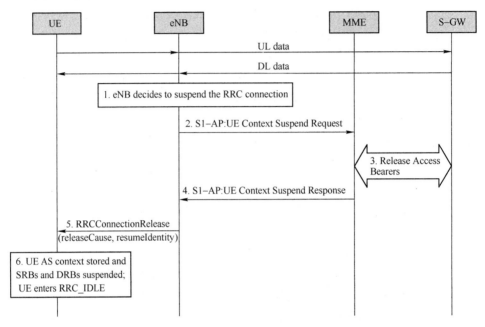

图 3-16　RRC 连接挂起流程

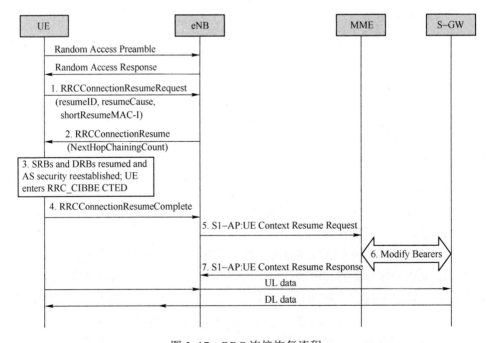

图 3-17　RRC 连接恢复流程

NB-IoT 的非锚定载波的分配

为了缓解潜在海量物联带来的容量压力，NB-IoT 一定程度上借鉴了 GSM 主辅载波的概念，分为锚定载波（Anchor Carrier）和非锚定载波(Non-Anchor Carrier)，锚定载波承载 NPSS/NSSS/NPBCH/SIB-NB 等同步信号和系统消息，而非锚定载波则被定义为"UE 不假定在该载波上承载了 NPSS/NSSS/NPBCH/SIB-NB"。这意味着 UE 在 RRC_IDLE 状态只能驻留在锚定载波上进行下行同步和系统消息侦听。而非锚定载波则通过专属信令流程予以指明，非锚定载波专属配置消息如图 3-18 所示。UE 在锚定载波进行初始随机接入，而通过专属信令指明的非锚定载波进行上下行数据传输，其中像 RRCConnectionReconfiguration-NB、RRCConnection Reestablishment-NB、RRCConnectionSetup-NB、RRCConnectionResume-NB 等专属信令都可以携带非锚定载波的配置信息 CarrierConfigDedicated-NB，如图 3-19 所示。RRC 在连接建立、重配、恢复和重建立等信令中都可以指示 UE 通过非锚定载波进行数据传输，UE 对于以上信令的反馈都在非锚定载波上进行发送。

CarrierConfigDedicated-NB information elements

```
-- ASN1START

CarrierConfigDedicated-NB-r13 ::=       SEQUENCE {
    dl-CarrierConfig-r13                DL-CarrierConfigDedicated-NB-r13,
    ul-CarrierConfig-r13                UL-CarrierConfigDedicated-NB-r13
}


DL-CarrierConfigDedicated-NB-r13 ::=    SEQUENCE {
    dl-CarrierFreq-r13                      CarrierFreq-NB-r13,
    downlinkBitmapNonAnchor-r13            CHOICE {
        useNoBitmap-r13                       NULL,
        useAnchorBitmap-r13                   NULL,
        explicitBitmapConfiguration-r13       DL-Bitmap-NB-r13,
        spare                                 NULL
    }       OPTIONAL,    -- Need ON
    dl-GapNonAnchor-r13                    CHOICE {
        useNoGap-r13                          NULL,
        useAnchorGapConfig-r13                NULL,
        explicitGapConfiguration-r13          DL-GapConfig-NB-r13,
        spare                                 NULL
```

图 3-18　非锚定载波专属配置信息

```
    }           OPTIONAL,    -- Need ON
    InbandCarrierInfo-r13            SEQUENCE {
        samePCI-Indicator-r13           CHOICE {
            samePCI-r13                     SEQUENCE {
                indexToMidPRB-r13               INTEGER (-55..54)
            },
            differentPCI-r13                SEQUENCE {
                eutra-NumCRS-Ports-r13          ENUMERATED {same, four}
            }
        }                       OPTIONAL,       -- Cond anchor-Guardband
        eutraControlRegionSize-r13          ENUMERATED {n1, n2, n3}
    }                       OPTIONAL,       -- Cond non-anchor-Inband
    ...,
    [[ nrs-PowerOffsetNonAnchor-v1330        ENUMERATED {dB-12, dB-10, dB-8, dB-6,
                                                         dB-4, dB-2, dB0, dB3}
                                    OPTIONAL    -- Need ON
    ]]
}


UL-CarrierConfigDedicated-NB-r13 ::=     SEQUENCE {
    ul-CarrierFreq-r13          CarrierFreq-NB-r13          OPTIONAL,    -- Need OP
    ...
}

-- ASN1STOP
```

图 3-18　非锚定载波专属配置信息（续）

CarrierFreq-NB information elements

```
-- ASN1START


CarrierFreq-NB-r13 ::=          SEQUENCE {
    carrierFreq-r13             ARFCN-ValueEUTRA-r9,
    carrierFreqOffset-r13       ENUMERATED {
                                    v-10, v-9, v-8, v-7, v-6, v-5, v-4, v-3, v-2, v-1,
v-0dot5,
                                    v0, v1, v2, v3, v4, v5, v6, v7, v8, v9
                                } OPTIONAL   -- Need ON
}


-- ASN1STOP
```

图 3-19　非锚定载波频率配置信息

如果高层配置了非锚定载波，那么 UE 通过解码配置在非锚定载波上的 UE 专属 NPDCCH 搜索空间来确定上下行物理共享信道的专属资源。除此之外，NB-IoT 终端需要在锚定载波侦听系统消息、寻呼消息以及发起随机接入过程。另外，不管网络侧是否配置了非锚定载波，UE 都需要通过锚定载波作为时间参考源，这也意味着非锚定载波与锚定载波是时间同步的。网络侧在配置锚定载波和非锚定载波时需要统筹进行考虑，满足一定的部署原则，详见表 3-3。

表 3-3　锚定和非锚定载波联合部署原则

Non-Anchor Carrier		Anchor Carrier		
		In-band	Guard-band	Stand-alone
	In-band	Valid (注 1)	Valid (注 1)	Invalid
	Guard-band	Valid (注 1)	Valid (注 1)	Invalid
	Stand-alone	Invalid	Invalid	Valid (注 2)

其中，注 1 表明两个载波涉及的 LTE 小区是同一个；注 2 规定了两个载波频域跨度不超过 20MHz 并且两个载波需要保持同步。

S1 释放流程

eMTC/NB-IoT/LTE 中，S1 释放也意味着将全部用户上下文进行释放。S1 释放既可以由 eNodeB 发起，也可以由 MME 发起。这一释放流程不仅释放 S1-AP 信令连接（S1-MME），同时也释放所有 S1-U 承载。而对于 eMTC/NB-IoT 中的 CP 优化模式，这一流程直接释放了 S11-U 承载。由于某些特殊的原因，例如 S1 信令传输丢失或者 eNodeB/MME 某个网元的问题，用户上下文可以在某个网元进行本地释放，这样就不需要使用或者依靠图 3-20 网元之间的信令流程了。

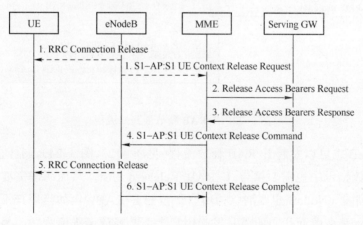

图 3-20　S1（用户上行文）释放流程

eNodeB 发起释放的原因主要有 O&M 网管干预、没有指定的错误、用户不活跃（定时器超时）、重复的 RRC 信令完整性保护校验失败、UE 发起的信令释放、触发 CSFB 及异系统重定向。

MME 发起释放的原因主要有鉴权失败、去附着及非法 CSG 小区。

E-RAB 释放流程

E-RAB 释放既可以由 MME 发起，也可以由 eNodeB 发起，如图 3-21、图 3-22 所示。MME 发起的释放指令中包含 E-RAB To Be Released List，这是要被释放的 E-RAB。eNodeB 接收到指令后，不仅需要把列表中的 E-RAB 释放掉，同时通过空口（Uu）把对应的 DRB 以及分配资源释放掉，并将 S1 的分配资源释放掉，同时对于释放掉的 E-RAB 情况通过 Response 指令反馈给 MME。

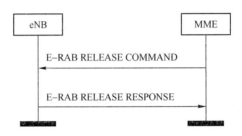

图 3-21　MME 发起的 E-RAB 释放流程

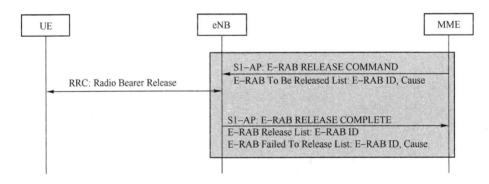

图 3-22　E-RAB 释放端到端流程

eNodeB 也可以发起 E-RAB 释放流程（见图 3-23、图 3-24），同样在 eNodeB 发起的释放指示中也需要携带 E-RAB Released List，从而明确需要被释放的 E-RAB。如果 eNodeB 想要清除掉所有保留的 E-RAB，例如当用户不活跃定时器超时后，那么取而代之的就是发起用户上下文释放请求流程了。另外，如果

eNodeB 在（通过重配信令）在空口释放相应 DRB 时，UE 无反馈或者负反馈（重配失败），或者 eNodeB 无法成功释放 MME 指令要求释放的 E-RAB，那么 eNodeB 也会发起 S1 UE Context Release Request 流程。

图 3-23　eNodeB 发起 E-RAB 释放流程

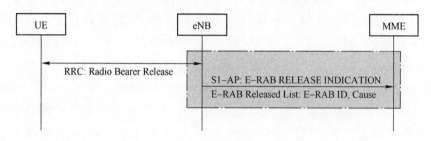

图 3-24　E-RAB 释放指示端到端流程

EPS 承载上下文去激活流程

EPS 承载上下文去激活流程属于 ECM NAS 流程。MME 发起 EPS 承载上下文去激活请求（见图 3-25），一般主要由如下 ESM 原因导致（TS 24.031）：

#8：运营商决定禁止接入；

#26：资源不足；

#36：正常去激活；

#38：网络失败；

#39：重新激活请求；

#112：APN 限制值与激活 EPS 承载上下文不兼容；

#113：对于一个 PDN 连接不需要有多个访问接入。

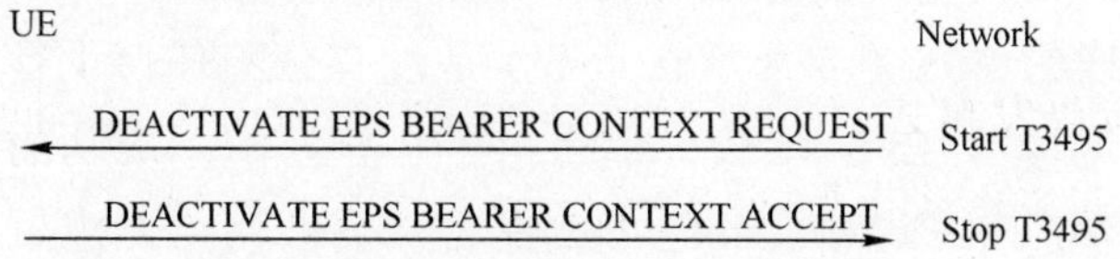

图 3-25　EPS 承载上下文去激活流程

　　除此之外，EPS 承载去激活还可以由 UE 发起的承载资源修改流程或者 UE 要求的 PDN 连接释放流程触发。如果是这两种原因，EPS 承载去激活请求必须携带分别来自 BEARER RESOURCE MODIFICATION REQUEST 或者 PDN DISCONNECT REQUEST 的流程交易标识（Procedure Transaction Identity，PTI）。

EPS 承载、E-RAB、用户上下文和 PDN 连接的关系

　　一个 PDN 连接可以包含多个 EPS 承载（见图 3-26），其中包含至少一个默认承载（Default EPS Bearer）和若干专属承载（Dedicated EPS Bearer）。一个 EPS 承载是基于 QoS 建立的逻辑概念，是对一系列数据集的 QoS 进行归类标识的基本单位。默认承载伴随每个新的 PDN 连接而建立，并始终贯穿 PDN 连接的全生命周期。在 eMTC/LTE/NB-IoT 中，EPS 承载本身没有上下行承载之分，而一个 EPS 专属承载可以分别关联上行 TFT（Traffic Flow Template）或者下行 TFT，当然默认承载也可以被分配 TFT，如图 3-27 所示。PCEF 或者 BBERF 等网元可以通过下行 TFT 在下行数据传输方向映射 EPS 承载，而 UE 可以使用下行 TFT 或者上行 TFT 将 EPS 承载激活或修改流程与应用和应用的业务聚合进行关联。上行单一方向 EPS 承载的 TFT 仅仅与那些映射单一上行业务流的上行数据包过滤器（packet filter(s)）进行关联，而下行单一方向 EPS 承载的 TFT 不仅与那些映射单一下行业务流的下行数据包过滤器相关联，还可与有效阻止任何实际数据流的上行数据包过滤器相关联，这个上行数据包过滤器一般指某些服务不需要上行 IP 数据流，为了防止 UE 发送上行数据业务而由网络提供的虚拟（dummy）上行数据包过滤器。UE 根据分配给不同 EPS 承载的 TFT 中的上行数据包过滤器将上行数据包分发到对应的 EPS 承载中（TS 23.060 15.3.3.4）。UE 需要根据上行数据包过滤器的优先级评分索引（evaluation precedence index）来进行上行数据包匹配。如果匹配成功，上行数据包就通过与匹配对应的上行数据包过滤器的 TFT 相关联的 EPS 承载进行传输。对于那些匹配不成功的上行数据包，则通过没有分配任何上行数据包过滤器的 EPS 承载进行传输，网络侧决定最多只有一个这样的 EPS 承载（默认承载）是没有分配任何上行数据包过滤器的，如果没有这样的 EPS 承载，那么对于那些匹配不成功的上行数据包，UE 也只能丢弃了。因此对于一些 UE 而言，需要网络侧配置这么一个没分配任何上行数据包过滤器的 EPS 承载。

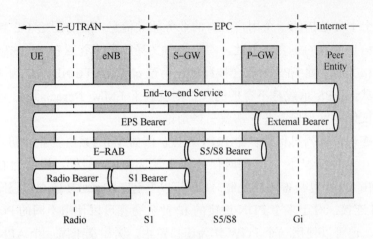

图 3-26　EPS 承载、E-RAB、无线承载（RB）与 S1 承载的映射关系

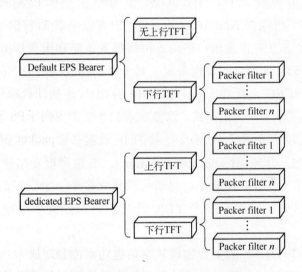

图 3-27　EPS 承载与 TFT 及数据包过滤器的关系

　　无线承载（Radio Bearer，RB）是空口侧的承载，S1 承载（S1 bearer）是 S1 接口对应的传输承载，E-RAB 是无线承载与 S1 承载的级联。无线承载与 E-RAB 与 EPS 承载是一一对应的。

　　CP 数据传输优化模式并不需要建立专用无线数据承载 DRB，也没有与之对应的 EPS 承载，因此，也就无从提起 QoS 映射。CP 优化模式主要支持封装在 NAS 信令中的上下行小数据包传输，NAS 消息一般附加（Piggybacking）在接入网 RRC 层信令中进行传输，相对于 EPS 承载映射于接入网的 DRB，肩负（Piggybacking）NAS 消息的 SRB 优先级一般较高。

用户上下文是指的一个用户所有的业务相关信息，是分配给 UE 所有 EPS 承载相关信息内容的集合，因此，用户上下文释放意味着所有 E-RAB 被释放了，随之相关的专属 EPS 承载会被释放，不过 eMTC/LTE/NB-IoT 为了保证永远在线，默认 EPS 承载是不释放的，否则就属于 EMM-Deregistered 状态了。如果网络仅仅提供短信业务，那就另当别论。

LTE 终端可以同时保持多个 PDN 连接，例如 VoLTE 语音业务和数据业务的并发，在这种情况下 UE 同时保持两个默认 EPS 承载，蜂窝物联网终端（eMTC/NB-IoT）也具备同样机制。UE 可以发起 PDN 连接建立流程同时建立多个 PDN 连接。对于多个 PDN 连接的 IP 业务交互可以使用不同的 PGW 作为出口路由，也可以使用一个 PGW 作为出口路由，例如基于同一个 APN 参数的多 PDN 连接需要使用同一个 PGW 作为路由出口。对于蜂窝物联网（eMTC/NB-IoT）终端的 Non-IP 业务而言，也可以采取多个 SCEF 作为出口路由或者使用一个 SCEF 作为出口路由。网络配置策略和用户订阅信息决定了是否可以使用多 PDN 连接，同时也决定了对于蜂窝物联网中的 Non-IP 数据的路由方式（PGW/SCEF），而对于基于 Non-IP 的 PDN 连接的数据传输优化而言，MME 往往配置采取 CP 优化模式，这意味着只能采取 SCEF 作为出口路由。当然 CP 模式也可以用来进行多 PDN 连接的 IP 数据传输，此时该流程需要配置 MME 和 UE 的包头压缩（Header Compression）。UE 也可以发起任意已建立 PDN 连接的取消流程（disconnection）。尽管可以建立多个 PDN 连接，UE 的 IP 地址只有一个。另外同时保有多个 PDN 连接这种机制对于终端设计并不是必选项。

eMTC/NB-IoT/LTE 的上行物理共享信道功率控制对比

eMTC/NB/LTE 三个通信系统对于上行物理信道都是有功控机制的，对于随机接入信道采取按照预先配置步长逐步攀升的开环功控机制。NB-IoT 简化掉了上行物理控制信道和 SRS 参考信号，三个系统对于上行物理共享信道的功率控制计算公式分别整理如下：

eMTC（CE ModeA）/LTE 的功控计算公式为

$$P_{\text{PUSCH,c}}(i) = \min \begin{cases} P_{\text{CMAX,c}}(i) \\ 10\log_{10}(M_{\text{PUSCH,c}}(i)) + P_{\text{O\_PUSCH,c}}(j) + \alpha_c(j) \cdot PL_c + \Delta_{\text{TF,c}}(i) + f_c(t) \end{cases}$$

二者区别不大，主要在于基于解码不同 DCI 格式的功率调整步长有所不同。可以看出，影响功率的因素主要是上行调度资源、初始参数设置、距离路损以及功控算法这四个因素。

eMTC（CE ModeB）发射功率为

$$P_{\text{PUSCH,c}}(i_k) = P_{\text{CMAX,c}}(i_0)$$

更高等级的增强型覆盖采取一直满功率发射的策略。

NB-IoT 功控计算公式为

$$P_{\text{NPUSCH,c}}(i) = P_{\text{CMAX,c}}(i)\,[\text{dBm}]，\quad 分配 \text{NPUSCH} 的 \text{RU} 重复次数 > 2$$

$$P_{\text{NPUSCH,c}}(i) = \min \begin{cases} P_{\text{CMAX,c}}(i) \\ 10\log_{10}(M_{\text{NPUSCH,c}}(i)) + P_{\text{O\_NPUSCH,c}}(j) + \alpha_c(j) \cdot PL_c，\ 其他 \end{cases}$$

NB-IoT 上行主要传输间歇性的小数据包业务，功率控制没有像 LTE 采取那么复杂的调度算法，功率控制机制大大简化，影响发射功率的因素仅仅是分配载波资源数量、初始参数设置以及路径损耗这三个因素。这样的功率控制设计主要针对提升上行覆盖为重要考量，一旦需要较多的 RU 重传（>2），那么上行就不进行动态功控，直接切换成以固定最大配置功率进行发射。

eMTC 终端的两种类型与覆盖增强的概念

协议规定 eMTC 终端类型包含两种：一种叫作 BL UEs（Bandwidth reduced low complexity UEs，窄带低复杂性终端），另外一种叫作 UE in CE（Coverage Enhanced，CE），即覆盖增强。虽然这两种类型终端技术工艺略有不同，但对于以提升覆盖为重要设计目标之一的 eMTC 技术而言都涉及了增强型覆盖技术。eMTC 系统中增强型覆盖技术主要以时域重复传输的方式提升数据传输可靠性，即提升"软"覆盖。eMTC 增强型的覆盖功能包含 Mode A 和 Mode B 两种模式，对于 BL UEs，支持 Mode A 是必选项；UE in CE 两种覆盖增强模式都可以支持。不同模式对应的 PUSCH 传输方式以及分配的时频资源是不一样的。增强型覆盖技术也同样体现在随机接入过程中，通过划分不同覆盖接入等级，并且差异化地分配不同随机接入时频资源、重复次数和最大传送尝试次数，使其针对不同覆盖环境进行接入能力提升。如果网络侧判断 UE 不需要使用覆盖增强模式，也可通过物理层专属配置 PhysicalConfigDedicated 将其进行释放，即回归为一般覆盖的模式。

BL UEs 与 UE in CE 的寻呼机制是一样的，寻呼的起始时刻、重复周期与覆盖等级无关。UE 在能力上报中可以上报 ue-RadioPagingInfo，如图 3-28 所

示，包含 UE 的类型以及相应可支持的增强覆盖等级（CE-ModeA/CE-ModeB），如图 3-29 所示。

UECapabilityInformation message

```
-- ASN1START

UECapabilityInformation ::=           SEQUENCE {
    rrc-TransactionIdentifier             RRC-TransactionIdentifier,
    criticalExtensions                    CHOICE {
        c1                                    CHOICE{
            ueCapabilityInformation-r8            UECapabilityInformation-r8-IEs,
            spare7 NULL,
            spare6 NULL, spare5 NULL, spare4 NULL,
            spare3 NULL, spare2 NULL, spare1 NULL
        },
        criticalExtensionsFuture              SEQUENCE {}
    }
}

UECapabilityInformation-r8-IEs ::=  SEQUENCE {
    ue-CapabilityRAT-ContainerList        UE-CapabilityRAT-ContainerList,
    nonCriticalExtension                  UECapabilityInformation-v8a0-IEs      OPTIONAL
}

UECapabilityInformation-v8a0-IEs ::= SEQUENCE {
    lateNonCriticalExtension              OCTET STRING                         OPTIONAL,
    nonCriticalExtension                  UECapabilityInformation-v1250-IEs    OPTIONAL
}

UECapabilityInformation-v1250-IEs ::= SEQUENCE {
    ue-RadioPagingInfo-r12                UE-RadioPagingInfo-r12               OPTIONAL,
    nonCriticalExtension                  SEQUENCE {}                          OPTIONAL
}

-- ASN1STOP
```

图 3-28　UE 能力信息上报

UE-RadioPagingInfo information element

```
-- ASN1START

UE-RadioPagingInfo-r12 ::=            SEQUENCE {
    ue-Category-v1250                INTEGER (0)         OPTIONAL,
    ...,
    [[  ue-CategoryDL-v1310                     ENUMERATED {m1}     OPTIONAL,
        ce-ModeA-r13                            ENUMERATED {true}   OPTIONAL,
        ce-ModeB-r13                            ENUMERATED {true}   OPTIONAL
    ]]

}

-- ASN1STOP
```

图 3-29　UE 寻呼能力信息中包含 UE 可支持的覆盖增强模式

　　除了在寻呼能力信息上上报了 UE 可支持的覆盖增强模式，在上报 UE-EUTRA-Capability 字段中同样包含了 UE 可以支持的覆盖增强模式信息。MME 可根据 UE 寻呼能力信息上报的内容在下发 eNodeB 的 S1-AP 信令中的 Paging request 中携带 UE 增强型覆盖级别相关消息以及相应的 Cell ID，eNodeB 可以凭此采取一些定制化的寻呼策略，例如 MME 根据 UE 之前活动的 eNodeB 采取局部寻呼的方式仅仅将寻呼消息在个别基站下发，并根据 UE 的增强型覆盖级别采取差异化的寻呼次数以及寻呼间隔。

　　BL UEs 的特点是传输带宽只占用 6 个 PRB，即系统最大带宽占用 1.4MHz。BL UEs 可以被认为是 UE in CE 这一类型终端分别在带宽和覆盖等级上的子集，在一般覆盖区域，两种终端可以沿用 BL UEs 的系统消息；而在不同的增强型覆盖等级，两种类型终端可以使用特定的系统消息。这两类终端还有一些共同特点，例如 RRC-Connected 状态下不要求获取系统消息，空闲态不通知网络覆盖增强级别的改变。

　　除此之外，协议对于增强型覆盖类型终端还有个规定，就是无论 UE 在本小区处于增强型覆盖区域多么好，如果异频邻区在此处区域处于一般覆盖区域，那么 UE 都应重选过去，流程类似于 LTE 异频小区重选机制中往高优先级的小区重选，这里认为一般覆盖区域的优先级较高。这个目标小区如果是故障或高干扰小区，可以通过 cell bar 或调整天馈、参数等网规网优手段予以规避。

3.2　蜂窝物联网终端的低功耗技术

物联网终端的一个重要特性就是低功耗，标称可以达到的目标一般是待机5～10年。单纯的提升电池的续航能力不一定能达到目标，在蜂窝物联网中通过一些新功能、新模式的设计可进一步降低终端功耗。

3.2.1　节电模式功能

节电模式功能（Power Saving Mode，PSM）很像终端处于关机状态，不过终端需要保存网络注册状态，并且不需要重新附着或者重新建立 PDN 连接。处于 PSM 状态下的 UE 无法进行被叫业务，这时 UE 处于一种睡眠状态，等到 UE "睡醒"后进入连接模式或者连接模式后的 Active Time，UE 就可以进行被叫业务了。从 PSM 状态到连接态的触发主要依靠主叫数据传输或者信令（例如周期性 TAU/RAU）。PSM 适用于不频繁的主、被叫数据业务和对被叫延迟有一定容忍度的业务，其中网络侧支持在 PS 域业务、短信业务、主叫 IMS 业务和主叫 CS 业务中开启 PSM 功能，对于被叫 CS 业务和 IMS 被叫业务则不予以支持，除非 IMS 启用了"超长延迟通信"（High latency）这一功能。话音业务一般归类为实时通信业务，处于 PSM 状态下的终端无法立即对被叫寻呼进行响应从而开展被叫话音业务，因此在规范制定之时对此类情况也不予以支持。

对于使用 PSM 状态的应用需要对终端被叫业务或者数据传输进行处理。网络侧下行数据传输机制可以有如下三种选择：

1）网络侧应用在 UE 可达时（UE 睡醒了）发送 SMS（短信）或者 Device Trigger（设备触发指令）触发 UE 侧应用与网络侧建立通信，如图 3-30、图 3-31 所示。

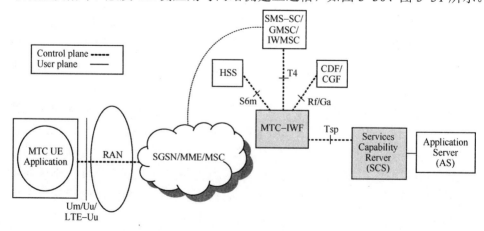

图 3-30　SCS 通过 Tsp 接口向位于 HPLMN 的 MTC-IWF 发送 Device Trigger

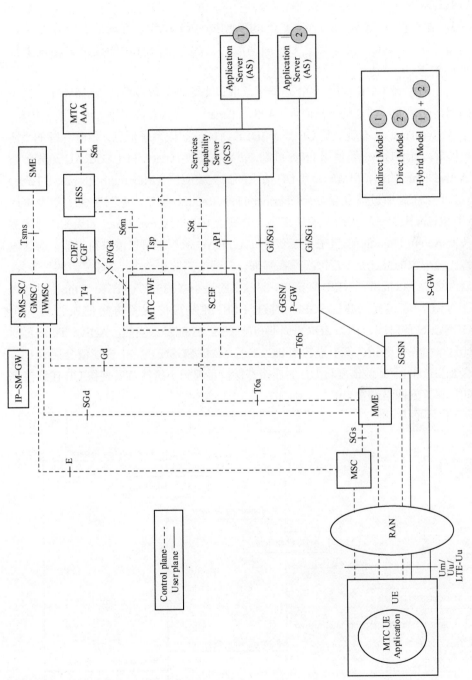

图3-31 SCEF主要针对CP优化传输模式下Non-IP数据的传输与处理

2）网络侧检测 UE 数据可达状态，一旦被通知数据可达，就可以立即下发下行数据。

3）如果网元 SCS（Service Capability Server）/AS 具有周期的下行数据，更有效的下行数据传输方式是 UE 周期激活发起与 SCS/AS 的连接去轮询下行数据的情况。

无论网络侧在 UE 使用 PSM 功能下采取以上哪种下行数据传输机制，UE 都需要向网络侧请求足够长的活跃时间（Active Time）用来获取被叫服务或者数据传输，这个 Active Time 是本质上是 UE 处于 IDLE 时能够获取系统消息，侦听寻呼的"清醒"状态。如果 UE 想要使用 PSM 机制，需要在每次 Attach 和 TAU/RAU 流程中请求 Active Time 的值，MME 参考 UE 请求的最大响应值（Maximum Response Time）（该值可由 HSS 通过信令 Insert Subcriber Data Request 携带，见图 3-32）以及本地 MME/SGSN 配置进行权衡考虑最终决定分配给 UE 的 Active Time。如果 UE 后续需要改变 Active Time 的值，UE 在后续的 TAU/RAU 流程中可以请求新的值。对这段流程比较形象的描述是 UE 每次睡眠醒来会向网络侧发起请求，请求"清醒"多久，然后网络侧予以批准。3GPP 规范 TS 23.682 对最小"清醒"（Active Time）时间进行了建议，应该是 MME/SGSN 通过 HSS 触发短信网关将短信发到另一个 MME/SGSN 的时间，例如 2DRX 周期+10s（TS 23.682）。当然，Active Time 可能会比这个值设置更短，甚至设置为 0s。一旦 MME/SGSN 将这个极端值分配给 UE，那么 MME 和 RAN 侧需要将 UE 的连接态保持足够长不拆线从而使得 UE 在连接态期间能够等到网络侧发来的短信通知。

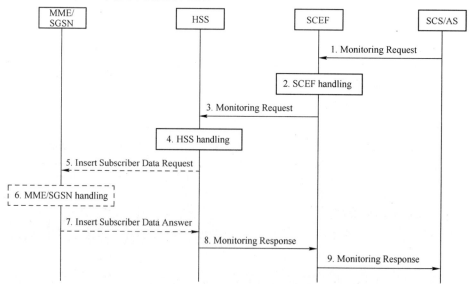

图 3-32 SCS/AS 请求 SCEF 对 UE 可达性监测流程

处于 PSM 状态的 UE 从睡眠醒来没有特定的 Timer 来控制，主要是 UE 的主叫上行数据或者信令请求唤醒，因此如果 UE 的应用有类似周期 TAU/RAU 这样的数据请求模式，可以适当将周期性 TAU/RAU 的 Timer 设置略大于数据传输周期，这样可以避免频繁的 TAU/RAU 唤醒流程导致的功耗。

SCS/AS 请求 SCEF 对 UE 可达性进行监测，在监测事件配置请求中会携带相关的参数：

1）监测请求类型：短信可达性（Reachability for SMS）、数据可达性（Reachability for Data）或者短信和数据可达性。

2）（可选）最大延迟时间：最大延迟时间是指下行数据传输的最大延迟，该参数用来设置周期 TAU/RAU 定时，参数值由运营商进行设置，设置过低容易导致去激活 PSM 模式。

3）（可选）最大响应时间（Maximum Response Time，MRT）：最大响应时间是指 SCS/AS 可以可靠地将下行数据传递到 UE 的时间段，MRT 被用来设置 UE 的 Active Time；当 UE 使用 eDRX 时，MRT 被用来决定下次寻呼时刻到来之前监测事件的上报时刻；当 MME/SGSN 收到了 HSS 的下发 MRT（见图 3-32 中步骤 5），需要至少将 S1 或者 Iu-Ps 连接保持（MRT-Active time）时间。

4）（可选）下行传输包的个数：当 UE 不可及时，建议 SGW 缓存下行数据包的个数。

例如最大响应时间（Maximum Response time，MRT）是被用来配置 Active Time 的可选参数，二者的关系是 MRT=Active Time+UE 处于连接态时间。另外对于 UE 使用 eDRX 的情况，MRT 还可以被用来决定上报 UE 可达性的时刻。

SCEF 会将收到来自 SCS/AS 监测事件请求（Monitoring Request）继续传递给 HSS，如果 HSS 被要求特定的监测类型（例如 "Reachability for SMS" 或者 "Reachability for Data"，或者两者都配置）并且服务 MME/SGSN 也同样支持该特定的监测事件，那么下发 Insert Subscriber Data Request（作用等同于 Monitoring Request）。如果特定的监测类型是 "Reachability for SMS"，那么监测流程仅支持 "一次性"（One-time）的 Monitoring Request 下发反馈机制。

当 MME/SGSN 检测到 UE 从 PSM 或者 eDRX 状态进入连接态或者 UE 可能将被寻呼到（在 eDRX 的寻呼时刻）时，MME/SGSN 按图 3-33 所示进行监测事件上报，如果监测事件配置由 "一次性" 监测请求触发，那么 MME/SGSN 在完成监测事件上报之后将删除之前获得的监测事件配置。如果 MME/SGSN 存储了关于监测任务的最大上报次数，在完成一次上报流程后该值减 1。

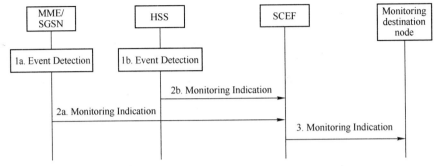

图 3-33　监测事件上报流程

一旦 UE 进入 PSM 状态，对于 UE 的 NAS 层移动性管理而言，等同于脱网状态。此时 UE 的 EMM 的状态是 EMM-REGISTERED.NO-CELL-AVAILABLE，无法进行小区重选或者 PLMN 重选。UE 通过 Attach/TAU 流程向网络侧发起使用 PSM 的请求，同时在请求中附带 T3324 的请求值（涉及 emergency 的请求除外，Active Timer 不启用），网络侧通过 Attach/TAU Accept 信令分配 T3324。一旦 T3324 超时或者网络分配为 0，如果此时有如下情况：

1）UE 不附着紧急承载服务。

2）UE 没有紧急承载服务的 PDN 连接。

3）UE 处于 EMM-IDLE 状态。

4）UE 处于 EMM-REGISTERED.NORMAL-SERVICE 状态。

那么，UE 清除 AS 层，激活 PSM 模式进入 EMM-REGISTERED.NO-CELL-AVAILABLE。如果收到 T3324 是 "deactivated"，则禁止 UE 进入 PSM 状态。这里 T3324 其实就是 Active Time，在 EMM-IDLE 状态启用，进入 EMM-CONNECTED 终止。

物联网终端如果使用 PSM 模式，定制化地配置 Active Time 是关键，UE 需要在 Attach/TAU request 里携带 T3324 请求值。而且区别于 LTE 终端周期性 TAU timer 只能由网络侧配置，物联网终端同样也可以发起周期 TAU timer 的申请，不过值得注意的是如果在发起请求中不配置 Active Time，那么也不应包括周期性 TAU timer，Active Timer 是周期性 TAU timer 的先决条件。如果在请求中不包括 Active Timer 的申请，网络侧在后续应答（accept）中也不会分配 Active Timer。

3.2.2　延长空闲态 eDRX 功能

除了 PSM 功能的使用，在物联网技术中还有另外一个节电"利器"——扩展空闲态非连续接收（Extended idle mode DRX，eDRX），顾名思义，相比 LTE

中常规的 IDLE 态的 DRX，eDRX "睡眠" 时间可以更长。如同 PSM 的机制一样，eDRX 也是通过 UE 与网络的 NAS 信令互动协商确定（Attach/TAU/RAU）。根据运营商配置策略，在 UE 与网络侧协商的过程中，网络侧通过 accept 信令也可以提供 UE 不同的 eDRX 值。而如果由于网络侧拒绝或者网络侧不支持 eDRX 的原因使得 accept 信令不包含 eDRX 值，那么 UE 仍然会采取常规空闲态 DRX 的设置。使用这一机制也需要 UE 对于被叫的业务有一点时延上的容忍度。除了短信业务之外，网络侧 CS 域不支持处于 eDRX 状态下的 CS 被叫话音业务。除非 IMS 启用高延迟通信（TS 23.682 4.5.7），否则除了短信业务之外的 IMS 被叫业务也不支持 eDRX 功能。

在蜂窝物联网技术中，对于 eMTC 系统，eDRX 的设置周期可以从 5.12s 起始（包含 5.12s,10.24s,20.48s,…）一直到 2621.44s（大约 44min）。而对于 NB-IoT 系统，eDRX 的设置周期可以从 20.48s 起始（包含 20.48s,40.96s,81.92s,…）一直到 10485.76s（大约 3h）。UE 通过 NAS 信令（Attach/TAU request）上报 eDRX 设置周期与 MME 进行协商，MME 将 eDRX 周期通过寻呼请求下发来辅助 eNodeB 进行寻呼。如果 UE 在 Attach/TAU 请求中包含 5.12s 的请求值，则网络侧按照常规寻呼策略进行处理，将实际寻呼周期 T 设置为 512（无线帧），否则在基站系统消息广播默认寻呼周期与 MME 分配的基于用户级（ue-specific）eDRX 值取最小值作为寻呼周期进行寻呼。在常规 DRX 或 eDRX 配置中，NB-IoT 均不具备用户级配置 DRX（寻呼）周期的机制，即实际寻呼周期 T 设置为基站系统消息广播默认值。

对于 eDRX 的寻呼，重要的寻呼参数有两个：一个是通过 eDRX 周期长度（T_{eDRX}）来计算 Paging Hyperframes(PH)，寻呼起始以一个超帧（Hyperframe=10.24s）作为基本单位；另一个参数是 Paging Time Window（PTW）。MME 将这两个寻呼参数通过 S1 的 paging 消息下发 eNodeB 辅助进行寻呼。同时也会通过 Attach/TAU accept 消息将这两个参数通知 UE。这两个参数都是用户级。PTW 的起始位置就在寻呼超帧（PH）之内，而 PTW 长度也可通过高层消息获知，这样 UE 就可以（按照 DRX 的 PO 位置）计算 PTW 窗内每个 SFN 的 PO 寻呼位置。MME 对于 PTW 的窗长设置还需要考虑重复寻呼的问题。为了确保 UE 能够在正确的 PO 收到寻呼，MME 需要在下发 paging request 时预留一点点提前量。针对 eDRX，eNB 与 MME 之间采取超帧松散同步机制，同步精度 1～2s。值得注意的是，针对常规 DRX，PF 的计算取决于 IMSI，而 eDRX 中 PTW 寻呼接收窗起始 SFN 的计算则取决于 TMSI，而 PO 都是取决于常规 DRX 的计算。有意思的是，eDRX 通过这种基于 TMSI 获取寻呼窗起始位置的方式更体现了 eDRX 用户级的属性。其实，两种计算方式没有太本质的区别，在一些特殊的

情况下，例如如果在 UE 初始 Attach 流程之前发生系统消息改变，网络会在基于 IMSI 计算（此时 UE 没有获取 S-TMSI，而 eNB 也不知道 UE 的 IMSI，因此会基于寻呼周期的配置在系统消息改变周期内的每个可能 PO 都进行寻呼通知）的每个 PO 位置下发寻呼通知 UE 系统消息改变，而这时候 UE 还有通过 NAS 消息确认 DRX 的设置，即使当后续进行了 eDRX 设置确认之后，PO 的计算也仍然是基于常规 DRX 中 IMSI 进行计算的，只不过 UE 是在 eDRX 边界对这些寻呼时刻进行侦听。值得一提的是，对于物联网终端（eMTC/NB-IoT），系统消息改变不仅可以通过寻呼通知，也可以有另外一种方式——Direct Indication，感兴趣的读者可以查阅 TS 36.331。

UE 在 Attach Request 中如果携带 T3324 并且 UE 支持，那么 UE 还可能包含 T3412 extended value 以请求网络分配特定的 T3412 值。这个值是为了申请更长的周期 TAU 时间所用。这两个值长度各占 3 个字节，其中 T3412 的网络侧默认值为 54min。

UE 可以向网络请求使用 PSM 和 eDRX 两种节电技术，网络侧可以决定到底使用哪种模式，既可以两者都不允许，也可以是其中之一，或者两者都使用。如果允许两者都使用，网络侧需配置 eDRX 参数使得 Active Timer 超时之前有多个寻呼时刻。这是为了确保 UE 即使处于 Active Time 的 EMM-IDLE 状态仍能够进一步减少功率消耗。

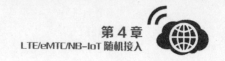

第 4 章

LTE/eMTC/NB-IoT 随机接入

不管是 LTE 技术还是蜂窝物联网技术，终端与网络进行互动都需要首先经历随机接入过程这一环节。随机接入过程是一个涉及协议栈多个层面的复杂流程，同时也是基于蜂窝网络调度的通信技术中最关键的一环。为了对通信技术设计有更深入的认知，同时也能够更好地从多个维度理解随机接入过程，本章将结合网络规划优化的实际需求，从 LTE /eMTC/NB-IoT 三个网络技术的随机接入过程对比进行说明。

4.1 LTE 随机接入

LTE 物理层流程中最重要也是最复杂的一个流程就是 UE 的随机接入，UE 通过该流程实现与网络侧的上行同步。UE 不仅需要按照网络侧预先配置的参数发起随机接入，同时还涉及了对多层协议栈流程的互动响应处理。

4.1.1 LTE 随机接入参数规划

在网络大规模建设初期或是在网络日常运维迭代优化期间，LTE 随机接入参数规划和优化都是极其重要的一环，随机接入信道相关的参数配置取决于网络的实际场景，既要考虑上行覆盖，也要考虑接入容量。

每个小区有 64 个前导序列（preamble sequence），前导码有 5 种格式，分别对应着不同的小区覆盖场景，见表 4-1。

表 4-1　随机接入前导参数

Preamble format	T_{CP}	T_{SEQ}
0	$3168 \cdot T_{\mathrm{s}}$	$24576 \cdot T_{\mathrm{s}}$
1	$21024 \cdot T_{\mathrm{s}}$	$24576 \cdot T_{\mathrm{s}}$
2	$6240 \cdot T_{\mathrm{s}}$	$2 \cdot 24576 \cdot T_{\mathrm{s}}$
3	$21024 \cdot T_{\mathrm{s}}$	$2 \cdot 24576 \cdot T_{\mathrm{s}}$
4 (see Note)	$448 \cdot T_{\mathrm{s}}$	$4096 \cdot T_{\mathrm{s}}$

NOTE: Frame structure type 2 and special subframe configurations with UpPTS lengths 4384 $\cdot T_{\mathrm{s}}$ and 5120 $\cdot T_{\mathrm{s}}$ only assuming that the number of additional SC-FDMA symbols in UpPTS X in Table 4.2-1 is 0.

针对不同覆盖场景的小区，如何正确地配置随机接入前导码的相关参数，应该至少解决如下三个问题：

1）如何通过根序列生成随机接入前导序列？

2）前导序列在物理层子帧中的配置情况？

3）不同的前导序列格式对应什么样的场景？

1. 如何通过根序列生成随机接入前导序列

随机接入前导序列是一些具有 0 相关性的 Zadoff-Chu 序列，而这些序列源自于一个或者多个 ZC 根序列。网络侧可以通过配置根序列来配置随机接入前导序列。

一个小区包含 64 个随机接入前导序列，这 64 个随机接入前导序列的产生规则是通过系统消息里配置的 RACH_ROOT_SEQUENCE 的所有循环移位产生的，如果单个根序列的所有循环移位无法填满 64 个随机接入前导序列，那么依次按照索引的循环移位产生随机接入前导序列，直到满足 64 个前导序列为止。逻辑根序列从 0～837 进行循环。实际的根序列叫作物理根序列，随机接入前导序列的生成取决于物理根序列的循环移位，逻辑根序列是物理根序列的索引映射。

第 u 个物理根序列定义如下：

$$x_u(n) = e^{-j\frac{\pi u n(n+1)}{N_{ZC}}}, \ 0 \leqslant n \leqslant N_{ZC}-1$$

这是一个长度 N_{ZC}=839（格式 0～3）或者 139（格式 4）的 ZC 序列。而随机接入前导序列是根据该原始根序列循环移位得到的。循环移位后序列的计算公式如下：

$$x_{u,v}(n) = x_u((n+C_v) \bmod N_{ZC})$$

循环位根据如下定义：

$$C_v = \begin{cases} vN_{CS} & v=0,1,\cdots,\lfloor N_{ZS}/N_{CS}\rfloor-1, N_{CS} \neq 0 & \text{for unrestricted sets} \\ 0 & N_{CS}=0 & \text{for unrestricted sets} \\ d_{\text{start}}\lfloor v/n_{\text{shift}}^{\text{RA}}\rfloor+(v \bmod n_{\text{shift}}^{\text{RA}})N_{CS} & v=0,1,\cdots,n_{\text{shift}}^{\text{RA}}n_{\text{group}}^{\text{RA}}+\overline{n}_{\text{shift}}^{\text{RA}}-1 & \text{for restricted sets} \end{cases}$$

值得一提的是，所谓限制集循环位和非限制集循环位是由高层参数 High-speed-flag 决定的，限制集循环位的选取是 LTE 系统中专门为了高速移动性场景下，对抗多普勒频移进行相应的频偏纠正，这里暂且不考虑限制集的情况。

万物互联：

蜂窝物联网组网技术详解

按照非限制集中 N_{CS} 的取值（见表 4-2、表 4-3），计算一下相应的循环移位：

表 4-2　前导格式 0～3 的 N_{CS} 取值

zeroCorrelationZoneConfig	N_{CS} value	
	Unrestricted set	Restricted set
0	0	15
1	13	18
2	15	22
3	18	26
4	22	32
5	26	38
6	32	46
7	38	55
8	46	68
9	59	82
10	76	100
11	93	128
12	119	158
13	167	202
14	279	237
15	419	—

按照 N_{CS} 的取值，分别对应的循环位个数为{1,64,55,46,38,32,22,18,14,11,9,7,5,3,2}，这也是一个根序列可以产生的随机接入前导序列个数。

表 4-3　前导格式 4

zeroCorrelationZoneConfig	N_{CS} value
0	2
1	4
2	6
3	8
4	10
5	12
6	15

（续）

zeroCorrelationZoneConfig	N_{CS} value
7	N/A
8	N/A
9	N/A
10	N/A
11	N/A
12	N/A
13	N/A
14	N/A
15	N/A

同样，针对前导格式 4，按照 N_{CS} 的取值，分别对应的循环位个数为 {69,34,23,17,13,11,9}，这是前导格式 4 下，一个根序列可以产生的随机接入前导序列个数。

根据这样的计算可知，通过高层配置参数 zeroCorrelationZoneConfig 以及选择随机接入前导格式，可以确定每个小区需要配置的根序列的数量。例如 zeroCorrelationZoneConfig=10，采用随机接入前导格式 0～3，那么每个根序列可以通过循环位移产生 11 个随机接入序列，那么 64/11 向上取整=6 个根序列。

2. 前导序列在物理层子帧中的配置情况

首先需要澄清一个概念，随机接入前导序列与随机接入前导码。这两种说法经常被混用，为了说明方便，有必要特别明确一下。随机接入前导序列是 Zadoff-Chu 序列。不同的前导序列格式的长度不同，见表 4-4。

表 4-4 随机接入前导序列长度

Preamble format	N_{ZC}
0 – 3	839
4	139

这是基带调制之前的原始序列，映射在上行的资源网格中，资源网格定义如图 4-1 所示。

而随机接入前导码可以认为是随机接入序列经过基带调制，头部加循环前缀后在空口的传输形式，一般认为是时域的采样形式，如图 4-2 所示。

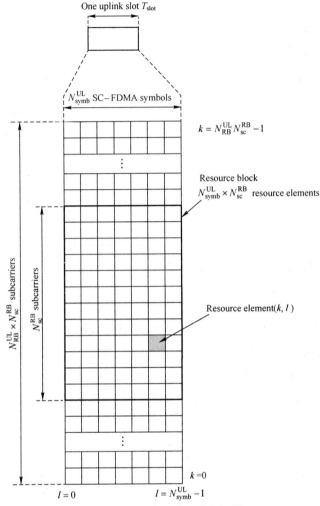

图 4-1　LTE 上行物理资源网格

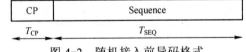

图 4-2　随机接入前导码格式

　　这里虽然不建议混用，但是协议在英文中并没有特别的区分，而很多文献也没有明确这一点。

　　随机接入前导码与随机接入前导序列遵从如下关系：

$$s(t) = \beta_{\text{PRACH}} \sum_{k=0}^{N_{\text{ZC}}-1} \sum_{n=0}^{N_{\text{ZC}}-1} x_{u,v}(n) \cdot e^{-j\frac{2\pi nk}{N_{\text{ZC}}}} \cdot e^{j2\pi[k+\varphi+K(k_0+1/2)]\Delta f_{\text{RA}}(t-T_{\text{CP}})}$$

承载随机接入前导序列的资源根据 PRACH 资源标识（PRACH Resource

Index）严格映射在特定的时频资源上。LTE FDD 系统中，由于上行子帧较多，规定在一个子帧上最多只有一个随机接入资源。LTE FDD 系统中通过高层配置的参数 prach-ConfigurationIndex 确定了前导码的传输格式以及随机接入信道配置的子帧，帧格式类型 1（FDD）的随机接入资源配置见表 4-5。

表 4-5　帧格式类型 1（FDD）的随机接入资源配置（随机接入格式 0~3）

PRACH Configuration Index	Preamble Format	System frame number	Subframe number	PRACH Configuration Index	Preamble Format	System frame number	Subframe number
0	0	Even	1	32	2	Even	1
1	0	Even	4	33	2	Even	4
2	0	Even	7	34	2	Even	7
3	0	Any	1	35	2	Any	1
4	0	Any	4	36	2	Any	4
5	0	Any	7	37	2	Any	7
6	0	Any	1, 6	38	2	Any	1, 6
7	0	Any	2, 7	39	2	Any	2, 7
8	0	Any	3, 8	40	2	Any	3, 8
9	0	Any	1, 4, 7	41	2	Any	1, 4, 7
10	0	Any	2, 5, 8	42	2	Any	2, 5, 8
11	0	Any	3, 6, 9	43	2	Any	3, 6, 9
12	0	Any	0, 2, 4, 6, 8	44	2	Any	0, 2, 4, 6, 8
13	0	Any	1, 3, 5, 7, 9	45	2	Any	1, 3, 5, 7, 9
14	0	Any	0, 1, 2, 3, 4, 5, 6, 7, 8, 9	46	N/A	N/A	N/A
15	0	Even	9	47	2	Even	9
16	1	Even	1	48	3	Even	1
17	1	Even	4	49	3	Even	4
18	1	Even	7	50	3	Even	7
19	1	Any	1	51	3	Any	1
20	1	Any	4	52	3	Any	4
21	1	Any	7	53	3	Any	7
22	1	Any	1, 6	54	3	Any	1, 6
23	1	Any	2, 7	55	3	Any	2, 7
24	1	Any	3, 8	56	3	Any	3, 8
25	1	Any	1, 4, 7	57	3	Any	1, 4, 7
26	1	Any	2, 5, 8	58	3	Any	2, 5, 8
27	1	Any	3, 6, 9	59	3	Any	3, 6, 9
28	1	Any	0, 2, 4, 6, 8	60	N/A	N/A	N/A
29	1	Any	1, 3, 5, 7, 9	61	N/A	N/A	N/A
30	N/A	N/A	N/A	62	N/A	N/A	N/A
31	1	Even	9	63	3	Even	9

对于 PRACH Resource Index.配置为 0,1,2,15,16,17,18,31,32,33,34,47,48,49,50,63 在跨小区切换中，UE 假设邻小区与本小区的绝对时延差小于 5ms($153600 \cdot T_s$)。

LTE FDD 系统内长度为 839 前导序列（随机接入前导格式 0~3）的频域起始位置取决于参数 prach-FrequencyOffset，占整个频域的 6 个 PRB。

TD-LTE 的随机信道时频资源配置要相对复杂一点，由于 TDD 系统中一个无线帧包含的上行子帧数量较少，有可能存在一个上行子帧包含多个随机接入资源的情况。在 TD-LTE 系统中，通过高层配置的 prach-ConfigurationIndex 表征了资源配置三元组（前导码格式、PRACH 密度 D_{RA}、版本索引 r_{RA}）。同样，对于 PRACHConfiguration Index 配置为 0,1,2,20,21,22,30,31,32,40,41,42,48,49,50 在跨小区切换中，UE 假设邻小区与本小区的绝对时延差小于 5ms($153600 \cdot T_s$)，帧格式类型 2（TDD）的随机接入资源配置见表 4-6。

表 4-6 帧格式类型 2 的随机接入资源配置（随机接入格式 0~4）

PRACH configuration Index	Preamble Format	Density Per 10 ms D_{RA}	Version r_{RA}	PRACH configuration Index	Preamble Format	Density Per 10 ms D_{RA}	Version r_{RA}
0	0	0.5	0	32	2	0.5	2
1	0	0.5	1	33	2	1	0
2	0	0.5	2	34	2	1	1
3	0	1	0	35	2	2	0
4	0	1	1	36	2	3	0
5	0	1	2	37	2	4	0
6	0	2	0	38	2	5	0
7	0	2	1	39	2	6	0
8	0	2	2	40	3	0.5	0
9	0	3	0	41	3	0.5	1
10	0	3	1	42	3	0.5	2
11	0	3	2	43	3	1	0
12	0	4	0	44	3	1	1
13	0	4	1	45	3	2	0
14	0	4	2	46	3	3	0
15	0	5	0	47	3	4	0
16	0	5	1	48	4	0.5	0
17	0	5	2	49	4	0.5	1
18	0	6	0	50	4	0.5	2
19	0	6	1	51	4	1	0
20	1	0.5	0	52	4	1	1
21	1	0.5	1	53	4	2	0
22	1	0.5	2	54	4	3	0
23	1	1	0	55	4	5	0
24	1	1	1	56	4	6	0
25	1	2	0	57	4	6	0
26	1	3	0	58	N/A	N/A	N/A
27	1	4	0	59	N/A	N/A	N/A
28	1	5	0	60	N/A	N/A	N/A
29	1	6	0	61	N/A	N/A	N/A
30	2	0.5	0	62	N/A	N/A	N/A
31	2	0.5	1	63	N/A	N/A	N/A

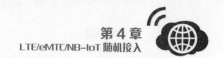

另外，PRACH Configuration Index 唯一确定了一个四元组（见表4-7）：$(f_{RA}, t_{RA}^{(0)}, t_{RA}^{(1)}, t_{RA}^{(2)})$。

表 4-7　帧格式类型 2 随机接入前导时频资源映射

PRACH configuration Index (See Table 5.7.1-3)	UL/DL configuration (See Table 4.2-2)						
	0	1	2	3	4	5	6
0	(0,1,0,2)	(0,1,0,1)	(0,1,0,0)	(0,1,0,2)	(0,1,0,1)	(0,1,0,0)	(0,1,0,2)
1	(0,2,0,2)	(0,2,0,1)	(0,2,0,0)	(0,2,0,2)	(0,2,0,1)	(0,2,0,0)	(0,2,0,2)
2	(0,1,1,2)	(0,1,1,1)	(0,1,1,0)	(0,1,0,1)	(0,1,0,0)	N/A	(0,1,1,1)
3	(0,0,0,2)	(0,0,0,1)	(0,0,0,0)	(0,0,0,2)	(0,0,0,1)	(0,0,0,0)	(0,0,0,2)
4	(0,0,1,2)	(0,0,1,1)	(0,0,1,0)	(0,0,0,1)	(0,0,0,0)	N/A	(0,0,1,1)
5	(0,0,0,1)	(0,0,0,0)	N/A	(0,0,0,0)	N/A	N/A	(0,0,0,1)
6	(0,0,0,2) (0,0,1,2)	(0,0,0,1) (0,0,1,1)	(0,0,0,0) (0,0,1,0)	(0,0,0,1) (0,0,0,2)	(0,0,0,0) (0,0,0,1)	(0,0,0,0) (1,0,0,0)	(0,0,0,2) (0,0,1,1)
7	(0,0,0,1) (0,0,1,1)	(0,0,0,0) (0,0,1,0)	N/A	(0,0,0,0) (0,0,0,2)	N/A	N/A	(0,0,0,1) (0,0,1,0)
8	(0,0,0,0) (0,0,1,0)	N/A	N/A	(0,0,0,0) (0,0,0,1)	N/A	N/A	(0,0,0,0) (0,0,1,1)
9	(0,0,0,1) (0,0,0,2) (0,0,1,2)	(0,0,0,0) (0,0,0,1) (0,0,1,1)	(0,0,0,0) (0,0,1,0) (1,0,1,0)	(0,0,0,0) (0,0,0,1) (0,0,0,2)	(0,0,0,0) (0,0,0,1) (1,0,0,1)	(0,0,0,0) (1,0,0,0) (2,0,0,0)	(0,0,0,1) (0,0,0,2) (0,0,1,1)
10	(0,0,0,0) (0,0,1,0) (0,0,1,1)	(0,0,0,1) (0,0,1,0) (0,0,1,1)	(0,0,0,0) (0,0,1,0) (1,0,1,0)	N/A	(0,0,0,0) (0,0,0,1) (1,0,0,0)	N/A	(0,0,0,0) (0,0,0,2) (0,0,1,0)
11	N/A	(0,0,0,0) (0,0,0,1) (0,0,1,0)	N/A	N/A	N/A	N/A	(0,0,0,1) (0,0,1,0) (0,0,1,1)
12	(0,0,0,1) (0,0,0,2) (0,0,1,1) (0,0,1,2)	(0,0,0,0) (0,0,0,1) (0,0,1,0) (0,0,1,1)	(0,0,0,0) (0,0,1,0) (1,0,0,0) (1,0,1,0)	(0,0,0,0) (0,0,0,1) (0,0,0,2) (1,0,0,2)	(0,0,0,0) (0,0,0,1) (1,0,0,0) (1,0,0,1)	(0,0,0,0) (1,0,0,0) (2,0,0,0) (3,0,0,0)	(0,0,0,1) (0,0,0,2) (0,0,1,0) (0,0,1,1)
13	(0,0,0,0) (0,0,0,2) (0,0,1,0) (0,0,1,2)	N/A	N/A	(0,0,0,0) (0,0,0,1) (0,0,0,2) (1,0,0,1)	N/A	N/A	(0,0,0,0) (0,0,0,1) (0,0,0,2) (0,0,1,1)
14	(0,0,0,0) (0,0,0,1) (0,0,1,0) (0,0,1,1)	N/A	N/A	(0,0,0,0) (0,0,0,1) (0,0,0,2) (1,0,0,0)	N/A	N/A	(0,0,0,0) (0,0,0,2) (0,0,1,0) (0,0,1,1)
15	(0,0,0,0) (0,0,0,1) (0,0,0,2) (0,0,1,1) (0,0,1,2)	(0,0,0,0) (0,0,0,1) (0,0,1,0) (0,0,1,1) (1,0,0,1)	(0,0,0,0) (0,0,1,0) (1,0,0,0) (1,0,1,0) (2,0,0,0)	(0,0,0,0) (0,0,0,1) (0,0,0,2) (1,0,0,1) (1,0,0,2)	(0,0,0,0) (0,0,0,1) (1,0,0,0) (1,0,0,1) (2,0,0,1)	(0,0,0,0) (1,0,0,0) (2,0,0,0) (3,0,0,0) (4,0,0,0)	(0,0,0,0) (0,0,0,1) (0,0,0,2) (0,0,1,0) (0,0,1,1)
16	(0,0,0,1) (0,0,0,2) (0,0,1,0) (0,0,1,1) (0,0,1,2)	(0,0,0,0) (0,0,0,1) (0,0,1,0) (0,0,1,1) (1,0,1,1)	(0,0,0,0) (0,0,1,0) (1,0,0,0) (1,0,1,0) (2,0,1,0)	(0,0,0,0) (0,0,0,1) (0,0,0,2) (1,0,0,0) (1,0,0,2)	(0,0,0,0) (0,0,0,1) (1,0,0,0) (1,0,0,1) (2,0,0,0)	N/A	N/A

（续）

PRACH configuration Index (See Table 5.7.1-3)	UL/DL configuration (See Table 4.2-2)						
	0	1	2	3	4	5	6
17	(0,0,0,0) (0,0,0,1) (0,0,0,2) (0,0,1,0) (0,0,1,2)	(0,0,0,0) (0,0,0,1) (0,0,1,0) (0,0,1,1) (1,0,0,0)	N/A	(0,0,0,0) (0,0,0,1) (0,0,0,2) (1,0,0,0) (1,0,0,1)	N/A	N/A	N/A
18	(0,0,0,0) (0,0,0,1) (0,0,0,2) (0,0,1,0) (0,0,1,1) (0,0,1,2)	(0,0,0,0) (0,0,0,1) (0,0,1,0) (0,0,1,1) (1,0,0,0) (1,0,1,1)	(0,0,0,0) (0,0,1,0) (1,0,0,0) (1,0,1,0) (2,0,0,0) (2,0,1,0)	(0,0,0,0) (0,0,0,1) (0,0,0,2) (1,0,0,0) (1,0,0,1) (1,0,0,2)	(0,0,0,0) (0,0,0,1) (1,0,0,0) (1,0,0,1) (2,0,0,0) (2,0,0,1)	(0,0,0,0) (1,0,0,0) (2,0,0,0) (3,0,0,0) (4,0,0,0) (5,0,0,0)	(0,0,0,0) (0,0,0,1) (0,0,0,2) (0,0,1,0) (0,0,1,1) (1,0,0,2)
19	N/A	(0,0,0,0) (0,0,0,1) (0,0,1,0) (0,0,1,1) (1,0,0,0) (1,0,1,0)	N/A	N/A	N/A	N/A	(0,0,0,0) (0,0,0,1) (0,0,0,2) (0,0,1,0) (0,0,1,1) (1,0,1,1)
20 / 30	(0,1,0,1)	(0,1,0,0)	N/A	(0,1,0,1)	(0,1,0,0)	N/A	(0,1,0,1)
21 / 31	(0,2,0,1)	(0,2,0,0)	N/A	(0,2,0,1)	(0,2,0,0)	N/A	(0,2,0,1)
22 / 32	(0,1,1,1)	(0,1,1,0)	N/A	N/A	N/A	N/A	(0,1,1,0)
23 / 33	(0,0,0,1)	(0,0,0,0)	N/A	(0,0,0,1)	(0,0,0,0)	N/A	(0,0,0,1)
24 / 34	(0,0,1,1)	(0,0,1,0)	N/A	N/A	N/A	N/A	(0,0,1,0)
25 / 35	(0,0,0,1) (0,0,1,1)	(0,0,0,0) (0,0,1,0)	N/A	(0,0,0,1) (1,0,0,1)	(0,0,0,0) (1,0,0,0)	N/A	(0,0,0,1) (0,0,1,0)
26 / 36	(0,0,0,1) (0,0,1,1) (1,0,0,1)	(0,0,0,0) (0,0,1,0) (1,0,0,0)	N/A	(0,0,0,1) (1,0,0,1) (2,0,0,1)	(0,0,0,0) (1,0,0,0) (2,0,0,0)	N/A	(0,0,0,1) (0,0,1,0) (1,0,0,0)
27 / 37	(0,0,0,1) (0,0,1,1) (1,0,0,1) (1,0,1,1)	(0,0,0,0) (0,0,1,0) (1,0,0,0) (1,0,1,0)	N/A	(0,0,0,1) (1,0,0,1) (2,0,0,1) (3,0,0,1)	(0,0,0,0) (1,0,0,0) (2,0,0,0) (3,0,0,0)	N/A	(0,0,0,1) (0,0,1,0) (1,0,0,1) (1,0,1,0)
28 / 38	(0,0,0,1) (0,0,1,1) (1,0,0,1) (1,0,1,1) (2,0,0,1)	(0,0,0,0) (0,0,1,0) (1,0,0,0) (1,0,1,0) (2,0,0,0)	N/A	(0,0,0,1) (1,0,0,1) (2,0,0,1) (3,0,0,1) (4,0,0,1)	(0,0,0,0) (1,0,0,0) (2,0,0,0) (3,0,0,0) (4,0,0,0)	N/A	(0,0,0,1) (0,0,1,0) (1,0,0,1) (1,0,1,0) (2,0,0,1)
29 /39	(0,0,0,1) (0,0,1,1) (1,0,0,1) (1,0,1,1) (2,0,0,1) (2,0,1,1)	(0,0,0,0) (0,0,1,0) (1,0,0,0) (1,0,1,0) (2,0,0,0) (2,0,1,0)	N/A	(0,0,0,1) (1,0,0,1) (2,0,0,1) (3,0,0,1) (4,0,0,1) (5,0,0,1)	(0,0,0,0) (1,0,0,0) (2,0,0,0) (3,0,0,0) (4,0,0,0) (5,0,0,0)	N/A	(0,0,0,1) (0,0,1,0) (1,0,0,1) (1,0,1,0) (2,0,0,1) (2,0,1,0)
40	(0,1,0,0)	N/A	N/A	(0,1,0,0)	N/A	N/A	(0,1,0,0)
41	(0,2,0,0)	N/A	N/A	(0,2,0,0)	N/A	N/A	(0,2,0,0)
42	(0,1,1,0)	N/A	N/A	N/A	N/A	N/A	N/A
43	(0,0,0,0)	N/A	N/A	(0,0,0,0)	N/A	N/A	(0,0,0,0)
44	(0,0,1,0)	N/A	N/A	N/A	N/A	N/A	N/A
45	(0,0,0,0) (0,0,1,0)	N/A	N/A	(0,0,0,0) (1,0,0,0)	N/A	N/A	(0,0,0,0) (1,0,0,0)

（续）

PRACH configuration Index (See Table 5.7.1-3)	UL/DL configuration (See Table 4.2-2)						
	0	1	2	3	4	5	6
46	(0,0,0,0) (0,0,1,0) (1,0,0,0)	N/A	N/A	(0,0,0,0) (1,0,0,0) (2,0,0,0)	N/A	N/A	(0,0,0,0) (1,0,0,0) (2,0,0,0)
47	(0,0,0,0) (0,0,1,0) (1,0,0,0) (1,0,1,0)	N/A	N/A	(0,0,0,0) (1,0,0,0) (2,0,0,0) (3,0,0,0)	N/A	N/A	(0,0,0,0) (1,0,0,0) (2,0,0,0) (3,0,0,0)
48	(0,1,0,*)	(0,1,0,*)	(0,1,0,*)	(0,1,0,*)	(0,1,0,*)	(0,1,0,*)	(0,1,0,*)
49	(0,2,0,*)	(0,2,0,*)	(0,2,0,*)	(0,2,0,*)	(0,2,0,*)	(0,2,0,*)	(0,2,0,*)
50	(0,1,1,*)	(0,1,1,*)	(0,1,1,*)	N/A	N/A	N/A	(0,1,1,*)
51	(0,0,0,*)	(0,0,0,*)	(0,0,0,*)	(0,0,0,*)	(0,0,0,*)	(0,0,0,*)	(0,0,0,*)
52	(0,0,1,*)	(0,0,1,*)	(0,0,1,*)	N/A	N/A	N/A	(0,0,1,*)
53	(0,0,0,*) (0,0,1,*)	(0,0,0,*) (0,0,1,*)	(0,0,0,*) (0,0,1,*)	(0,0,0,*) (1,0,0,*)	(0,0,0,*) (1,0,0,*)	(0,0,0,*) (1,0,0,*)	(0,0,0,*) (0,0,1,*)
54	(0,0,0,*) (0,0,1,*) (1,0,0,*)	(0,0,0,*) (0,0,1,*) (1,0,0,*)	(0,0,0,*) (0,0,1,*) (1,0,0,*)	(0,0,0,*) (1,0,0,*) (2,0,0,*)	(0,0,0,*) (1,0,0,*) (2,0,0,*)	(0,0,0,*) (1,0,0,*) (2,0,0,*)	(0,0,0,*) (0,0,1,*) (1,0,0,*)
55	(0,0,0,*) (0,0,1,*) (1,0,0,*) (1,0,1,*)	(0,0,0,*) (0,0,1,*) (1,0,0,*) (1,0,1,*)	(0,0,0,*) (0,0,1,*) (1,0,0,*) (1,0,1,*)	(0,0,0,*) (1,0,0,*) (2,0,0,*) (3,0,0,*)	(0,0,0,*) (1,0,0,*) (2,0,0,*) (3,0,0,*)	(0,0,0,*) (1,0,0,*) (2,0,0,*) (3,0,0,*)	(0,0,0,*) (0,0,1,*) (1,0,0,*) (1,0,1,*)
56	(0,0,0,*) (0,0,1,*) (1,0,0,*) (1,0,1,*) (2,0,0,*)	(0,0,0,*) (0,0,1,*) (1,0,0,*) (1,0,1,*) (2,0,0,*)	(0,0,0,*) (0,0,1,*) (1,0,0,*) (1,0,1,*) (2,0,0,*)	(0,0,0,*) (1,0,0,*) (2,0,0,*) (3,0,0,*) (4,0,0,*)	(0,0,0,*) (1,0,0,*) (2,0,0,*) (3,0,0,*) (4,0,0,*)	(0,0,0,*) (1,0,0,*) (2,0,0,*) (3,0,0,*) (4,0,0,*)	(0,0,0,*) (0,0,1,*) (1,0,0,*) (1,0,1,*) (2,0,0,*)
57	(0,0,0,*) (0,0,1,*) (1,0,0,*) (1,0,1,*) (2,0,0,*) (2,0,1,*)	(0,0,0,*) (0,0,1,*) (1,0,0,*) (1,0,1,*) (2,0,0,*) (2,0,1,*)	(0,0,0,*) (0,0,1,*) (1,0,0,*) (1,0,1,*) (2,0,0,*) (2,0,1,*)	(0,0,0,*) (1,0,0,*) (2,0,0,*) (3,0,0,*) (4,0,0,*) (5,0,0,*)	(0,0,0,*) (1,0,0,*) (2,0,0,*) (3,0,0,*) (4,0,0,*) (5,0,0,*)	(0,0,0,*) (1,0,0,*) (2,0,0,*) (3,0,0,*) (4,0,0,*) (5,0,0,*)	(0,0,0,*) (0,0,1,*) (1,0,0,*) (1,0,1,*) (2,0,0,*) (2,0,1,*)
58	N/A	N/A	N/A	N/A	N/A	N/A	N/A
59	N/A	N/A	N/A	N/A	N/A	N/A	N/A
60	N/A	N/A	N/A	N/A	N/A	N/A	N/A
61	N/A	N/A	N/A	N/A	N/A	N/A	N/A
62	N/A	N/A	N/A	N/A	N/A	N/A	N/A
63	N/A	N/A	N/A	N/A	N/A	N/A	N/A

NOTE:　*　UpPTS

f_{RA} 是子帧内的频域索引。

$t_{RA}^{(0)}$ = 0,1,2 指明随机接入资源是否重复出现在所有的无线帧，偶数无线帧，或者奇数无线帧。

$t_{RA}^{(1)}$ = 0,1 指明随机接入资源在前半帧还是后半帧。

$t_{RA}^{(2)}$ 是随机接入前导在上行两个连续的 DL-UL 转换点内的上行起始时隙号，而两个连续 DL-UL 转换点内的上行起始时隙以 0 标识。*对应随机前导格式 4，代表特殊子帧中的 UpPTS 位置，TD-LTE 上下行子帧配置见表 4-8。

表 4-8　TD-LTE 上下行子帧配置

Uplink-downlink configuration	Downlink-to-Uplink Switch-point periodicity	Subframe number									
		0	1	2	3	4	5	6	7	8	9
0	5 ms	D	S	U	U	U	D	S	U	U	U
1	5 ms	D	S	U	U	D	D	S	U	U	D
2	5 ms	D	S	U	D	D	D	S	U	D	D
3	10 ms	D	S	U	U	U	D	D	D	D	D
4	10 ms	D	S	U	U	D	D	D	D	D	D
5	10 ms	D	S	U	D	D	D	D	D	D	D
6	5 ms	D	S	U	U	U	D	S	U	U	D

以 PRACH Configuration Index=15 为例，Preamble Format=0，Density Per 10ms D_{RA}=5，Version r_{RA}=0，对应了 5 个四元组(0,0,0,0),(0,0,0,1),(0,0,0,2),(0,0,1,1),(0,0,1,2)，这意味着对应 TDD Uplink-Dowlink 配置 0 时，每 10ms 的无线帧周期中，分别在子帧 2,3,4,8,9 中可以配置随机接入资源。对于前导码格式 0~3，参数 prach-FrequencyOffset 和 f_{RA} 决定了频域随机接入起始位置，计算公式如下：

$$n_{PRB}^{RA} = \begin{cases} n_{PRB\ offset}^{RA} + 6\left\lfloor \dfrac{f_{RA}}{2} \right\rfloor & \text{if } f_{RA} \bmod 2 = 0 \\ N_{RB}^{UL} - 6 - n_{PRB\ offset}^{RA} - 6\left\lfloor \dfrac{f_{RA}}{2} \right\rfloor & \text{otherwise} \end{cases}$$

而对于前导序列格式 4，参数 f_{RA} 唯一确定了随机接入起始位置，计算公式如下：

$$n_{PRB}^{RA} = \begin{cases} 6f_{RA} & \text{if}[(n_f \bmod 2)\times(2-N_{SP})+t_{RA}^{(1)}]\bmod 2 = 0 \\ N_{RB}^{UL} - 6(f_{RA}+1) & \text{otherwise} \end{cases}$$

与 LTE FDD 系统一样，TD-LTE 为每个随机接入前导序列也分配连续 6 个 PRB。

3. 不同的前导序列格式对应什么样的场景

随机前导格式一共有 4 种，不同的随机接入前导格式对应了不同的覆盖场景，如图 4-3 所示。

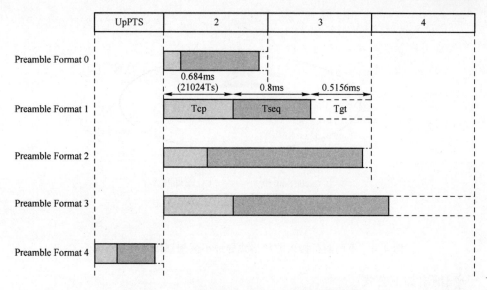

图 4-3　不同随机接入格式在时域位置的呈现

由于 UE 在上行随机接入同步时，并不确定所在子帧的位置，故前导格式剩下的保护时间 GT 被用来设计防止与下一个子帧进行碰撞。我们假设 TD-LTE 系统小区覆盖导致的基站到 UE 的传输延时 nT_s，那么针对随机接入前导格式 0 而言，$nT_s = \dfrac{(30720 \times 3 - 30720 \times 2 - 3168 - 24576)}{2} = 1488T_s$，那么小区覆盖距离= $3 \times 10^8 \times 1488T_s$=14.531km。对于 LTE FDD 系统，上下行子帧也需要在基站侧进行同步，只不过同步精度不需要像 TDD 系统那么要求严格，因此计算方法与 TD-LTE 是一样的，对应前导格式 0 而言，小区覆盖距离依然是 14.531km。同理我们依次计算出不同随机前导格式对应的小区覆盖分别如下：

1）随机前导格式 1——77.34km。

2）随机前导格式 2——29.53km。

3）随机前导格式 3——107.34km。

4）随机前导格式 4——1.41km。

由于不同的前导格式对应小区的覆盖距离不一样，故下一步需要确定不同覆盖小区与循环移位 N_{CS} 之间的关系。为什么不同小区的覆盖还要考虑 N_{CS} 个循环移位呢，这里和基站侧对于 ZC 序列的处理相关，简单来说，由于不同 UE 与基站之间的位置不同，随机接入前导序列到达基站的位置也不同，不考虑上行功率的情况下，基站为了保证每次在随机接入配置子帧中能够对最大 64 个随机接入序列分别进行正确解码，需要满足小区边缘 UE 随机接入前导序列到基站侧延时不超过 N_{CS}，如图 4-4 所示。

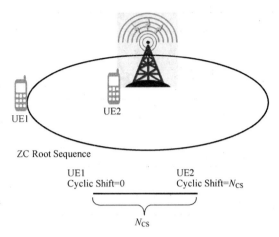

ZC Root Sequence

UE1
Cyclic Shift=0

UE2
Cyclic Shift=N_{CS}

N_{CS}

图 4-4　不同随机接入前导格式导致小区规划接入半径不同

归纳出如下公式：

$$N_{CS} \times \frac{T_{SEQ}}{N_{ZC}} \geqslant RTD + Delay\ Spread$$

$$N_{CS} \times \frac{T_{SEQ}}{839} \geqslant GT + Delay\ Spread$$

$$N_{CS} \geqslant (GT + Delay\ Spread) \times \frac{839}{T_{SEQ}}$$

RTD（Round Trip Delay）代表上下行传输信号往返延迟，那么这里分别对格式 0～3 对应的最小 N_{CS} 计算，可得如下结果：

1）随机前导格式 0——14.531km——N_{CS}=119(>107.89)。

2）随机前导格式 1——77.34km——N_{CS}=0(循环移位 839>547.054)。

3）随机前导格式 2——29.53km——N_{CS}=119(>106.382)。

4）随机前导格式 3——107.34km——N_{CS}=419(>378.4)。

同理，可以根据 N_{ZS}=139 计算格式 4，结果如下：

随机前导格式 4——1.41km——N_{CS}=10(>9.77，忽略 *Delay Spread*)

以前导格式 0 举例，由于每个小区含有 64 个随机接入前导序列，根据 N_{CS}=119 可知，一个根序列可以通过循环移位产生 7 个随机接入前导序列，那么该小区至少需要配置 $\lfloor 64/7 \rfloor$+1=10 个根序列。

值得一提的是，不论 FDD 还是 TDD 系统，针对前导格式 0～3，长度为 839 的 ZC 序列按照频域子载波间隔为 1.25kHz 进行放置，这样预留两端共计 25 个子载波作为频域保护带，如图 4-5 所示。

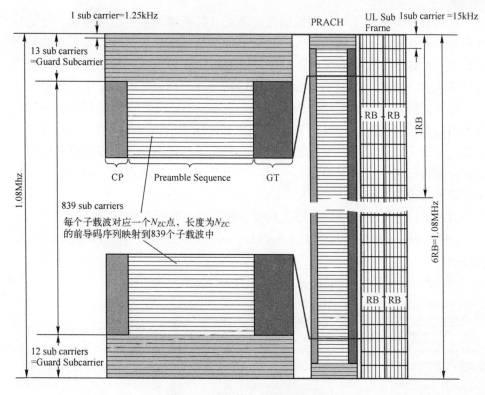

图 4-5　随机接入前导频域位置

关于随机接入规划的基本原则

经过以上分析，可以了解到不同的随机接入前导格式对应的 N_{CS} 不同，例如随机接入前导格式 0 的 N_{CS} 其实可以配置为 119,167,279,419，该值越大，一个根序列循环移位产生的随机接入前导序列就越少，而一个小区需要的根序列就越多，由于根序列总数是有限的，这样会造成根序列的复用度受限，因此对于 N_{CS} 的选取应该在小区覆盖距离和根序列的复用度两个因素之间进行平衡，采取够用即可的原则。

另外一个问题是针对小区覆盖距离对随机前导格式的选取。以 TD-LTE 系统举例，一般密集城区站间距都为 200～300m，那么采取最小的小区覆盖距离对应的随机接入格式 4 是否合适？答案是否定的。假定 UE 随机接入发射功率可以覆盖周边 1km 范围，假设 $N_{CS}=10$，那么每个根序列可以产生 13 个循环移位的随机接入前导序列，一个小区最少需要配置 5 个根序列，格式 4 总共可用 136 个根序列，小区复用度为 136/5(取整)=27，而 1km 范围小区数量大致 100 个左右，很容易造成周边小区不同用户之间的碰撞。

　　针对核心城区的平均站间距情况，不管从随机接入所占时频资源，还是小区覆盖综合情况来看，随机接入格式 0 是比较恰当的，但是 N_{CS} 设置越大越好么？N_{CS} 太高会导致每小区所需根序列太多，导致周边小区复用度受限，更容易造成干扰。因此，根据实际的小区平均站间距选择合适的 N_{CS} 比较适宜。

　　另外，针对小区的用户数量以及业务模型，可以确定一个无线帧当中随机接入的资源配置情况，例如在 VoLTE 用户越来越多的情况下，通过用户接入业务模型可以大致计算所需要配置的资源数量。本章只针对了非限制集的根序列设置原则进行讨论，对于限制集中 N_{CS} 对应循环移位规则产生的随机接入前导序列则另做他述。

　　LTE 系统随机接入规划需要重点关注配置如下四元组参数，如图 4-6 所示：
{rooSequenceIndex,prach-ConfigIndex,zeroCorrelationZoneConfig,prach-FreqOffset}

PRACH-Config information elements

```
-- ASN1START

PRACH-ConfigSIB ::=              SEQUENCE {
    rootSequenceIndex               INTEGER (0..837),
    prach-ConfigInfo                PRACH-ConfigInfo
}

PRACH-Config ::=                 SEQUENCE {
    rootSequenceIndex               INTEGER (0..837),
    prach-ConfigInfo                PRACH-ConfigInfo
}

PRACH-ConfigSCell-r10 ::=        SEQUENCE {
    prach-ConfigIndex-r10           INTEGER (0..63)
}

PRACH-ConfigInfo ::=             SEQUENCE {
    prach-ConfigIndex               INTEGER (0..63),
    highSpeedFlag                   BOOLEAN,
    zeroCorrelationZoneConfig       INTEGER (0..15),
    prach-FreqOffset                INTEGER (0..94)
}

-- ASN1STOP
```

SIB2配置基于竞争的随机接入根序列

切换请求配置基于非竞争的随机接入根序列 OPTIONAL -- Need ON

随机接入配置索引
1、指明随机接入前导序列格式（0~4）
2、指明随机接入资源配置

随机接入频率偏置

图 4-6　随机接入前导规划涉及重要参数配置

4.1.2　LTE 随机接入过程

　　随机接入过程总体上分为两个主要阶段：第一个阶段称作随机接入，粗放式地解决了哪些用户准许接入的问题；第二个阶段称作竞争解决（或者非竞争解决）流程，精细化地解决了哪个用户准许接入的问题。

　　第一阶段：随机接入过程

　　随机接入可以分别由 PDCCH order 或者 MAC Sublayer 或者 RRC Sublayer 三种机制触发，如图 4-7 所示。

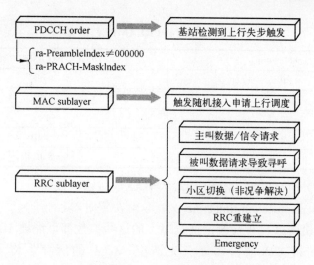

图 4-7　LTE 随机接入的三种触发机制以及对应的事件

在 UE 发起随机接入之前，需要确认如下的参数配置：

prach-ConfigIndex：表明了 PRACH 的配置资源。

{numberOfRA-Preambles ,sizeOfRA-PreamblesGroupA}：表明了随机接入的分组情况（A/B 组以及各自每组的随机接入前导数量），这两个参数关系如图 4-8 所示。

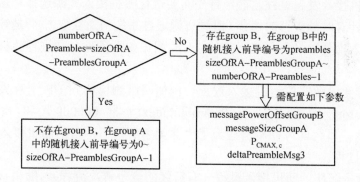

图 4-8　LTE 随机接入前导分组参数配置

ra-ResponseWindowSize：随机接入响应窗大小。

powerRampingStep：随机接入功率抬升步长。

preambleTransMax：最大前导传输次数。

preambleInitialReceivedTargetPower：初始接收目标功率。

DELTA_PREAMBLE：基于不同前导格式的偏置，见表 4-9。

表 4-9　DELTA-PREAMBLE 取值

Preamble Format	DELTA_PREAMBLE value
0	0 dB
1	0 dB
2	-3 dB
3	-3 dB
4	8 dB

maxHARQ-Msg3TX：Msg3 的最大 HARQ 传输次数。

mac-ContentionResolutionTimer：竞争解决定时器。

在每次随机接入过程被触发前，以上的这些参数都可能被 UE 上层进行更新。在发起随机接入前，需要首先清空 Msg3 的缓存，将 PREAMBLE_TRANSMISSION_COUNTER 设置为 1，将 Backoff Timer 设置为 0ms。对于一个 MAC 实体而言，在任何时候只可能有一个正在进行的随机接入过程。而对于正在进行的随机接入过程，如果又收到了发起新的随机接入过程的请求，后续的行为取决于 UE 的实现，到底是丢弃已有的进程，重新发起新的随机接入过程还是继续正在进行的随机接入过程。

步骤一：随机接入前导传输（Msg1 传输）

在随机接入发起过程之前，首先需要进行随机接入资源选择。这里的资源选择不是针对时频资源的选择（时频资源通过系统消息获取），而是针对选择哪些随机接入前导以及如何选而言的。UE 根据如下条件分别进行随机接入资源选择：

1）非竞争解决的随机接入过程。例如网络侧检测到 UE 上行失步，通过 PDCCH order 明确下发 ra-PreambleIndex（非 000000）和 ra-PRACH-MaskIndex，那么就可以用那些为了"非竞争解决"预留的随机接入前导发起随机接入过程。

2）竞争解决的随机接入过程（有后续的竞争解决流程）。随机接入前导从 group A 或者 group B 中选择，为什么会区分两组设置？采取这两组设置可以使得基站进行一些资源接入优化，例如采取 group B 发送的业务，大体是覆盖不受限情况下的一些大包业务或者所占字节比较多的信令请求。由于在随机接入过程中基站是无法区分信令或者具体业务形态的，根据 group A/group B 的划分，基站可以采用合理的资源调配机制，以确保优先级较高的业务请求能够被优先接入。选择 group A 或者 group B 作为随机接入组的具体规则以及流程如图 4-9 所示。

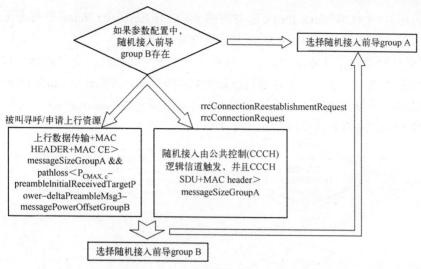

图 4-9　LTE 随机接入前导分组选择

对于重传的 Msg3，MAC 实体会选择第一次 Msg3 传输的组进行传输。选定了随机接入传输组后，至于选择哪一个具体的随机接入前导，就采取等概率随机抽取的方式在组内进行选择。当然，如果 group B 不配置，那么 group A 就是默认选项，随机接入前导就随机在 group A 中选择。同时将 PRACH Mask Index 设置为 0，PRACH Mask Index 取值含义见表 4-10。

表 4-10　PRACH Mask Index 取值含义

PRACH Mask Index	Allowed PRACH (FDD)	Allowed PRACH (TDD)
0	All	All
1	PRACH Resource Index 0	PRACH Resource Index 0
2	PRACH Resource Index 1	PRACH Resource Index 1
3	PRACH Resource Index 2	PRACH Resource Index 2
4	PRACH Resource Index 3	PRACH Resource Index 3
5	PRACH Resource Index 4	PRACH Resource Index 4
6	PRACH Resource Index 5	PRACH Resource Index 5
7	PRACH Resource Index 6	Reserved
8	PRACH Resource Index 7	Reserved
9	PRACH Resource Index 8	Reserved
10	PRACH Resource Index 9	Reserved
11	Every, in the time domain, even PRACH opportunity 1st PRACH Resource Index in subframe	Every, in the time domain, even PRACH opportunity 1st PRACH Resource Index in subframe
12	Every, in the time domain, odd PRACH opportunity 1st PRACH Resource Index in subframe	Every, in the time domain, odd PRACH opportunity 1st PRACH Resource Index in subframe
13	Reserved	1st PRACH Resource Index in subframe
14	Reserved	2nd PRACH Resource Index in subframe
15	Reserved	3rd PRACH Resource Index in subframe

说明：PRACH Mask Index 所对应的 PRACH Resource Index 是每个无线帧内按时频资源升序进行的 PRACH 基本资源配置索引。

3）一旦选定了（通过"竞争"或者"非竞争"随机接入资源选择）待传输的随机接入前导，下一步就是通过 prach-ConfigIndex、PRACH Mask Index、物理层时间提前量（对于 UE 连接态 MAC 实体还要考虑 measurement gap）来决定传输 PRACH 的子帧资源，如图 4-10 所示。

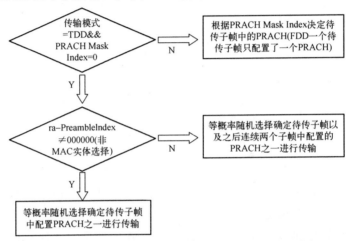

图 4-10　TDD/FDD 模式下随机接入 PRACH 选择流程

除了配置的时频资源，另一种随机接入涉及的资源是发射功率资源，其中随机接入前导传输 Msg1 的每次传输功率计算公式如下：

PREAMBLE_RECEIVED_TARGET_POWER=preambleInitialReceivedTarget Power+DELTA_PREAMBLE+(PREAMBLE_TRANSMISSION_COUNTER–1)　*　powerRampingStep

随机接入 Msg1 每一次重传都以固定的功率步长进行抬升，直到功率达到 UE 最大发射功率 $P_{CMAX,c}$，之后一直以 UE 最大发射功率进行发射。如果前导传输次数 PREAMBLE_TRANSMISSION_COUNTER 达到了随机接入最大传输次数，向高层上报随机接入失败，如图 4-11 所示。

步骤二：随机接入响应接收（Msg2 接收）

一旦随机接入前导被发送，除了连接态的测量空档（measurement gap），MAC 实体需要在以最近发送随机接入前导的那个子帧+3 的子帧作为起始点，以 ra-ResponseWindowSize 作为接收窗长，在这个接收窗内监测以 RA-RNTI 加扰的 PDCCH，从而获取随机接入响应（Random Access Response，RAR）。RA-RNTI 计算如下：

$$RA\text{-}RNTI= 1+t\_id+10*f\_id,$$

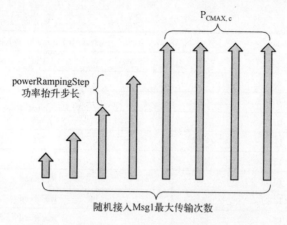

图 4-11　随机接入 Msg1 开环功率控制示意图

其中，t_id 是配置在无线帧中的第一个发送 PRACH 的子帧($0 \leqslant$ t_id < 10)，f_id 是 PRACH 待发子帧中 PRACH 的升序标识，FDD 系统这个值就为 0，TDD 系统中这个值是 f_{AR}($0 \leqslant$ f_id<6)。

一旦解码出包含对应了已发送的随机前导（随机接入前导）的标识的 RAR 消息，UE 的 MAC 实体就可以停止继续监测 RAR 了。在这个 TTI 中，如果这个 PDCCH 中通过 RA-RNTI 加扰的下行指派（downlink assignment）被成功接收，并且接收到的 TB 被成功解码（这意味着在这个 TTI 的下行数据被成功接收），那么 MAC 实体可以不管可能出现的 measurement gap，这是一种什么状态？大致是一种上行失步、下行数据可达的状态，那么 UE 后续流程可以不用考虑连接态下可能存在的 measurement gap。

收到的随机接入响应中可能携带 Backoff 指示的子标题（或者不携带）。一旦携带子标题，则将 Backoff 参数值按表 4-11 进行设置；若不携带，则将 Backoff 设置为 0，见表 4-11。

表 4-11　Backoff 参数值

Index	Backoff Parameter value (ms)
0	0
1	10
2	20
3	30
4	40
5	60
6	80

（续）

Index	Backoff Parameter value (ms)
7	120
8	160
9	240
10	320
11	480
12	960
13	Reserved
14	Reserved
15	Reserved

一旦 RAR 里面携带的随机接入标识与已发送的随机接入前导标识相匹配（MAC 在随机接入传输阶段会将随机接入前导的标识通知物理层，TS 36.321 5.1.3），UE 认为 RAR 接收成功，根据时间提前量命令以一定提前量发起后续的信令或者业务，如图 4-12 所示。

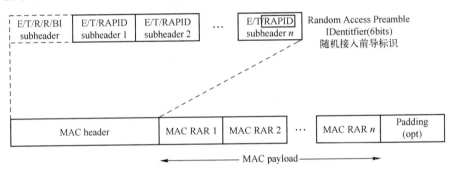

图 4-12　随机接入前导标识的获取

同时，UE 将 preambleInitialReceivedTargetPower 与(PREAMBLE_ TRANSMISSION_COUNTER - 1) * powerRampingStep)通知底层。同时处理接收到的 UL grant 并将其通知底层，为后续上行 Msg3 信令或者数据传输所用。这里如果前期 ra-PreambleIndex 由 PDCCH order 或者 RRC 重配明确指示并且非 000000（非 MAC 选择），那么随机接入过程就成功了。另外一种情况，如果前期随机接入前导由 UE 的 MAC 实体选择，当收到 RAR 携带的临时 C-RNTI 时（见图 4-13），不晚于之后第一次按照 UL grant 传输设置临时 C-RNTI。

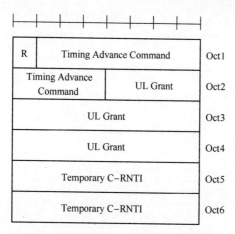

图 4-13 MAC 层随机接入响应（RAR）

如果这是随机接入过程中第一次成功接收 RAR，若传输不由 CCCH 逻辑信道发起，则指示复用和集合（Multiplexing and assembly）实体在后续的上行传输中包含 C-RNTI MAC 控制单元（control element），如图 4-14 所示。

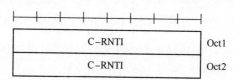

图 4-14 C-RNTI MAC 控制单元（control element）

从"Multiplexing and assembly"实体获取 MAC PDU 进行传输并将其存放在 Msg3 缓存里。这里说明了两层意思：如果是非竞争解决随机接入过程（上行失步或者切换），则在后续的传输中加上 C-RNTI 这样的标识；另一层意思说明了后续上行传输 MAC PDU 的一个准备过程。

注：3GPP 36.321 对于后续的上行传输有这么一行文字作为注脚：

NOTE: When an uplink transmission is required, e.g., for contention resolution, the eNB should not provide a grant smaller than 56 bits in the Random Access Response。

这里 56bit 指的是竞争解决 Msg3 传输的传输块（TBS）大小，那么对于竞争解决为什么传输块指示需要 56bit 呢？这是因为如果需要传输 Msg3，至少需要一个 4 个标识域的 MAC subheader（8bit）和 UE 竞争解决标识 MAC CE（48bit），如图 4-15、图 4-16 所示。

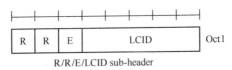
```
+---+---+---+---+---+---+---+---+
| R | R | E |     LCID          | Oct1
+---+---+---+---+---+---+---+---+
```

R/R/E/LCID sub-header

图 4-15　R/R/E/LCID MAC 子层数据头（sub-header）

```
+---+---+---+---+---+---+---+---+
| UE Contention Resolution Identity | Oct1
+-----------------------------------+
| UE Contention Resolution Identity | Oct2
+-----------------------------------+
| UE Contention Resolution Identity | Oct3
+-----------------------------------+
| UE Contention Resolution Identity | Oct4
+-----------------------------------+
| UE Contention Resolution Identity | Oct5
+-----------------------------------+
| UE Contention Resolution Identity | Oct6
+-----------------------------------+
```

图 4-16　UE 竞争解决标识（MAC 控制单元）

这样，恰好至少需要 56bit。再看一下竞争解决标识 MAC CE 承载的 CCCH SDU 是什么？以 RRC 建立请求（RRCConnectionRequest）举例（见图 4-17）。

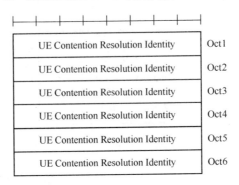

```
2015 Mar 20  07:01:00.417  [15]  0xB0C0 LTE RRC OTA Packet  --  UL_CCCH / RRCConnectionRequest
Pkt Version = 8
RRC Release Number.Major.minor = 10.7.2
Radio Bearer ID = 0, Physical Cell ID = 145
Freq = 37900
SysFrameNum = N/A, SubFrameNum = 0
PDU Number = UL_CCCH Message,      Msg Length = 6
SIB Mask in SI =  0x00

Interpreted PDU:

value UL-CCCH-Message ::=
  message c1 : rrcConnectionRequest :
    {
      criticalExtensions rrcConnectionRequest-r8 :
        {
          ue-Identity randomValue : '01101110 00010100 00010000 10001101 10100111'B,   40 bits
          establishmentCause highPriorityAccess,                                         3 bits
          spare '0'B                 1 bit
        }
    }
}
```

图 4-17　RRCConnectionRequest 信令截图

可见 UE 竞争解决标识 MAC CE 的 48bit 完全可以承载 CCCH SDU 的 RRCConnectionRequest 消息。

如果在随机接入响应窗内没有收到 RAR，或者 RAR 中携带随机接入前导标识与 Msg1 携带的随机接入前导不匹配，本次 RAR 接收认为不成功，UE 会将 PREAMBLE_TRANSMISSION_COUNTER+1；如果 Msg1 的重传超过最大规定随机接入次数，即 PREAMBLE_TRANSMISSION_COUNTER=preambleTrans

Max+1，那么 UE 将向上层上报随机接入问题。如果在这次随机接入过程中，随机接入前导由 MAC 选择，那么按照前述规则产生随机接入前导在 0～Backoff 参数值之间随机产生的延迟之后进行传输。

第二阶段：竞争解决

当随机接入成功之后，下一阶段就是竞争解决阶段。竞争解决与非竞争解决是两种不同机制，TS 36.321 只定义了竞争解决的概念，TS 36.300 对非竞争解决的概念有所提及。这两种机制的区别实质是获取资源并且与基站交互进行上行同步的方式不同。其本身并不依赖于上层的业务形态，例如，上行失步不一定非要采取非竞争解决，但是目前主流设备厂商普遍都是以非竞争解决实现的。对于 PDCCH 中是否明确携带 ra-PreambleIndex 以及 ra-PRACH-MaskIndex，这才是判定竞争解决还是非竞争解决机制的唯一标准。不过按照协议 TS 36.321 的定义，竞争解决的类型（这里没有提及非竞争解决的概念）可以基于 PDCCH 中携带的 C-RNTI 或者下行共享信道 DL-SCH 分配的 UE Contention Resolution Identity 区分判定。

竞争解决的开始基于 Msg3 消息的发送，同时 UE 根据不同情况进行处理，如图 4-18、图 4-19 所示。

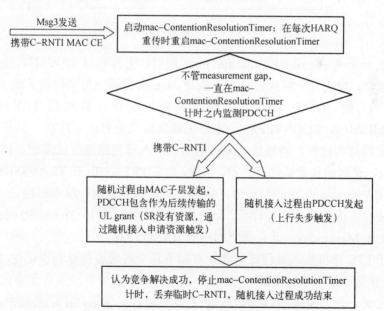

图 4-18　C-RNTI 的 MAC 控制单元作为 Msg3 传输

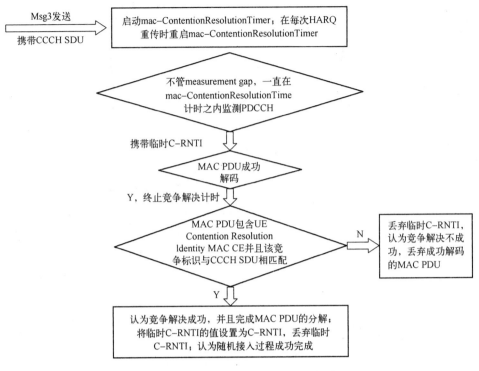

图 4-19　CCCH SDU 作为 Msg3 传输

　　如果 mac-ContentionResolutionTimer 超时，丢弃临时 C-RNTI，认为竞争解决不成功。如果竞争解决被认为不成功，UE 将会清空用来传输承载 Msg3 的 MAC PDU 的 HARQ 缓存。同时增加随机前导计数次数 PREAMBLE_TRANSMISSION_COUNTER+1，这意味着虽然竞争解决不成功，但是可以重新再来随机接入过程，当然重新来过的随机接入依然按照前述流程，例如每次延迟 Backoff 时间和重新选择资源。当然，如果 PREAMBLE_TRANSMISSION_COUNTER= preambleTransMax+1，则向上层指示上报随机接入问题。

　　当成功完成随机接入过程后，UE 会丢弃接收到的 ra-PreambleIndex 以及 ra-PRACH-MaskIndex，并且清空相应的 HARQ 缓存。

　　关于 LTE 随机接入过程还需要针对如下几个问题进行进一步讨论：

　　1）非竞争解决与竞争解决定义澄清。TS 36.321 中并没有基于非竞争解决的任何定义，关于 Msg3 传输的方式只对竞争解决机制进行了定义说明。"非竞争解决"与"竞争解决"概念本质上的不同不在于 Msg3 内容传输的不同，而取决于网络侧为 Msg3 传输是否预留了特定的随机接入资源配置。Msg3 的传输内容在 MAC 层角度看来只有两种分类方式，一种是传输 C-RNTI MAC CE，另外一种是传输 CCCH SDU。根据一般性的分类，例如切换采取非竞争解决，RRC 连接建立采取竞争解决这一系列的说法其实并不严谨，这是主流设备厂商根据不同事件流程进行特定机制研发的约定俗成说法。从物理层的角度来看，二者主要的区别在于 Msg1 选择前导码的方式。如果从 group A(+group B)中随机选择前导码传输的方式可以认为是竞争解决，而从网络侧获取明确的前导码传输的方式可以认为是非竞争解决。

2）非竞争解决的随机接入前导可以任意选择么？否，非竞争解决的目的是通过基站合理调配资源，避免与其他的 UE 随机接入过程产生冲突，因此非竞争解决的随机接入前导一定是基站通过某种方式明确通知 UE 的，例如可以通过解码 PDCCH order 或者 RRC 重配消息通知。非竞争解决与竞争解决根本上的区别是流程机制的不同，而不单纯是表象上随机前导参数设置的不同，当然实际上也没有专门对 UE 下发区分竞争解决与非竞争解决的参数，不过网络侧是可以分两组进行配置的，这往往都是各个主流设备厂商的私有参数设置。在系统设计中一般将上面定义的"竞争解决"-随机选择特定组内前导码+传输 CCCH SDU 的 Msg3 进行流程匹配，而将"非竞争解决"-网络侧明确指示前导码+C-RNTI MAC CE 的 Msg3 进行流程匹配。因此，约定俗成的竞争解决与非竞争解决的说法也来源于此。当然如果非要将"竞争解决"与 C-RNTI MAC CE 的 Msg3 进行流程混搭，原则上这种系统设计也不是不可以，只不过这是一种十分低效的方式，UE 通过随机接入进行上行 UL-SCH 资源申请理论上就可以采取这种混搭机制。

3）什么情况 MAC 子层会发起随机接入过程？当 UE 申请上行资源调度发出 SR（Scheduling Request）时，UE 没有有效的 PUCCH 资源，那么可以取而代之发起随机接入过程并取消所有等待 SR。如果 SR 一直发送（有合适的 PUCCH 资源承载发送），直到发送计数达到最大次数 SR_COUNTER<dsr-TransMax，并且此时 sr-ProhibitTimerSR 的保护时间也不再运行，那么取而代之，UE 发起随机接入申请资源。这种随机接入情况由 MAC 子层发起，一般会携带 C-RNTI，采取的流程是竞争解决方案。

4）竞争解决的标识是什么？竞争解决的标识不是 C-RNTI，竞争解决的标识（UE Contention Resolution Identity MAC CE）承载了 CCCH SDU，另外也不是临时 C-RNTI。它就是 MAC 为了竞争解决的判定分配的一种标识。不过，它可能会与 40bit 随机数或者 32bit 的 S-TMSI 相关。

5）随机接入前导的标识是什么？RAPID：Random AccessPreamble IDentitfier。UE 在选定随机接入前导通过 Msg1 发送的时候，会将通过计算的标识通知物理层，而在 RAR 接收的时候，会将接收到 MAC subheader 中的

万物互联：
蜂窝物联网组网技术详解

RAPID 拿来与存储的标识进行比对，从而决定后续的流程。RAPID 占用 6bit，恰好映射了一个小区中的 64 个随机接入前导，详见图 4-20。

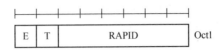

图 4-20　E/T/RAPID MAC 子层数据头

6）上报随机接入问题之后 UE 的行为是怎样的？TS 36.331 规定，在 UE 上报随机接入问题后，如果此时 T300, T301, T304 以及 T311 都不在计时，那么 UE 认为无线链路失败（Radio Link Failure），例如上行失步导致的随机接入连续失败，如果此时 AS 安全没有激活，那么就 UE 侧隐式的释放连接以及相关资源，离开 RRC-connected 状态。如果 AS 安全已经激活，那么 UE 发起 RRC 重建流程。如果 UE 在上报随机接入问题时，恰好以上定时器任意一个在计时过程中，会怎样？协议并没有明确规定，这取决于终端的实现。在实际网络测试遇到过一种情况，在切换的时候 UE 达到 Msg1 最大重复发送次数，此时上报高层随机接入问题，并且一直仍以最大功率发射，直到 T304 超时判定为切换失败。

7）PRACH Mask Index 起到了什么作用？PRACH mask 规定了随机接入的资源配置。如果由 PDCCH order 解码获取，则按照解码指示的资源进行发起。如果随机接入由 MAC 子层发起，则将 PRACH Mask Index 设置为 0，即任意配置的 PRACH 资源都可以发起随机接入流程。

LTE 终端随机接入过程中涉及的参数配置整理如图 4-21 所示。

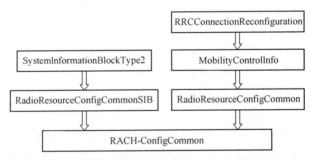

图 4-21　相关 RRC 消息携带随机接入传输信道资源配置

RRC 重配消息里面含有 RACH-ConfigCommon 信息（见图 4-22）可以说明，"竞争解决"-随机选择特定组内前导码+C-RNTI MAC CE 的 Msg3 的流程混搭在协议中是允许的，例如 UE 通过随机接入进行上行 UL-SCH 资源申请、切换均可以采取这样的机制，只不过效率较低，如图 4-23 所示。

RACH-ConfigCommon information element

```
-- ASN1START

RACH-ConfigCommon ::=          SEQUENCE {
    preambleInfo                        SEQUENCE {
        numberOfRA-Preambles                ENUMERATED {
                                                n4, n8, n12, n16,n20, n24, n28,
                                                n32, n36, n40, n44, n48, n52, n56,
                                                n60, n64},

        preamblesGroupAConfig               SEQUENCE {
            sizeOfRA-PreamblesGroupA            ENUMERATED {
                                                    n4, n8, n12, n16,n20, n24, n28,
                                                    n32, n36, n40, n44, n48, n52, n56,
                                                    n60},
            messageSizeGroupA                   ENUMERATED {b56, b144, b208, b256},
            messagePowerOffsetGroupB            ENUMERATED {
                                                    minusinfinity, dB0, dB5, dB8, dB10,
dB12,
                                                    dB15, dB18},
            ...
        }        OPTIONAL                                                    -- Need
OP
    },
    powerRampingParameters              PowerRampingParameters,
    ra-SupervisionInfo                  SEQUENCE {
        preambleTransMax                    PreambleTransMax,
        ra-ResponseWindowSize               ENUMERATED {
                                                sf2, sf3, sf4, sf5, sf6, sf7,
                                                sf8, sf10},
        mac-ContentionResolutionTimer       ENUMERATED {
                                                sf8, sf16, sf24, sf32, sf40, sf48,
                                                sf56, sf64}
    },
    maxHARQ-Msg3Tx                      INTEGER (1..8),
    ...,
    [[ preambleTransMax-CE-r13          PreambleTransMax                    OPTIONAL,
```

图 4-22　随机接入传输信道相关参数配置一览

```
-- Need OR
        rach-CE-LevelInfoList-r13          RACH-CE-LevelInfoList-r13               OPTIONAL
-- Need OR
    ]]
}


RACH-ConfigCommon-v1250 ::=       SEQUENCE {
    txFailParams-r12                   SEQUENCE {
        connEstFailCount-r12                         ENUMERATED {n1, n2, n3, n4},
        connEstFailOffsetValidity-r12                ENUMERATED {s30, s60, s120, s240,
                                                                  s300, s420, s600, s900},
        connEstFailOffset-r12                        INTEGER (0..15)    OPTIONAL    -- Need
OP
    }
}


RACH-ConfigCommonSCell-r11 ::=       SEQUENCE {
    powerRampingParameters-r11                   PowerRampingParameters,
    ra-SupervisionInfo-r11                       SEQUENCE {
        preambleTransMax-r11                         PreambleTransMax
    },
    ...
}


RACH-CE-LevelInfoList-r13 ::=   SEQUENCE (SIZE (1..maxCE-Level-r13)) OF
RACH-CE-LevelInfo-r13


RACH-CE-LevelInfo-r13 ::=         SEQUENCE {
    preambleMappingInfo-r13                   SEQUENCE {
        firstPreamble-r13                         INTEGER(0..63),
        lastPreamble-r13                          INTEGER(0..63)
    },
    ra-ResponseWindowSize-r13                 ENUMERATED {sf20, sf50, sf80, sf120, sf180,
                                                           sf240, sf320, sf400},

    mac-ContentionResolutionTimer-r13   ENUMERATED {sf80, sf100, sf120,
                                                    sf160, sf200, sf240, sf480, sf960},
```

图 4-22   随机接入传输信道相关参数配置一览（续）

```
    rar-HoppingConfig-r13              ENUMERATED {on,off},
    ...
}


PowerRampingParameters ::=            SEQUENCE {
    powerRampingStep                  ENUMERATED {dB0, dB2,dB4, dB6},
    preambleInitialReceivedTargetPower ENUMERATED {
                                       dBm-120, dBm-118, dBm-116, dBm-114, dBm-112,
                                       dBm-110, dBm-108, dBm-106, dBm-104, dBm-102,
                                       dBm-100, dBm-98, dBm-96, dBm-94,
                                       dBm-92, dBm-90}
}


PreambleTransMax ::=                  ENUMERATED {
                                       n3, n4, n5, n6, n7, n8, n10, n20, n50,
                                       n100, n200}

-- ASN1STOP
```

图 4-22　随机接入传输信道相关参数配置一览（续）

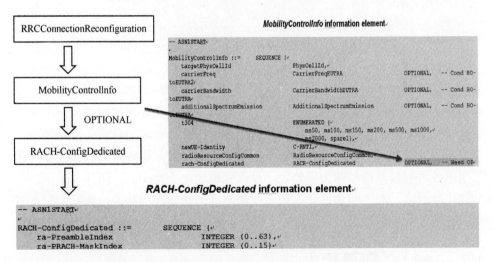

图 4-23　LTE UE 小区切换中随机接入资源获取方式

理论上，LTE 终端小区切换过程中也可以采取基于 PDCCH order 通知"非竞争"随机接入前导进行目标小区的上行同步，不过 TS 36.331 规定，在切换指令中如果 rach-ConfigDedicated 不出现，UE 就采取基于"竞争解决"（随机选择组内随机接入前导发送）的方式，因此为了保证切换的成功率，设备厂商

对于这个可选参数（机制）一般是需要配置实现的，同时这里也隐式地规定了 LTE 小区切换并不采取 PDCCH order 指示的方式。

涉及随机接入过程三层协议栈的定时器关系整理如下：

整个随机接入过程牵涉了从层 1 到层 3 的相关处理，例如 Msg1 传输是物理层流程，Msg2 的接收涉及 MAC 的处理，Msg3 一般又承载了 RRC 层的消息。3GPP 规范中对于不同协议层的计时器也进行了分别的设计，图 4-24 以 RRC 连接请求进行示例。

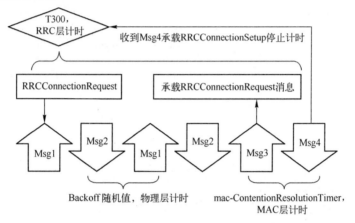

图 4-24　涉及随机过程不同协议栈的定时器说明

从主流厂商系统流程设计和参数设置的角度来看，LTE 终端的随机接入过程如果简单按照 Msg3 承载的高层内容基于"竞争解决"和"非竞争解决"进行分类是相对比较容易理解的。不过为了将复杂流程简化而进行的人为定义往往会带来对本质的误读。3GPP 协议作为全球通信产业联盟公认的准则规范，其最重要的核心意义是将系统设计中需要终端芯片和网络侧共同遵循的流程进行明确并进行最高级别的公平约定，最大化地避免个别企业、团体、组织进行个性化的解读。对于移动通信系统流程和原理的认知亦应从协议规范出发，客观中立地分析各种现象和问题。

4.2　eMTC 随机接入

在蜂窝物联网系统 eMTC/NB-IoT 中，引入了覆盖等级这个概念，主要源自不同的覆盖条件下，可以通过差异化的网络参数，确保 UE 的接入性能。在 LTE 系统中，虽然没有明确覆盖等级，但是在随机接入中基于 group A/group B 的划分，也有了一些差异化处理的雏形思想，例如 group A 针对一些小数据包业务，而 group B 针对一些近点的大数据包业务，这里的划分主要还是为了基站能够进行资源调度参考的。eMTC/NB-IoT 整体的随机接入流程与 LTE 是类似的，这一节重点结合 eMTC 覆盖等级的概念将终端的随机接入过程进行说明。

4.2.1 eMTC 随机接入参数规划

1. eMTC 终端的覆盖增强定义

为了了解不同覆盖等级下所对应的差异化流程，首先需要明确 eMTC 终端覆盖增强的概念。

UE 如果首先要获取小区驻留，首先需要满足 S 准则

$$\text{Srxlev} > 0 \text{ 且 Squal} > 0$$

其中，

$$\text{Srxlev} = Q_{\text{rxlevmeas}} - (Q_{\text{rxlevmin}} + Q_{\text{rxlevminoffset}}) - \text{Pcompensation} - \text{Qoffset}_{\text{temp}}$$

$$\text{Squal} = Q_{\text{qualmeas}} - (Q_{\text{qualmin}} + Q_{\text{qualminoffset}}) - \text{Qoffset}_{\text{temp}}$$

TS 36.304 R13 相比 R9 多出了一个参数——$\text{Qoffset}_{\text{temp}}$，同时 Pcompensation 考虑到上行载波聚合计算公式有所不同。

注 1：如果 UE 支持 NS-PmaxList 中的 additionalPmax，并且网络侧分别在 SIB1、SIB3 和 SIB5 进行了该参数的配置，那么 Pcompensation 取值为

$$\max(P_{\text{EMAX1}} - P_{\text{PowerClass}}, 0) - [\min(P_{\text{EMAX2}}, P_{\text{PowerClass}}) - \min(P_{\text{EMAX1}}, P_{\text{PowerClass}})](\text{dB})$$

否则取值和 R9 定义一致：

$$\max(P_{\text{EMAX1}} - P_{\text{PowerClass}}, 0) \ (\text{dB})$$

P_{EMAX1} 可以分别对应 SIB1、SIB3 和 SIB5 里面的 P-Max，P_{EMAX2} 对应 additionalPmax。

SIB1、SIB3 和 SIB5 中的 P-Max 分别针对服务小区、同频邻区以及异频邻区，理论上这三个值的设置各不相同，但是设置是必选项，这里分别作为辅助小区选择、同频小区重选以及异频小区重选判定的。additionalPmax 亦是同理，在载波聚合中 UE 需要明确同一物理频率所属的不同频带，才能开始聚合，因此分别在SIB1、SIB3 和 SIB5 中进一步明确物理频率所属频带。因此也有了相应的 additionalPmax，在小区选择中 R 准则也考虑了该值作为不同频带的驻留条件。

如果采取 R13 的定义：

1）当 $P_{\text{EMAX1}} > P_{\text{PowerClass}}$ 且 $P_{\text{EMAX2}} > P_{\text{PowerClass}}$ 时，则 Pcompensation 计算值为 $P_{\text{EMAX1}} - P_{\text{PowerClass}}$。

2）当 $P_{\text{EMAX1}} > P_{\text{PowerClass}}$ 且 $P_{\text{EMAX2}} < P_{\text{PowerClass}}$ 时，则 Pcompensation 计算值为 $P_{\text{EMAX1}} - P_{\text{EMAX2}}$。

3）当 $P_{EMAX1}<P_{PowerClass}$ 且 $P_{EMAX2}>P_{PowerClass}$ 时，则 Pcompensation 计算值为 $P_{EMAX1}-P_{PowerClass}$。

4）当 $P_{EMAX1}<P_{PowerClass}$ 且 $P_{EMAX2}<P_{PowerClass}$ 时，则 Pcompensation 计算值为 $P_{EMAX1}-P_{EMAX2}$。

如果采取 R9 的定义：

1）当 $P_{EMAX1}>P_{PowerClass}$ 时，则 Pcompensation 计算值为 $P_{EMAX1}-P_{PowerClass}$。

2）当 $P_{EMAX1}<P_{PowerClass}$ 时，则 Pcompensation 计算值为 0。

结合 R13 和 R9 定义定性分析可知，R9 对于非载波聚合的 UE 设置接入门限相对苛刻一点，而 R13 则更偏向尽量促使 UE 接入，尽量促成边缘区域 UE 的载波聚合。

NS-PmaxList 中的另一个参数 AdditionalSpectrumEmission（见图 4-25）取值范围为{1～32}，对应了 TS 36.101 中对于 UE 最大发射功率额外要求的规定，恰好对应了 NS_01～NS_32,NS 代表 Network Sigalling value，不同的取值规定了不同频带下 Additional Maximum Power Reduction（A-MPR）的值。

NS-PmaxList information element

```
-- ASN1START


NS-PmaxList-r10 ::=              SEQUENCE (SIZE (1..maxNS-Pmax-r10)) OF NS-PmaxValue-r10


NS-PmaxValue-r10 ::=            SEQUENCE {
    additionalPmax-r10              P-Max                           OPTIONAL,   --
Need OP
    additionalSpectrumEmission      AdditionalSpectrumEmission
}


-- ASN1STOP
```

图 4-25 基于不同频带的终端最大发射功率以及额外频谱功率泄漏

另外，关于 NS-PmaxList 有几个关联参数还需要进行说明：

1）multiNS-Pmax：表征 UE 是否支持小区广播 NS-PmaxList 的机制，该参数在 UE 能力上报体现，取值为枚举型的 ENUMERATED {supported}。

2）freqBandInfo：freqBandIndicator 里面指示频带对应的 additionalPmax 和 additionalSpectrumEmission。

3）FreqBandIndicator：表征了小区所属的工作频带（operating band），设置值可以从 1～maxFBI，（maxFBI=64）。对于一些后续演进频带，也可以采取扩展值

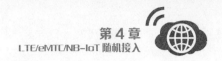

进行设置。

4）multiBandInfoList：SIB1 中下发的该参数表征了小区归属的其他工作频带。如果 UE 支持 FreqBandIndicator 中指示的频带，那么这个优先级最高，UE 按照频带指示进行工作；否则，UE 则按照 multiBandInfoList 里面列出的第一个频带进行工作。如果小区下发参数中还包括 multiBandInfoList-v9e0，那么 multiBandInfoList-v9e0 里面的相关频带内容与无后缀的 multiBandInfoList 内容、顺序都保持一致。multiBandInfoList-v10j0 里面列出了相应频带的终端发射功率要求，包含 additionalPmax 和 additionalSpectrumEmission 这两个参数的列表，列表中的条目数量以及顺序与 multiBandInfoList 中保持一致。SIB2 中的 multiBandInfoList 列出了与 SIB1 中 multiBandInfoList 频带对应的 AdditionalSpectrumEmission 列表。SIB3 中 multiBandInfoList-v10j0 中包含了同频邻区的频带对应的 additionalPmax 和 additionalSpectrumEmission，该频带为 UE 从 multiBandInfoList 中所选择的。SIB5 中 multiBandInfoList 对应了 SIB5 中的异频邻区下行频率的频带。multiBandInfoList-v10j0 包含 multiBandInfoList 和 multiBandInfoList-v9e0 规定频带对应的一系列 additionalPmax 和 additionalSpectrumEmission 的值，如图 4-26 所示。

MultiBandInfoList information element

```
-- ASN1START


MultiBandInfoList ::=    SEQUENCE (SIZE (1..maxMultiBands)) OF FreqBandIndicator
（一个小区对应的最大额外频带数，8）
MultiBandInfoList-v9e0 ::=   SEQUENCE (SIZE (1..maxMultiBands)) OF MultiBandInfo-v9e0


MultiBandInfoList-v10j0 ::= SEQUENCE (SIZE (1..maxMultiBands)) OF NS-PmaxList-r10


MultiBandInfoList-r11 ::=    SEQUENCE (SIZE (1..maxMultiBands)) OF FreqBandIndicator-r11


MultiBandInfo-v9e0 ::=    SEQUENCE {
    freqBandIndicator-v9e0           FreqBandIndicator-v9e0        OPTIONAL    -- Need
OP（扩展频带指示）
}


-- ASN1STOP
```

图 4-26　多频带信息列表

频带指示（freqBandIndicator-v9e0 是 freqBandIndicator 的频带扩展指示，

参见图 4-27）与多频带指示的映射关系如图 4-28 所示，UE 对于小区频带优先级的处理遵从 freqBandIndicator-v9e0 替换 freqBandIndicator 的原则。

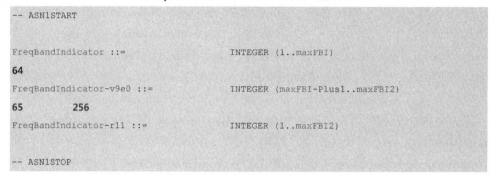

图 4-27　频带指示

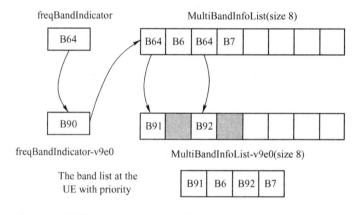

图 4-28　频带指示（FBI）与多频带指示（MFBI）的映射关系

注 2：新增 Qoffsettemp 的含义。这个参数主要提供了小区选择或者小区重选时候的偏置，它仅仅是在 RRC 连接建立失败这种特定的情景下临时使用的。当 UE 支持这临时偏置能力时，同时 T300 已经连续超时了 connEstFailCount 次，那么在之后的 connEstFailOffsetValidity 的时间里，将 Qoffsettemp 设置为 connEstFailOffset，这三个参数都是在 SIB2 中 RACH-ConfigCommon 中 txFailParams 进行配置的。

临时偏置的设置，主要针对弱场下频繁发起业务的情况，在这种情况下适当地增加偏置，增加 UE 接入困难程度，临时性地规避 UE 不断重复发起业务请求。

```
RACH-ConfigCommon-v1250 ::=        SEQUENCE {
    txFailParams-r12               SEQUENCE {
        connEstFailCount-r12                    ENUMERATED {n1, n2, n3, n4},
        connEstFailOffsetValidity-r12           ENUMERATED {s30, s60, s120, s240,
                                                    s300, s420, s600, s900},
        connEstFailOffset-r12                   INTEGER (0..15)      OPTIONAL    -- Need
OP
    }
```

图 4-29　RRC 连接请求连续失败后触发临时接入偏置

如果某一小区（一般覆盖区域下的小区）选择 S 准则不满足，那么 UE 则会通过增强覆盖区域下的小区选择 S 准则评估自身是否处于增强覆盖区域下，增强覆盖区域下 S 准则的参数映射见表 4-12。

表 4-12　基于增强覆盖区域下 S 准则的接入门限参数

$Q_{rxlevmin}$	UE applies coverage specific value $Q_{rxlevmin\_CE}$ (dBm)
$Q_{qualmin}$	UE applies coverage specific value $Q_{qualmin\_CE}$ (dB)

与增强型覆盖相关的这两个特定的门限参数仅作为服务小区增强型覆盖区域的判定，并不用来进行测量和重选的门限。例如，增强型覆盖的小区重选依然采取常规小区重选的 R 准则（同频或者同优先级异频），包含增强型覆盖两个参数的 IE 是 CellSelectionInfoCE，该 IE 字段分别在 SIB1、SIB3 和 SIB5 中出现，这意味着如同小区选择的相关参数一样，增强型覆盖的 S 准则同样适用于服务小区选择，同频小区选择评估以及异频小区选择评估。关于增强覆盖区域小区选择相关参数如图 4-30 所示。

CellSelectionInfoCE information element

```
-- ASN1START

CellSelectionInfoCE-r13 ::=        SEQUENCE {
    q-RxLevMinCE-r13                   Q-RxLevMin,
    q-QualMinRSRQ-CE-r13               Q-QualMin-r9                    OPTIONAL    --
Need OR
}

-- ASN1STOP
```

图 4-30　关于增强覆盖区域小区选择相关参数

值得一提的是，3GPP 协议 TS 36.331 V13.3.0 中，SIB3 中包含了 cellSelectionInfoCE 相关信息，而协议却表明这里的信息针对了非服务频率小区的覆盖增强小区选择门限，这一描述是与常规认知有偏颇的，一般认为 SIB3 中只包含服务小区相关信息，而 SIB5 包含异频小区信息，关于这一点我国相关研究机构已经向 3GPP 标准化组织提出了关于这一部分 CR（Change Request）的申请。

2．eMTC 终端的覆盖增强等级

UE 通过增强型覆盖门限参数进行小区选择，同时也需要确定覆盖增强的等级（coverage enhancement level），覆盖增强(CE)等级最多可以划分 4 类。区分覆盖等级的实质是为了 UE 后续诸如随机接入等选择不同的重传策略。UE 通过解码 SystemInformationBlockType2→RadioResourceConfigCommon→PRACH-ConfigSIB 或者 RRCConnectionReconfiguration→MobilityControlInfo→RadioResourceConfigCommon →PRACH-Config(可选)这两种途径可获得参数 rsrp-ThresholdsPrachInfoList，该参数决定了覆盖增强的不同级别的判定门限。例如第 1 个值对应 RSRP 门限 1，第 2 个值对应 RSRP 门限 2，最多提供 3 个 RSRP 门限值，对应最多可划分的覆盖增强 4 个门限。同时，在 SIB2→PRACH-ConfigSIB 中还有 initial-CE-level，这是一个可选参数，对应着初始随机接入的覆盖等级个数，如果不出现，UE 通过 rsrp-ThresholdsPrachInfoList 判定随机等级个数。eMTC 终端分两种类型，一种是 BL UEs(Bandwidth reduced low complexity UEs)，另外一种被称作 UE in CE(Coverage Enhanced)。对于前者，支持 Mode A 传输模式是必选项，而 UE in CE 则可以同时支持 Mode A 和 Mode B 两种传输模式。可以认为覆盖增强等级是针对 UE 处于空闲态的一种划分，主要作用在随机接入的策略，而 Mode A 和 Mode B 的划分则主要针对了连接态下的不同传输策略。这两种不同状态下基于覆盖增强的划分也存在对应关系，在随机接入响应中，如果最近的 UE 随机接入采取覆盖增强级别 0 或 1，则后续 Msg3 按照 Mode A 传输；如果最近的 UE 随机接入采取覆盖增强级别 2 或 3，则后续 Msg3 按照 Mode B 传输。

4.2.2　eMTC 随机接入过程

eMTC 终端针对每一个覆盖增强等级都有相应的参数四元组配置（prach-ConfigurationIndex，prach-FrequencyOffset，numRepetitionPerPreambleAttempt，prach-StartingSubframe（可选）），其中随机接入前导格式 0～3 的重传次数（numRepetitionPerPreambleAttempt）大于或等于 1，而随机接入前导格式 4 只被传输 1 次，如图 4-31 所示。eMTC 的随机接入类似 NB-IoT，也可以采取跳频的方式，具体跳频规则可参见 TS 36.211 5.7.1 R13。

```
PRACH-ParametersListCE-r13 ::=  SEQUENCE (SIZE(1..maxCE-Level-r13)) OF
PRACH-ParametersCE-r13

PRACH-ParametersCE-r13 ::=           SEQUENCE {
    prach-ConfigIndex-r13                INTEGER (0..63),
    prach-FreqOffset-r13                  INTEGER (0..94),
    prach-StartingSubframe-r13           ENUMERATED {sf2, sf4, sf8, sf16, sf32, sf64,
sf128,sf256}            OPTIONAL,  -- Need OP
    maxNumPreambleAttemptCE-r13
                            ENUMERATED {n3, n4, n5, n6, n7, n8, n10}    OPTIONAL,
-- Need OP
    numRepetitionPerPreambleAttempt-r13  ENUMERATED {n1,n2,n4,n8,n16,n32,n64,n128},
    mpdcch-NarrowbandsToMonitor-r13      SEQUENCE (SIZE(1..2)) OF
                                         INTEGER
(1..maxAvailNarrowBands-r13),
    mpdcch-NumRepetition-RA-r13          ENUMERATED {r1, r2, r4, r8, r16,
                                            r32, r64, r128, r256},
    prach-HoppingConfig-r13              ENUMERATED {on,off}
}
```

图 4-31   基于不同覆盖等级的 eMTC 随机接入物理信道资源参数设置

　　LTE 终端随机接入资源配置的起始子帧根据 PRACH Configuration Index 决定，而 eMTC 终端随机接入资源配置的起始子帧则是其子集（见表 4-13），这主要是为了重传进行的重新设计，目的是适度地降低物联网终端接入的容量，以便通过增加重传次数提升在增强覆盖区域下的 UE 随机接入成功率。

表 4-13   eMTC 随机接入前导格式 0～3 资源配置索引映射（FDD 举例：与 LTE FDD 相同）

PRACH Configuration Index	Preamble Format	System frame number	Subframe number	PRACH Configuration Index	Preamble Format	System frame number	Subframe number
0	0	Even	1	7	0	Any	2, 7
1	0	Even	4	8	0	Any	3, 8
2	0	Even	7	9	0	Any	1, 4, 7
3	0	Any	1	10	0	Any	2, 5, 8
4	0	Any	4	11	0	Any	3, 6, 9
5	0	Any	7	12	0	Any	0, 2, 4, 6, 8
6	0	Any	1, 6	13	0	Any	1, 3, 5, 7, 9

（续）

PRACH Configuration Index	Preamble Format	System frame number	Subframe number	PRACH Configuration Index	Preamble Format	System frame number	Subframe number
14	0	Any	0, 1, 2, 3, 4, 5, 6, 7, 8, 9	39	2	Any	2 ,7
15	0	Even	9	40	2	Any	3, 8
16	1	Even	1	41	2	Any	1, 4, 7
17	1	Even	4	42	2	Any	2, 5, 8
18	1	Even	7	43	2	Any	3, 6, 9
19	1	Any	1	44	2	Any	0, 2, 4, 6, 8
20	1	Any	4	45	2	Any	1, 3, 5, 7, 9
21	1	Any	7	46	N/A	N/A	N/A
22	1	Any	1, 6	47	2	Even	9
23	1	Any	2 ,7	48	3	Even	1
24	1	Any	3, 8	49	3	Even	4
25	1	Any	1, 4, 7	50	3	Even	7
26	1	Any	2, 5, 8	51	3	Any	1
27	1	Any	3, 6, 9	52	3	Any	4
28	1	Any	0, 2, 4, 6, 8	53	3	Any	7
29	1	Any	1, 3, 5, 7, 9	54	3	Any	1, 6
30	N/A	N/A	N/A	55	3	Any	2 ,7
31	1	Even	9	56	3	Any	3, 8
32	2	Even	1	57	3	Any	1, 4, 7
33	2	Even	4	58	3	Any	2, 5, 8
34	2	Even	7	59	3	Any	3, 6, 9
35	2	Any	1	60	N/A	N/A	N/A
36	2	Any	4	61	N/A	N/A	N/A
37	2	Any	7	62	N/A	N/A	N/A
38	2	Any	1, 6	63	3	Even	9

eMTC 随机接入起始子帧筛选原则与实现步骤如图 4-32 所示。

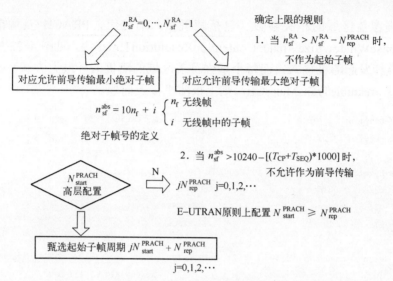

图 4-32　eMTC 随机接入起始子帧筛选原则与实现步骤

假设按照随机接入前导格式 1 进行计算，当绝对子帧号 n_{sf}^{abs} >9337 就不允许作为随机接入前导传输，SFN 的周期是 1024（MIB 8bit+盲检 2bit），按此大致估算，在一个 SFN 循环周期内，后面超过 90%的无线帧都不允许进行随机接入。因此，对于一个 SFN 循环周期而言，真正可以被用作随机接入的子帧只有不到 1s 左右，之后需要等待 9s+，因此随机接入的延迟是可观的。另外 eMTC 物联网系统依然分配了 6 个连续的 PRB 频谱资源用作随机接入。

前边的小节中已将 LTE 的随机接入过程进行了说明，eMTC 终端的随机接入过程大体上一致，最主要的区别就在于 eMTC 新增了与随机接入覆盖等级相关的概念和机制：

1）不同的覆盖等级可以配置不同的 PRACH 资源。一个服务小区定义最大 4 个覆盖等级，那么每个覆盖等级都可以通过独立配置 prach-ConfigIndex 参数获取资源。

2）每个覆盖等级都可以通过参数 firstPreamble 和 lastPreamble 被独立配置随机接入前导。

3）如果 group A 和 group B 都存在，那么对于所有的增强覆盖等级，group B 都存在。每个覆盖等级的随机接入前导分配既可以差异化，也可以共享，总之作为竞争解决初始随机接入前导被限制在了 group A+group B 中。

4）每一个增强覆盖等级都配置了随机接入前导最大尝试次数 maxNumPreambleAttemptCE，一旦随机接入尝试达到了最大次数，UE 随即重置随机接入 COUNTER_CE，并且认为过渡到了下一个增强覆盖区域，采取下

一个增强覆盖区域的相关参数（包括随机接入前导组，PRACH 资源配置，ra-ResponseWindowSize、mac-ContentionResolutionTimer 等，见图 4-33 中相关参数）继续发起随机接入，而每个增强覆盖区域的随机前导最大尝试次数之和一旦超过 preambleTransMax-CE，则上报随机接入问题。

```
RACH-CE-LevelInfoList-r13 ::=    SEQUENCE (SIZE (1..maxCE-Level-r13)) OF
RACH-CE-LevelInfo-r13

RACH-CE-LevelInfo-r13 ::=        SEQUENCE {
    preambleMappingInfo-r13          SEQUENCE {
        firstPreamble-r13                INTEGER(0..63),
        lastPreamble-r13                 INTEGER(0..63)
    },
    ra-ResponseWindowSize-r13        ENUMERATED {sf20, sf50, sf80, sf120, sf180,
                                                 sf240, sf320, sf400},

    mac-ContentionResolutionTimer-r13 ENUMERATED {sf80, sf100, sf120,
                                                  sf160, sf200, sf240, sf480, sf960},
    rar-HoppingConfig-r13            ENUMERATED {on,off},
    ...
}
```

图 4-33　基于 eMTC 不同随机接入等级的独立随机接入前导配置

5）eMTC 的每一次的 Msg1 传输都称作一次随机接入尝试（Attempt）。针对每次随机接入尝试，eMTC 终端都采取在时域上重复若干次传输增加随机接入成功的概率，这一点与 NB-IoT 的设计思路很相似，也是物联网协议在设计时针对上行覆盖和功耗考量的精髓所在。随机接入前导每次尝试的重复次数根据 numRepetitionPerPreambleAttempt（N_{rep}^{PRACH}）进行设置，UE 在 N_{rep}^{PRACH} 个可进行随机接入前导传输的子帧上进行每次 Msg1 尝试的重复传输，这也说明了协议规定 $N_{start}^{PRACH} \geqslant N_{rep}^{PRACH}$ 的必要性，保证每次 Msg1 尝试的重复传输互相不交叠。另外基于不同的覆盖等级，重复传输次数可以独立进行设置，而且在随机接入功率发射上，通过每次随机接入尝试重复传输，发射功率也进一步相应适度地降低，这在一定程度上也对终端进行了功耗优化。

例如：PREAMBLE_RECEIVED_TARGET_POWER － 10×log10 (numRepetitionPerPreambleAttempt)，

值得一提的是，针对增强型覆盖等级 3，eMTC UE 的发射功率采取 $P_{CMAX,c}(i)$ 进行发射，详见 36.213 6.1 R13。

6）RA-RNTI 的计算有差异。eMTC 终端计算 RA-RNTI 的公式如下：

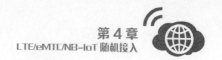

$$RA\text{-}RNTI=1+t\_id+10*f\_id+60*[SFN\_id\,mod\,(Wmax/10)]$$

其中，t_id 定义与 LTE 是一致的，是特定 PRACH 的第一个子帧索引（0≤t_id<10）。

f_id 定义与 LTE 是一致的，是特定 PRACH 的在子帧中的频域升序索引（0≤f_id<6），TDD 系统中 f_id 设置为 f_{RA}。

SFN_id 是特定 PRACH 的第一个无线帧。

Wmax=400，对应增强覆盖区域下最大的接收窗长，图 4-34 展示了 LTE 的 RAR 窗长，图 4-35 展示了 eMTC 的 RAR 窗长，

```
ra-ResponseWindowSize                ENUMERATED {
                                        sf2, sf3, sf4, sf5, sf6, sf7,
                                        sf8, sf10},
```

图 4-34　LTE 的 RAR 窗长

```
ra-ResponseWindowSize-r13       ENUMERATED {sf20, sf50, sf80, sf120, sf180,
                                           sf240, sf320, sf400},
```

图 4-35　eMTC 的 RAR 窗长

7）eMTC 竞争解决阶段与 LTE 的主要区别在于 Msg3 传输采取上行 TTI 重复捆绑的方式（LTE 的 Msg3 传输没有 TTI bundling）。另外，Msg3 的上行 HARQ 中除了 bundle 中的重复都采取的非同步方式。每一个 bundle 中通过底层参数 UL_REPETITION_NUMBER 进行重复传输，这里重复与 HARQ 的重传意义不同，这里的重复是一种非自适应并且不需要等待反馈的重复传输机制。UL_REPETITION_NUMBER 通过解码 MPDCCH 中 DCI 格式 6-0A/6-0B 中的 repetition number 并结合网络为 PUSCH 预先配置的最大重传次数来确定（TS 36.213 8.0 R13），如图 4-36 所示和见表 4-14、表 4-15。

```
PUSCH-ConfigCommon-v1310 ::=     SEQUENCE {
    pusch-maxNumRepetitionCEmodeA-r13    ENUMERATED {
                                            r8, r16, r32 }              OPTIONAL,
-- Need OR
    pusch-maxNumRepetitionCEmodeB-r13    ENUMERATED {
                                            r192, r256, r384, r512, r768, r1024,
                                            r1536, r2048}               OPTIONAL,
-- Need OR
    pusch-HoppingOffset-v1310
                                 INTEGER (1..maxAvailNarrowBands-r13)   OPTIONAL
-- Need OR
}
```

图 4-36　eMTC 的上行物理共享信道参数配置（含 ModeA/ModeB 的最大重传次数）

表 4-14　PUSCH 重复等级（DCI 格式 6-0A）

Higher layer parameter "pusch-maxNumRepetitionCEmodeA"	$\{n_1,n_2,n_3,n_4\}$
Not configured	$\{1,2,4,8\}$
16	$\{1,4,8,16\}$
32	$\{1,4,16,32\}$

表 4-15　PUSCH 重复等级（DCI 格式 6-0B）

Higher layer parameter "pusch-maxNumRepetitionCEmodeB"	$\{n_1,n_2,\cdots,n_8\}$
Not configured	$\{4,8,16,32,64,128,256,512\}$
192	$\{1,4,8,16,32,64,128,192\}$
256	$\{4,8,16,32,64,128,192,256\}$
384	$\{4,16,32,64,128,192,256,384\}$
512	$\{4,16,64,128,192,256,384,512\}$
768	$\{8,32,128,192,256,384,512,768\}$
1024	$\{4,8,16,64,128,256,512,1024\}$
1536	$\{4,16,64,256,512,768,1024,1536\}$
2048	$\{4,16,64,128,256,512,1024,2048\}$

8）Mode A 和 Mode B 本质上也是增强覆盖的两种划分，Mode A 与 Mode B 也需要网络侧进行配置。UE 通过 PhysicalConfigDedicated 得知当前的工作模式。本质上，Mode A 与 Mode B 是对于 eMTC 终端工作在连接态下通过重传机制提升覆盖的差异化约束。如果网络侧没有配置 Mode A 和 Mode B（包括 release），那么在增强覆盖等级和这两个模式之间也存在对应关系，即增强覆盖等级 0/1，UE 假定采取 CEModeA；而对于增强覆盖等级 2/3，UE 假定采取 CEModeB。

eMTC 的覆盖等级总体来说是一种针对小区不同覆盖程度区域的差异化标识，根据这种差异化标识可以设置不同的接入策略，当然这种差异化的参数设置区分需要按照一定的准则，虽然协议并没有规定（例如协议没有明确说明覆盖等级 0 就比覆盖等级 3 在覆盖上有优势），不过随机接入过程却在某种程度上说明了这一点，这意味着相应的参数设置也应该遵循这一约定俗成隐含规则，否则就不匹配 eMTC 系统设计的精髓，无法通过差异化随机接入覆盖等级和相应的机制来提升上行覆盖。在网络运维优化中，无线网络参数如何设置本身没有对错之分，只取决于是否匹配实际的网络环境与结构。无线网络优化的重要内涵之一就是将无线网络参数根据网络环境进行同步适配调整，确保网络质量，提升用户感知并挖掘呈现网络最大的价值。

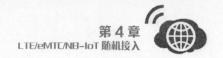

4.3　NB-IoT 随机接入

4.3.1　NB-IoT 随机接入参数规划

NB-IoT 也可以根据测量电平划分覆盖等级用以差异化随机接入，如图 4-37 所示。

NPRACH-ConfigSIB-NBinformation elements

```
-- ASN1START

NPRACH-ConfigSIB-NB-r13 ::=          SEQUENCE {
    nprach-CP-Length-r13                ENUMERATED {us66dot7, us266dot7},
    rsrp-ThresholdsPrachInfoList-r13    RSRP-ThresholdsNPRACH-InfoList-NB-r13
    OPTIONAL,    -- need OR
    nprach-ParametersList-r13        NPRACH-ParametersList-NB-r13
}


NPRACH-ConfigSIB-NB-v1330 ::=        SEQUENCE {
    nprach-ParametersList-v1330         NPRACH-ParametersList-NB-v1330
}

NPRACH-ParametersList-NB-r13 ::=     SEQUENCE (SIZE (1..maxNPRACH-Resources-NB-r13)) OF
NPRACH-Parameters-NB-r13


NPRACH-ParametersList-NB-v1330 ::=   SEQUENCE (SIZE (1.. maxNPRACH-Resources-NB-r13)) OF
NPRACH-Parameters-NB-v1330


NPRACH-Parameters-NB-r13::=      SEQUENCE {
    nprach-Periodicity-r13                  ENUMERATED {ms40,ms80, ms160, ms240,
                                            ms320, ms640, ms1280, ms2560},
    nprach-StartTime-r13                    ENUMERATED {ms8,ms16, ms32, ms64,
                                            ms128, ms256, ms512, ms1024},
    nprach-SubcarrierOffset-r13             ENUMERATED {n0, n12, n24, n36, n2, n18, n34,
spare1},
    nprach-NumSubcarriers-r13               ENUMERATED {n12, n24, n36, n48},
    nprach-SubcarrierMSG3-RangeStart-r13    ENUMERATED {zero, oneThird, twoThird, one},
    maxNumPreambleAttemptCE-r13             ENUMERATED {n3, n4, n5, n6, n7, n8, n10,
spare1},
```

图 4-37　NB-IoT 随机接入覆盖等级划分

```
    numRepetitionsPerPreambleAttempt-r13        ENUMERATED {n1, n2, n4, n8, n16, n32, n64,
n128},
    npdcch-NumRepetitions-RA-r13                ENUMERATED {r1, r2, r4, r8, r16, r32, r64,
r128,
                                                            r256, r512, r1024, r2048,
                                                            spare4, spare3, spare2, spare1},
    npdcch-StartSF-CSS-RA-r13                   ENUMERATED {v1dot5, v2, v4, v8, v16, v32, v48,
v64},
    npdcch-Offset-RA-r13                        ENUMERATED {zero, oneEighth, oneFourth,
threeEighth}
}


NPRACH-Parameters-NB-v1330 ::=        SEQUENCE {
    nprach-NumCBRA-StartSubcarriers-r13         ENUMERATED {n8, n10, n11, n12, n20, n22, n23,
n24,
                                                            n32, n34, n35, n36, n40, n44, n46,
n48}
}

RSRP-ThresholdsNPRACH-InfoList-NB-r13 ::= SEQUENCE (SIZE(1..2)) OF RSRP-Range

-- ASN1STOP
```

图 4-37　NB-IoT 随机接入覆盖等级划分（续）

这里可以看出两个重要信息：NB-IoT 的覆盖等级划分是可选项，最大划分的覆盖等级只有 3 个。NB-IoT 的随机接入前导采取单子载波跳频的随机接入符号组的方式进行随机接入。区别于 LTE 在频域上采取 ZC 序列循环移位进行传递，NB-IoT 的随机接入前导格式比较简单，时域上的基本单位称作随机接入前导符号组，是由循环前缀+5 个相同的符号拼接而成的，如图 4-38 所示。

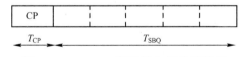

图 4-38　NB-IoT 随机接入前导符号组

NB-IoT 与 LTE 的随机接入前导码传输都属于单载波调制方式。一个符号组中的符号时长为 $8192T_s$，实际上，可以认为以频域 3.75kHz 子载波内的连续 5 个 1（连续 5 个 RE）对应了一个时域上基本的符号组。符号组以跳频的方式进行重复。NB-IoT 的随机接入前导包含了 4 个连续单子载波跳频的符号组。连续传输 4 个相同的基本符号组后，以 numRepetitionsPerPreambleAttempt 进行循环重复，numRepetitionsPerPreambleAttempt 前导重传参数可以针对不同的覆盖等级进行分别设置，如图 4-39 所示。

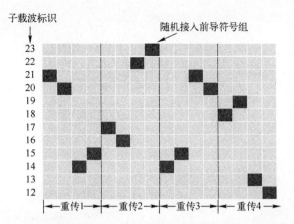

图 4-39　NB-IoT 随机接入前导符号组跳频和随机接入前导重传示意

一个小格子■对应随机接入前导符号组 $(T_{CP} + T_{SEQ})$，四个连续不同跳频的小格子■组成了随机接入前导，也构成了一次的随机接入前导"重传"。

低廉的物联网终端在长期工作状态下会产生频偏，类似于 eMTC 终端的处理机制，同样需要进行 Tx-Tx 的重新校准（retuning），在连续传输 $4 \times 64(T_{CP} + T_{SEQ})$ 之后需要插入 $40 \times 30720T_s$ 间隔（40ms）进行频率重调。TS 36.331 规定了重传次数的取值，可以看到对于大部分是不需要插入频率重调间隔的，对于 128 是需要的（见图 4-40）。即传输了 $4 \times 64(T_{CP} + T_{SEQ})$，插入 $40 \times 30720T_s$，再继续传剩下的 $4 \times 64(T_{CP} + T_{SEQ})$。所有的重复完成后，这称作随机接入(Msg1)的一次尝试。

```
numRepetitionsPerPreambleAttempt-r13    ENUMERATED {n1, n2, n4, n8, n16, n32, n64, n128},
```

图 4-40　Msg1 每次接入尝试的重传次数设置

NB-IoT 随机接入前导格式有两种，见表 4-16。

表 4-16　NB-IoT 随机接入前导格式

Preamble format	T_{CP}	T_{SEQ}
0	$2048T_s$	$5 \cdot 8192T_s$
1	$8192T_s$	$5 \cdot 8192T_s$

这两种随机接入前导格式的设置主要考虑了不同的小区覆盖接入范围。由于 NB-IoT 是半双工系统，而且上行也不需要严格的同步，影响小区接入覆盖半径的主要因素是 CP。由于每一个随机接入前导符号组都在不同子载波上跳频发送，而且发送内容是一样的，故基站侧可通过 CP 来对同一个子载波内传输随机接入前导符号组进行隔离解调，确保接入边缘的 UE 随机接入符号组的传输延迟应该落入后一个符号组的 CP 之内，如图 4-41 所示。

假设UE1处于小区接入边缘，UE2与基站距离无限接近

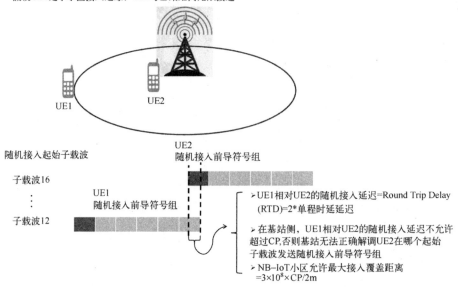

图 4-41　NB-IoT 小区随机接入最大覆盖距离计算示意

经过计算，随机前导格式 0 对应小区半径 10km，格式 1 对应小区半径 40km。一旦随机接入前导的起始子载波选定了，后续跳频重复发送随机接入前导的子载波样式也就确定了，关于起始子载波的计算参见第 1 章 1.2.2 小节。NPRACH 起始子载波以及后续 NPRACH 的范围主要受参数 nprach-NumSubcarriers 以及 nprach-SubcarrierOffset 影响，基于竞争解决的 NB-IoT 随机接入起始子载波由 MAC 层随机挑选并进行后续跳频位置计算。nprach-SubcarrierOffset 决定了起始子载波的偏置，而 nprach-NumSubcarriers 是分配给 NPRACH 子帧的数量，也就是起始子载波在叠加偏置之上可以选择的范围，如图 4-42 所示。

图 4-42　涉及 NB-IoT 随机接入起始子帧和跳频范围的两个参数

NPRACH 起始子帧可以配置在{nprach-SubcarrierOffset，nprach-SubcarrierOffset+nprach-NumSubcarriers-1} 范 围 之 内， 而 nprach-SubcarrierOffset+nprach-NumSubcarriers>48 的起始子载波则认为配置无效。每一个 NPRACH 的跳频范围需要控制在 12 个子载波之内，这 12 个子载波范围不一定是频域连续子载波，可以是频域离散的（当然范围也可以是连续的 12 个）。因此，nprach-SubcarrierOffset 和 nprach-NumSubcarriers 两个参数控制着 NPRACH 起始子载波配置范围以及后续跳频空间，nprach-SubcarrierOffset 越小、nprach-NumSubcarriers 越大时，可供

配置的起始子载波范围较大，可选（竞争+非竞争）随机接入前导较多。反之，nprach-SubcarrierOffset 越大、nprach-NumSubcarriers 越小时，可供配置的起始子载波范围较小，可选（竞争+非竞争）随机接入前导较少。

还有两个涉及 NPRACH 资源规划的参数值得一提，nprach-NumCBRA-StartSubcarriers（ $N_{sc\,offset}^{NPRACH}$ ）决定了 NB-IoT 基于竞争解决随机接入的起始子载波分配范围，而 nprach-SubcarrierMSG3-RangeStart（ N_{MSG3}^{NPRACH} ）是一个系（分）数，如果该参数取值不为 0 或 1，可将基于竞争解决随机接入的起始子载波分配范围划分为两组 $\{0,1,\cdots,N_{sc\_cont}^{NPRACH}N_{MSG3}^{NPRACH}-1\}$ 和 $\{N_{sc\_cont}^{NPRACH}N_{MSG3}^{NPRACH},\cdots,N_{sc\_cont}^{NPRACH}-1\}$ ，后一组随机接入起始子载波可供支持 multi-tone Msg3 传输的 UE 选择使用，如图 4-43 所示。

```
NPRACH-Parameters-NB-r13::=        SEQUENCE {
    nprach-Periodicity-r13                 ENUMERATED {ms40,ms80, ms160, ms240,
                                               ms320, ms640, ms1280, ms2560},
    nprach-StartTime-r13                   ENUMERATED {ms8,ms16, ms32, ms64,
                                               ms128, ms256, ms512, ms1024},
    nprach-SubcarrierOffset-r13            ENUMERATED {n0, n12, n24, n36, n2, n18, n34,
spare1},
    nprach-NumSubcarriers-r13             ENUMERATED {n12, n24, n36, n48},
    nprach-SubcarrierMSG3-RangeStart-r13  ENUMERATED {zero, oneThird, twoThird, one},
    maxNumPreambleAttemptCE-r13           ENUMERATED {n3, n4, n5, n6, n7, n8, n10,
spare1},
    numRepetitionsPerPreambleAttempt-r13  ENUMERATED {n1, n2, n4, n8, n16, n32, n64,
n128},
    npdcch-NumRepetitions-RA-r13          ENUMERATED {r1, r2, r4, r8, r16, r32, r64,
r128,
                                               r256, r512, r1024, r2048,
                                               spare4, spare3, spare2, spare1},
    npdcch-StartSF-CSS-RA-r13             ENUMERATED {v1dot5, v2, v4, v8, v16, v32, v48,
v64},
    npdcch-Offset-RA-r13                  ENUMERATED {zero, oneEighth, oneFourth,
threeEighth}
}

NPRACH-Parameters-NB-v1330 ::=     SEQUENCE {
    nprach-NumCBRA-StartSubcarriers-r13  ENUMERATED {n8, n10, n11, n12, n20, n22, n23,
n24,
                                               n32, n34, n35, n36, n40, n44, n46,
n48}
}
```

图 4-43　NB-IoT 竞争解决随机接入的起始子载波分配

支持 Msg3 以 multi-tone 模式传输的 UE 不支持 numRepetitionsPerPreambleAttempt 设置为 {32,64,128}。当 numRepetitionsPerPreambleAttempt 不设置为 {32,64,128} 时，nprach-SubcarrierMSG3-RangeStart 不能够设置为 0，因此，numRepetitionsPerPreambleAttempt 与 nprach-SubcarrierMSG3-RangeStart 这两个参数是有一定关联关系的。仅支持以 single-tone 模式传输 Msg3 的 UE 和支持 multi-tone 模式传输 Msg3 的 UE 的竞争解决随机接入起始子载波选择范围可由 nprach-NumCBRA-StartSubcarriers 和 nprach-SubcarrierMSG3-RangeStart 这两个参数的设置决定，详细设置规则如图 4-44 所示。

nprach-SubcarrierMSG3-RangeStart 取值的不同条件

nprach-SubcarrierMSG3-RangeStart
{0}

numRepetitionsPerPreambleAttempt
{32,64,128}

nprach-SubcarrierMSG3-RangeStart
{1/3,2/3}

> *nprach-SubcarrierOffset* + [0, floor(*nprach-NumCBRA-StartSubcarriers* * *nprach-SubcarrierMSG3-RangeStart*) -1]
> **支持 single-tone Msg3 传输 UE 的竞争解决 NPRACH 起始子载波分配**
>
> *nprach-SubcarrierOffset* + [floor(*nprach-NumCBRA-StartSubcarriers* * *nprach-SubcarrierMSG3-RangeStart*), *nprach-NumCBRA-StartSubcarriers* - 1]
> **支持 multi-tone Msg3 传输 UE 的竞争解决 NPRACH 起始子载波分配**

nprach-SubcarrierMSG3-RangeStart
{1} *nprach-SubcarrierOffset* + [0, *nprach-NumCBRA-StartSubcarriers* -1]

single-tone Msg3 NPRACH 起始子载波分配

图 4-44　NB-IoT 竞争解决随机接入起始子载波选择以及相关参数设置规则

NB-IoT 的每一个覆盖等级都对应了独立的 NPRACH 相关配置参数 nprach-ParametersList，如同 eMTC 差异化覆盖等级一样，覆盖等级数值从 0 升高，这意味着覆盖越来越受限，那么伴随着覆盖等级的随机接入重复尝试次数 numRepetitionsPerPreambleAttempt 数值也随之升高。类似 eMTC 中不同覆盖等级都有独立的随机接入尝试次数，NB-IoT 的不同覆盖等级也有独立的随机接入最大尝试次数 maxNumPreambleAttemptCE，这是覆盖等级差异化的一个共同的重要设计理念。一旦 NPRACH 相关资源配置参数确定好后，终端就可以发起随机接入流程。如果被配置了 non-anchor 载波，随机接入过程依然在 anchor 载波发起，后续数据传输可以通过 RRC 重配明确之后在 non-anchor 载波进行。

NB-IoT 的随机接入前导不是通过 ZC 序列循环移位产生的，因此差异化随机接入前导最重要的标识不是独立的序列码，而是随机接入起始子载波的位置。每一个对应随机接入前导组的起始子载波都对应了一个随机接入前导。类似

LTE 系统中所谓"非竞争解决"的随机接入流程中，由网络侧通过 NPDCCH order 明确下发的 ra-PreambleIndex 就标识了随机接入起始子载波的位置（Subcarrier indication of NPRACH 6bits-0～47，48～63 保留）（TS 36.212 R13/36.213 16.3.2 R13），NB-IoT 中没有 PRACH Mask Index 的概念（在 LTE/eMTC 中指示 PRACH 资源的索引），随机接入前导实际起始的子载波位置通过公式 nprach-SubcarrierOffset+(ra-PreambleIndex modulo nprach-NumSubcarriers) 计算得出。如果 ra-PreambleIndex=000000，那么 UE 需要根据是否支持 multi-tone Msg3 传输的情况选择对应的随机接入前导组；如果网络侧没有配置 multi-tone Msg3 随机接入前导组，那么支持此模式传输的 UE 只能从 single-tone Msg3 随机接入前导组中随机选择起始子载波。

类似 LTE 上行失步可通过 PDCCH order 发起上行随机接入，eMTC 也可以通过 C-RNTI 解码 NPDCCH order 获取相应的覆盖等级从而根据相应的随机接入参数发起随机接入，例如 DCI Format 6-1A/6-1B 中表征 PRACH 起始 CE 等级的 2bit(TS 36.212 R13)。NB-IoT 通过 C-RNTI 解码 DCI Format N1 也可以类似地获取不同覆盖等级的重复传输次数（repetition numberfield～2bits），同时也由 NPDCCH order 明确了覆盖等级，见表 4-17。

表 4-17　NPDCCH order 指示不同覆盖等级下的随机接入尝试重传次数

I_{Rep}	N_{Rep}
0	R_1
1	R_2
2	R_3
3	Reserved

$R_1/R_2/R_3$ 分别对应覆盖等级 0/1/2 的随机接入尝试重传次数 numRepetitionsPerPreambleAttempt，并且 $R_1<R_2<R_3$，详见 TS 36.212 R13/36.213 16.3.2 R13。

如果 NB-IoT 中的随机接入前导（起始子载波）并不是由 NPDCCH order 明确下发获取的，而是由 MAC 实体选择的，那么应该根据 UE 所处的覆盖等级按照 UE 是否支持 multi-tone Msg3 传输的情况进行相应的 PRACH 资源选择。如果网络侧没有配置 multi-tone Msg3 随机接入前导组，那么支持 multi-tone Msg3 传输的 UE 只能选择 single-tone Msg3 的随机接入前导组提供的起始子载波发起随机接入。Sing-tone Msg3/Multi-tone Msg3 随机接入前导组划分的概念对应了 LTE/eMTC 中 group A/group B 随机接入前导组的划分关系，向基站提供

了潜在传输数据包大小的信息，以进行相应的流控或者优先级调度机制处理。
另外，如果 Msg3 需要被重复传输，MAC 实体应该选择与第一次 Msg3 传输对
应相同的随机接入前导组，例如，NB-IoT 中的 single-tone/multi-tone，而
LTE/eMTC 中则是 group A/group B。

如图 4-45 所示，当 UE 在随机接入过程中更换了覆盖等级，从一个较低的
覆盖等级发送了指定的随机接入尝试次数，迁移到一个较高的覆盖等级，UE
会根据新的覆盖等级相应参数重新选择承载 PRACH 的起始子帧，起始子帧受
参数 nprach-StartTime 和 nprach-Periodicity 控制，选定的原则大致为满足固定
周期的无线帧（$n_f \bmod \left(N_{\text{penod}}^{\text{NPRACH}} /10 \right) = 0$）后确定起始子帧（$N_{\text{start}}^{\text{NPRACH}} \cdot 3.0720 T_s$），
除 了 起 始 子 帧 的 位 置 需 要 被 重 新 更 新 确 定 外， 对 应 覆 盖 等 级 的
ra-ResponseWindowSize 以及 mac-ContentionResolutionTimer 也需要重新更新
确定，详见 TS 36.211 R13。

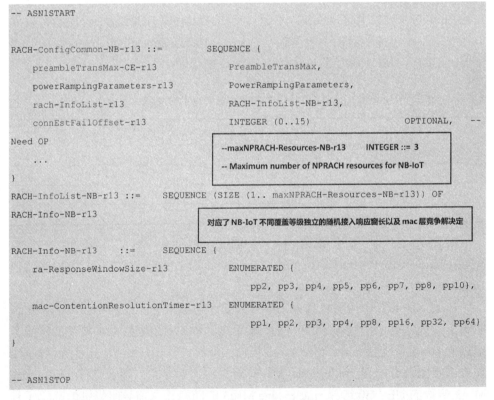

图 4-45 NB-IoT 随机接入基于不同覆盖等级的参数差异化设置

另外，若在 NB-IoT 发起随机接入时，MAC 实体需要考虑可能出现的

measurement gaps 而决定下一个可用的 PRACH 子帧时刻。

4.3.2　NB-IoT 随机接入过程

NB-IoT 随机接入过程大体上与 eMTC 是类似的，两者的随机接入过程框架设计都源于 LTE 随机接入过程，为了避免繁琐赘述同时不失于一般性，本小节并不把流程机械式地重复一遍，而采取对比的方式将 NB-IoT 随机接入过程中的特点进行着重说明。

1．随机接入功率控制

与 eMTC/LTE 一样采取了以 powerRampingStep 作为功率抬升步长的开环功控机制，另外在覆盖等级 0 的时候，计算公式与 eMTC 一样考虑了对于随机接入重复发送尝试次数的功率抵消：

$$NPRACH = \min\{ P_{CMAX,c}(i) , NARROWBAND\_PREAMBLE\_RECEIVED\_TARGET\_POWER+ PLc\}\_[dBm]$$

其中，NARROWBAND_PREAMBLE_RECEIVED_TARGET_POWER=preambleInitialReceivedTargetPower+DELTA_PREAMBLE+(PREAMBLE_TRANSMISSION_COUNTER−1)* powerRampingStep−10* log10(numRepetitionPerPreamble Attempt)。

NB-IoT 的 DELTA_PREAMBLE 为 0， preambleInitialReceivedTargetPower 与 powerRampingStep 参数的取值如图 4-46 所示。

```
PowerRampingParameters ::=              SEQUENCE {
    powerRampingStep                    ENUMERATED {dB0, dB2,dB4, dB6},
    preambleInitialReceivedTargetPower  ENUMERATED {
                                        dBm-120, dBm-118, dBm-116, dBm-114, dBm-112,
                                        dBm-110, dBm-108, dBm-106, dBm-104, dBm-102,
                                        dBm-100, dBm-98, dBm-96, dBm-94,
                                        dBm-92, dBm-90}
}
```

图 4-46　NB-IoT 随机接入相关功率控制参数设置

2．随机接入响应接收

与 LTE/eMTC 的随机接入响应接收过程一样，UE 在接收窗内通过 RA-RNTI 盲检解码 Type2-NPDCCH 公共搜索空间中的 DCI 格式 N1，并根据 RA-RNTI 解码相应的 NPDSCH 获取 Random Access Response 里面的 15bit 的 Random Access Response Grant（见表 4-18），从而获取后续 Msg3 传输所需的上行物理传输资源。类似地，LTE 通过盲检解码 PDCCH 中的 DCI format 1C/DCI

format 1A，eMTC 通过盲检解码 MPDCCH 中的 DCI format 6-1A 或者 6-1B。NB-IoT 在 RA-RNTI 计算以及 Random Access Response Grant 内容方面都与 LTE/eMTC 有所区别。

其中，RA-RNTI=1+floor(SFN_id/4)，SFN_id 是特定 PRACH 的第一个无线帧的索引。

表 4-18 随机接入响应中 Random Access Response Grant（15bit）表征含义

(MSB)→15-bit UL Grant(窄带随机接入响应资源预留)→（LSB)						
上行子载波间隔Δf(1bit)	为竞争解决（Msg3）分配的子载波 I_{sc}(6bit)	调度时延 I_{delay}，在检测到随机接入 grant 下行子帧之后的 k_0 发起上行竞争请求 (2bit)	Msg3 重传次数 N_{rep}(3bit)	通过 NPUSCH 传输 Msg3 的 MCS 索引(3bit)		
0=3.75kHz	$n_{sc}=I_{sc}$，取值 0~47，而 48，49，…,63 作为预留(3.75kHz)	$I_{delay}=0,k_0=12$	$I_{rep}=0,N_{rep}=1$	000, pi/2 BIT/SK（Δf=3.75kHz 或 Δf=15kHz 并 I_{sc}=0,1,…,11）	QPSK（Δf=15kHz 并 I_{sc}>11	占用 4 个 RU,传输块(TBS) 88bit
1=15kHz	$n_{sc}=I_{sc}$，当 I_{sc} 取值 0~11(15kHz)	$I_{delay}=1,k_0=16$	$I_{rep}=0,N_{rep}=2$	001, pi/4 QPSK（Δf=3.75kHz 或 Δf=15kHz 并 I_{sc}=0,1,…,11）	QPSK（Δf=15kHz 并 I_{sc}>11	占用 3 个 RU,传输块(TBS) 88bit
	$n_{sc}=3(I_{sc}-12)+\{0,1,2\}$,当 I_{sc} 取值 12~15(15kHz)	$I_{delay}=2,k_0=32$	$I_{rep}=0,N_{rep}=4$	010, pi/4 QPSK（Δf=3.75kHz 或 $\triangle f$=15kHz 并 I_{sc}=0,1,…,11）	QPSK（Δf=15kHz 并 I_{sc}>11	占用 1 个 RU,传输块(TBS) 88bit
	$n_{sc}=6(I_{sc}-16)+\{0,1,2,3,4,5\}$,当 I_{sc} 取值 16~17(15kHz)	$I_{delay}=3,k_0=64$	$I_{rep}=0,N_{rep}=8$			
	$n_{sc}=\{0,1,2,3,4,5,6,7,8,9,10,11\}$,当 I_{sc} 取值 18(15kHz)		$I_{rep}=0,N_{rep}=16$	预留		
	预留，当 I_{sc} 取值 19~63(15kHz)		$I_{rep}=0,N_{rep}=32$			
			$I_{rep}=0,N_{rep}=64$			
			$I_{rep}=0,N_{rep}=128$			

Random Access Response Grant 在 MAC 层随机接入响应（RAR）消息中的位置如图 4-47 所示。

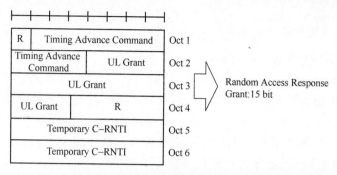

图 4-47　随机接入响应（RAR）消息中携带 15bit 的随机接入响应授予

（Random Access Response Grant）

UE 依靠接收到的 MAC PDU 中 MAC header 中的 RAPID（Random Access Preamble IDentifier）来判定随机接入（物理层流程阶段）是否成功，如图 4-48 所示。

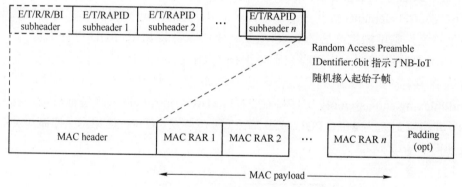

图 4-48　NB-IoT UE 通过 RAPID 判定随机接入是否成功

LTE/eMTC 中的 RAPID 指示了随机接入前导的索引（0～63），UE 通过随机接入前导码在随机接入过程中进行区分标识；而 NB-IoT 中的 RAPID 则指示了随机接入的起始子帧（0～47），UE 通过起始子帧在随机接入过程中进行区分标识。

在 NB-IoT 中，UE 处于某一特定覆盖等级下，其随机接入响应窗长的起始位置按如下原则确定：

1）当 NPRACH 重传次数(参数 numRepetitionsPerPreambleAttempt)≥64，随机接入响应接收窗起始于随机接入前导重复发送占用的最后一个子帧+41，接收窗长基于覆盖等级的窗长参数 ra-ResponseWindowSize 进行配置。

2）当 NPRACH 重传次数(参数 numRepetitionsPerPreambleAttempt)<64，随机接入响应接收窗起始于随机接入前导重复发送占用的最后一个子帧+4，接收窗长基于覆盖等级的窗长参数 ra-ResponseWindowSize 进行配置。

3. 关于随机接入 Msg3 消息的再讨论

LTE/eMTC 中有这么几种情况 Msg3 消息包含了 C-RNTI MAC 控制单元（control element, CE）：例如当 UE 上行失步而下行数据可达时，当 UE 需要切换时，当 UE 通过随机接入申请上行调度时。前两种情况网络侧通过信令（物理层/RRC 层）方式事先明确了 ra-PreambleIndex（非 000000），当然这就是所谓的"非竞争"解决随机接入过程；后一种情况网络侧没有明确指定随机接入前导，而是 UE MAC 实体自行发起的竞争随机接入过程。这三种情况 UE 都处于连接态，都保存有 C-RNTI，当这三种情况都成功解码 RAR 时，UE 认为随机接入过程完成，但却都需要发送 Msg3：

1）PDCCH order 触发随机接入条件下的 Msg3 仅仅包含了 C-RNTI MAC control element，甚至可能没有 MAC SDU（因为没有上行数据）。

2）RRC 子层触发随机接入条件下的 Msg3 也类似，可能也仅包含了 C-RNTI MAC control element，如果 Random Access Response Grant 提供上行传输资源保障足够大，则可能把高层的 RRC 重配完成信令封装 MAC SDU 进行上传。

3）第三种情况 UE 需要在不晚于按照 UL grant 首次发送上行数据之前的时间保存临时 C-RNTI，如果这是首次成功接收到随机接入响应，通知 Multiplexing and assembly 实体将 C-RNTI MAC control element 进行后续上行传输，并将其封装为 MAC PDU 放进 Msg3 缓存待发，C-RNTI MAC 控制单元格式如图 4-49 所示。

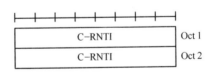

| C-RNTI | Oct 1 |
| C-RNTI | Oct 2 |

图 4-49 LTE/eMTC/NB-IoT 中 C-RNTI MAC 控制单元格式

到此为止，可以看到无论是基于"竞争"解决还是"非竞争"解决的随机接入都有 Msg3 的发送，这里意味着 UE 和基站已经完成了上行的物理层同步，而后续阶段(TS 36.321 将这一阶段都命名为"竞争解决"阶段)UE 判定成功的步骤有所不同，"非竞争"相比"竞争"在流程上要简化了一些：

1）上述第一种情况(ra-PreambleIndex≠000000)一般属于"非竞争"解决流程，当携带 C-RNTI MAC CE 的 Msg3 发出之后，UE 如果通过 C-RNTI 成功解码 PDCCH，则认为随机接入的竞争解决完成了，整个随机接入过程也彻底完成了。

2）第二种情况一般属于"非竞争"解决流程(RRC 触发)，当携带 C-RNTI MAC CE Msg3 发出后，后续通过 C-RNTI 成功解码 PDCCH 同时获取 UL grant，

UE 根据 UL grant 分配的上行传输资源发送承载专属逻辑信道（承载 DCCH SDU）的 RRC 重配完成消息，如果网络侧在 Msg2 中携带的 Random Access Uplink Grant 分配的上行传输资源足够大，则 UE 可以将承载 DCCH SDU 直接封装进 Msg3 的 MAC PDU（封装在 MAC SDU 的位置）伴随 C-RNTI CE 一起发送以优化切换时延，这属于设备厂商的一种调度优化机制，协议并没有严格约束。

3）第三种情况属于"竞争"解决流程，当携带 C-RNTI MAC CE 的 Msg3 发出后（这里携带的 C-RNTI 标识是临时 C-RNTI），后续基于该（临时）C-RNTI（基站也可能下发原 C-RNTI）成功解码 PDCCH 同时获取 UL grant，则认为竞争解决阶段成功。

值得一提的是，当第一种情况中 ra-PreambleIndex=000000 时，或者第二种情况随机接入前导没有由高层事先提供时，那么这两种情况触发的随机接入流程就是"竞争"解决流程了。

除了以上三种情况，Msg3 承载 CCCH SDU 的这种情况是较为常见的情况，例如承载层 3 信令 RRC 建立/重建立，UE 在发送 Msg3 之后，通过临时 C-RNTI 解码成功 PDCCH 获取 MAC PDU，并解码 MAC PDU 获取 UE Contention Resolution Identity MAC control element（见图 4-50），如果 48bit MAC CE 与 Msg3 中所携带的 CCCH SDU 前 48bit 保持一致，那么 UE 就认为竞争解决成功了。

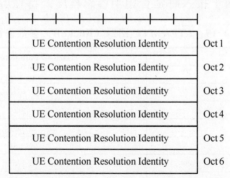

UE Contention Resolution Identity	Oct 1
UE Contention Resolution Identity	Oct 2
UE Contention Resolution Identity	Oct 3
UE Contention Resolution Identity	Oct 4
UE Contention Resolution Identity	Oct 5
UE Contention Resolution Identity	Oct 6

图 4-50　LTE/eMTC/NB-IoT UE 竞争解决标识 MAC 控制单元
（NB-IoT UE 包含了 CCCH SDU 的前 48bit）

至此，UE 停止竞争解决计时，临时 C-RNTI 就变成了 C-RNTI，认为随机接入过程成功完成，并把使用过的 ra-PreambleIndex 以及 ra-PRACH-MaskIndex 都删除掉，同时清空 HARQ 缓存以及 Msg3 缓存。

NB-IoT 没有连接态切换机制，因此也就没有了上述提及的第二种情况。在接收到 RAR 后对于第一种、第三种情况的处理都是一样的，即暂时保存临时 C-RNTI，将 C-RNTI MAC CE 放入 Msg3 缓存，后续流程与前述 LTE/eMTC

流程是大体一致的，值得关注的是第一种情况（PDCCH order 触发随机接入）中 Msg3 携带的是原始 C-RNTI MAC CE，而 NB-IoT 则携带的是（临时）C-RNTI MAC CE。另外，由 NPDCCH order 触发 NB-IoT 随机接入，在每一个接入覆盖等级下的随机接入前导应按照本章 4.3.1 小节中表 4-16 说明进行独立选择。如果 NB-IoT 在连接态下还配置了非锚定载波（non-anchor carrier），那么分别在第一种情况、第三种情况触发随机接入过程 Msg3 发送之后，收到了基于 C-RNTI 解码 PDCCH 得到的 UL grant 或者 DL assignment，这些上下行调度标识都是为了 non-anchor carrier 分配上下行资源的。

4. 两个定时器

mac-ContentionResolutionTimer：LTE 中这个定时器在 Msg3 传输时启动计时，并且在每次 HARQ 重传的子帧重启计时；而 NB-IoT/eMTC 中这个定时器在初始 Msg3 传输的最后一个 PUSCH 子帧启动，并在每个 Msg3 HARQ bundle 重复传输的最后一个 PUSCH 子帧重启计时。值得一提的是，MAC 层的混合自动重传-应答机制 HARQ-ACK 只针对 Msg3 传输以及 Msg3 传输之后终端与网络之间的信令/数据交互才启用，随机接入过程阶段（Msg1/Msg2）不启用该机制。

回退（Backoff）参数设置：由表 4-19 和表 4-20 对比可以明显看出，NB-IoT 相比 LTE/eMTC 在随机接入延迟参数 Backoff 的设置范围要宽泛得多，这也由 NB-IoT 物联网技术对于接入时延有相当容忍程度的特性所决定。

表 4-19　LTE/eMTC 回退（**Backoff**）参数设置

Index	Backoff Parameter value (ms)
0	0
1	10
2	20
3	30
4	40
5	60
6	80
7	120
8	160
9	240
10	320
11	480
12	960
13	Reserved
14	Reserved
15	Reserved

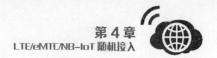

表 4-20　NB-IoT 回退（Backoff）参数设置

Index	Backoff Parameter value (ms)
0	0
1	256
2	512
3	1024
4	2048
5	4096
6	8192
7	16384
8	32768
9	65536
10	131072
11	262144
12	524288
13	Reserved
14	Reserved
15	Reserved

第 5 章

NB-IoT 规划分析

5.1 NB-IoT 网络部署

由电磁波传播特性决定传播特性好的低频段优质频谱可以大大减少建网成本，提升技术与产业竞争力。对于频分双工 FDD 系统，采用 700MHz 频段所用站点远低于 1900MHz 或 2600MHz 的站点。目前 3GPP R13 协议中定义的 FDD 优先频段见表 5-1，从表中可以看出，目前 UMTS 主要使用 BAND1，GSM 分别使用 BAND8、BAND3。大家熟知的 GSM 900MHz 正是使用 BAND8 频段中的 25MHz（下行 935～960MHz）。为了更好地推动物联网发展，同时节省建网成本，使用户更快速地使用物联网业务，可考虑将目前的 GSM 900MHz 频段做部分清退，来部署 NB-IoT 及 eMTC 网络，在清退过程中需保障原有 2G 用户的使用感知。

表 5-1　3GPP R13 协议中定义的 FDD 优先频段

频　带	上行频率 FUL_low-FUL_high	下行频率 FUL_low-FUL_high	双工方式
1	1920MHz～1980Hz	2110～2170MHz	FDD
2	1850MHz～1910Hz	1930～1990MHz	FDD
3	1710～1785MHz	1805～1880MHz	FDD
5	824～849MHz	869～894MHz	FDD
8	880～915MHz	925～960MHz	FDD
12	699～716MHz	729～746MHz	FDD
13	777～787MHz	746～756MHz	FDD
17	704～716MHz	734～746MHz	FDD
18	815～830MHz	860～875MHz	FDD
19	830～845MHz	875～890MHz	FDD
20	832～862MHz	791～821MHz	FDD
26	814～849MHz	859～894MHz	FDD
28	703～748MHz	758～803MHz	FDD

5.1.1 NB-IoT 部署方式

NB-IoT 有三种部署方式，选择不同的部署方式对频率规划由不同的要求。

1．Stand-alone 部署方式

NB-IoT 采用 Stand-alone 部署方式时，频率的选择比较灵活，可以在 GSM、UMTS、LTE 网络内部署，使用 GSM 频谱时频率规划方式如图 5-1 所示，其中在 NB-IoT 基站与 GSM 基站比例为 1:1 时，保护带为 100kHz；当比例达到 1:3 或 1:4 时，保护带为 200kHz。

图 5-1　Stand-alone 部署使用 GSM 频谱时的频率规划方式

使用 FDD 频谱时频率规划方式如图 5-2 所示，在 NB-IoT 基站与 LTE 基站比例为 1∶1 时，LTE 频谱保护带需满足 1.4MHz 空余 160kHz，3MHz 空余 150kHz，5MHz 空余 250kHz，10MHz 空余 500kHz，15MHz 空余 750kHz，20MHz 空余 1MHz。当比例达到 1∶3 或 1∶4 时，LTE 频谱 5MHz 以上带宽使用 LTE 内置保护带即可，5MHz 以下带宽需要 200kHz 保护带宽。

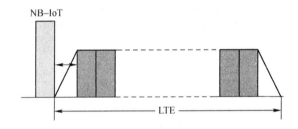

图 5-2　Stand-alone 部署使用 FDD 频谱时的频率规划方式

2．Guard-band 部署方式

Guard-band 部署方式中，LTE 载波需保持在 10MHz 以上，需严格滤波，LTE 保护带需预留 500kHz 带宽，包括 NB-IoT 带宽 200kHz，向右保护带宽 200kHz，向左保护带宽 100kHz，如图 5-3 所示。

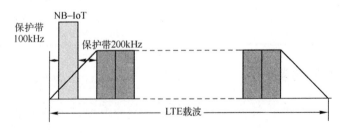

图 5-3　Guard-band 部署使用 LTE 频谱

3. In-band 部署方式

3GPP 协议规定，In-band 部署方式要求 LTE 系统带宽为 3MHz 及以上带宽，目前产品仅支持 5M 及以上带宽，In-band 部署方式占用 LTE 的 1 个 RB。上行推荐配置在最边缘的 RB 上；下行在不同 LTE 系统带宽时可配置在不同的位置上。由于 Inband 部署方式对现有 LTE 网络会有较大干扰及容量影响，现网不建议使用，在此不再阐述。

总体来说，当存在空余频谱或 GSM 频谱、对覆盖要求高时，推荐采用 Stand-alone 部署方式；当存在 LTE 频谱且有演进扩容需求时，可考虑采用 In-band 部署方式（不推荐）；LTE 10M 以上频谱且 Guard-band 部署无法律风险的情况，可考虑 Guard-band 部署方式（不推荐）。

4. 异制式邻频干扰共存保护带要求

在考虑 NB-IoT 不同部署方式的基础上，当频率规划涉及异制式邻频干扰共存时，对保护带有明确的要求，见表 5-2。表中 GM 共存指 GSM 与 NB-IoT 共存，UM 共存指 UMTS 与 NB-IoT 共存；LM 共存指 LTE 与 NB-IoT 共存。

表 5-2　NB-IoT 频率规划中异制式邻频干扰共存保护带要求

场景		保护带（单位：Hz）（1：1 组网）	保护带（单位：Hz）（1：3/1：4 组网）	备注（单位：Hz）
Stand-alone	GM 共存	100k	200k（需保证和 NB 频率间隔 200k 的 GSM 频点小区和 NB 共站）	与 GSM 主 B 频点间隔 300k（需保证和 NB 频率间隔 300k 的 GSM 频点小区和 NB 共站）
	UM 共存	0k（中心频点间隔 2.6M）	中心频点间隔 2.6M（极端场景 M 对 U 性能有一定影响）	5M UMTS 保护带 0k；其他非标带宽 UMTS，与中心频点间隔 2.6M
	LM 共存	LTE 内置保护带（标准带宽）	LTE 5M 以上带宽的内置保护带；5M 以下带宽需要 200k 以上保护带	
LTE Guard-band		频谱边缘（模板要求）：100k；RB 边缘（干扰要求）：100k	频谱边缘（模板要求）：100k；RB 边缘（干扰要求）：200k	Guradband 部署存在法律风险
LTE in-band		根据协议提案的仿真，预估不需要预留保护带	下行：预留一个 RB 保护带	NB-IoT 的 PSD（功率谱密度）不高于 LTE 6dB
			上行：预留一个 RB 保护带	

5.1.2 NB-IoT 1：*N* 组网规划

本节主要讨论独立部署（Stand-alone）方案，参考某运营商在 900MHz 频段的已有频率资源。原则上 NB-IoT 不单独新建站点，以 GSM 升级、GSM/TD-LTE 共站新建为主。具体站址的规划，以 GSM900/GSM1800/TD-LTE 全量站址作为 NB-IoT 的站点备选库。GSM900/GSM1800/TD-LTE 共站址场景，在满足规划目标需求前提下，优选 GSM900，次选 GSM1800，再次选 TD-LTE(要求同厂家)，最后考虑 TD-LTE 共站新建（异厂商）。室分系统建设，根据物联网业务发展的实际需求部署，原则上不允许在无业务的场景中部署。

在合理的站间距区间内设站，控制 NB-IoT 站间距偏移距离不多不少；既不存在弱覆盖也不带来过多的重叠覆盖，NB-IoT 站间距及站址偏离距离要求见表 5-3。基站站址在目标覆盖区内尽可能平均分布，尽量符合蜂窝网络结构的要求，一般要求基站站址分布与标准蜂窝结构的偏差应小于站间距的 1/4，避免出现超近站和超远站。

表 5-3　NB-IoT 站间距及站址偏离距离要求

区　　域	理论计算站间距（m）	站间距（m）
主城区（高穿损）	841	700～850
主城区（低穿损）	1021	850～1050
一般城区	1238	1050～1300
县城及乡镇	1511	1300～1600
农村	按需配置	

NB-IoT 天线选项不做特殊要求，2T2R 天线即可满足业务需求；对部分重要站点，如网络结构复杂或者独立优化要求高的站点，在条件允许情况下，部署独立天馈或独立电调天馈。为避免高站带来的重叠覆盖，室外宏基站挂高控制在 20～40m，大于 50m 的站点原则上不得入网。NB-IoT 天馈方向角原则上以 GSM 或者 TDL 站点规划为准，对网络结构影响重大的站点，可部署独立天馈或者独立电调天馈。NB-IoT 天馈下倾角原则上以 GSM 或者 TDL 站点规划为准，对网络结构影响重大的站点，可部署独立天馈或者独立电调天馈。

NB-IoT 在物理层发送方式、网络结构、信令流程等方面做了简化，在覆盖上提出了在 GSM 基础上增强 23dB 的覆盖目标，主要通过提高功率谱密度、重复发送、低阶调制编制等方式实现。NB-IoT 基于 GSM 站址 1：1 的方式建设，可提供较 GSM 强 23dB 的深度覆盖能力；基于 1：2 的方式建设，可提供

较 GSM 强 17dB 的深度覆盖能力；基于 LTE FDD 目标网规划站址 1∶4 的方式
建设，可提供较 GSM 强 11dB 的深度覆盖能力。

理论上 23dB 可以用于增强深度覆盖，可以从原网站点中按照 1∶N 比例调
整站点进行 NB-IoT 的部署，其中，N 代表原网站点数，1 代表 NB-IoT 站点数。
1∶3 组网如图 5-4 所示，标识 ◯ 是 NB-IoT 与 GSM 共站建设站点，其余站点为
没有 NB-IoT 站点，虚线框内划定 1∶3 组网架构下 NB-IoT 与 GSM 站点形成的
一个簇，可以看出 1∶3 组网中 NB-IoT 站间距为 GSM 站间距的 1.73 倍。

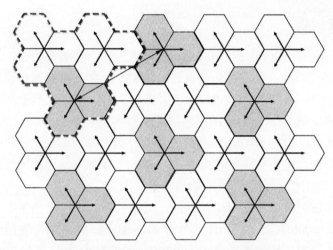

图 5-4　NB-IoT 与 GSM 按 1∶3 比例组网

1∶4 组网如图 5-5 所示，虚线框内划定 1∶4 组网架构下 NB-IoT 与 GSM
站点形成的一个簇，可以看出 1∶4 组网中 NB-IoT 站间距为 GSM 站间距的 2 倍。

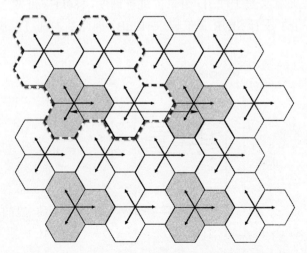

图 5-5　NB-IoT 与 GSM 按 1∶4 比例组网

1：N 组网的影响因素有三大方面：业务要求、邻频保护带要求（频谱资源）和是否共天馈。从覆盖深度、业务要求和邻频干扰保护带来看，1：1 组网在比 GSM 多 10dB 覆盖深度情况下可达到 99%覆盖率，适用于智能抄表业务；1：4 组网在比 GSM 相等覆盖深度情况下可达到 99%覆盖率，适用于智能停车、路灯杆等业务。

5.2　NB-IoT 网络规划

5.2.1　频谱规划

BAND8 频段（900MHz）频率低、覆盖范围广、穿透能力强，是窄带物联网较理想的优选频段，依托运营商原有的 GSM 网络，可快速建设广域底层覆盖网络。BAND3 频段（1800MHz）频率资源丰富，终端成熟度高，在高流量区域和室内覆盖场景中是现有 LTE 网络的重要容量补充手段。

在城市区域，FDD 900MHz 网络不能简单继承原有 GSM 网络结构。GSM 网络是异频组网，过覆盖现象较为严重，LTE FDD 网络是同频网络，如果继承原有 GSM 网络结构，则会导致严重的同频干扰。

在农村区域，由于 900MHz 频率低、覆盖范围大，应优先使用 900MHz 部署 LTE FDD。900MHz LTE FDD 基站与 900MHz GSM 基站覆盖能力相当，同时农村地区也没有连续覆盖的要求，900MHz LTE FDD 基站可与 900MHz GSM 基站 1：1 共址建设，解决广覆盖问题。

NB-IoT 下行和 LTE 一样采用 OFDMA，子载波工作方式如图 5-6 所示，子载波 15kHz，业务按照 180kHz 为单位进行调度，180kHz 带宽上只能采用 1*1 同频复用，NB-IoT 下行 SINR 最低要求-12dB，因此基本都可以满足下行 SINR 的覆盖率要求。

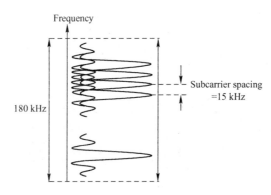

图 5-6　NB-IoT 下行子载波工作方式

NB-IoT 上行采用 SC-FDMA，子载波有 3.75kHz 和 15kHz 两种，子载波工作方式如图 5-7 所示，理论上可以采用 1*3 频率复用，目前产品仅支持 1*1 同频复用。NB-IoT 终端发射功率范围为-40～23dBm，上行业务解调门限目标值低于 LTE，上行按照 1*1 频率复用，底噪抬升小于 LTE，可以满足要求。

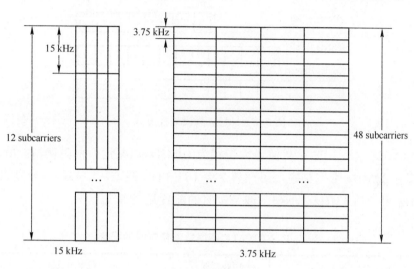

图 5-7　NB-IoT 下行子载波工作方式

NB-IoT 上下行有效带宽为 180kHz，下行采用 OFDM，子载波带宽与 LTE 相同，为 15kHz；上行有两种传输方式，单载波传输（Single-tone）和多载波传输（Multi-tone），其中 Single-tone 的子载波带宽包括 3.75kHz 和 15kHz 两种，Multi-tone 子载波间隔 15kHz，支持 3、6、12 个子载波的传输。以 NPUSCH 为例，NPUSCH 用来传送上行数据以及上行控制信息，NPUSCH 传输可使用单频或多频传输。NPUSCH 上行子载波间隔有 3.75kHz 和 15kHz 两种，上行有 Single-tone、Multi-tone 两种传输方式，其中 Single-tone 的子载波带宽包括 3.75kHz 和 15kHz 两种，Multi-tone 子载波间隔 15kHz，支持 3、6、12 个子载波的传输。

eMTC 是 LTE 的演进功能，在 LTE TDD 及 LTE FDD 1.4～20MHz 系统带宽上都有定义，但无论在哪种带宽下工作，业务信道的调度资源限制在 6 个物理资源块（Physical Resource Block，PRB）以内，eMTC 频段划分方式如图 5-8 所示。

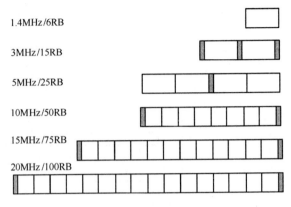

图 5-8　eMTC 频段划分方式

900MHz 频段 LTE 单载波最大带宽为 10MHz，以某运营商为例，在 900MHz 频段共有 20MHz 带宽频率，可部署 2 个 LTE FDD 载波，中心频点分别设置为 939MHz 和 948.3MHz，不同载波带宽时的配置见表 5-4。

表 5-4　FDD LTE 不同载波带宽时的配置

FDD LTE 载波配置	中心频点	频率上下限
5MHz 载波	948.3MHz	（945.8MHz, 950.8MHz）
10MHz 载波	948.3MHz	（943.3MHz, 953.3MHz）
10MHz +5MHz 载波	948.3MHz	（943.3MHz, 953.3MHz）
	941.1MHz	（938.6MHz, 943.6MHz）
10MHz +10MHz 载波	948.3MHz	（943.3MHz, 953.3MHz）
	939MHz	（934MHz, 943.6MHz）

FDD 900MHz 频段的频率规划逐步实施方案如图 5-9 所示，初期考虑由于 GSM 网络仍承载较大规模用户，900M 系统清退目标包括 5MHz 的 eMTC 和 800kHz 的 NB-IoT 频段。第一步，清退 5.8MHz 频率（953.2～954MHz、945.8～950.8MHz）资源以满足蜂窝物联网建设需求，其中 NB-IoT 主要使用 953.2～954MHz，eMTC 使用 945.8～950.8MHz，其中心频率未 948.3MHz；第二步，当 GSM 网络负荷降低时，可保持 eMTC 中心频点不变，带宽扩展为 10MHz；最后，GSM 全部退网，5M eMTC 扩展为 10+10 模式，载波间的保护带压缩 700kHz。

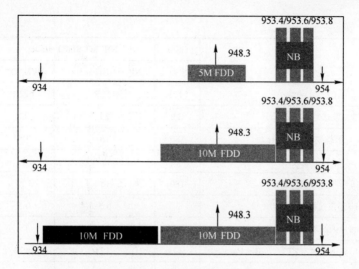

图 5-9　FDD 900MHz 频段的频率规划逐步实施方案

上述频谱规划可充分利用 BAND8 的 900MHz 频段，NB-IoT 配置在高频段，eMTC 配置在低频段，NB-IoT 与 eMTC 共天馈组网时产生的互调最小，避免对上行的干扰。NB-IoT 与 GSM/LTE 共站部署，通过保护带确保干扰可控，其中与 GSM 共站部署保护带要求为 200kHz，与 FDD 共站部署，5M 以上不需要用护带。NB-IoT 与 GSM/LTE 独立部署，需增加保护带的宽度，NB-IoT 和 GSM 频点保护带要求 300kHz 以上；FDD 5M 以上不需要保护带，主要依靠控制站间距控制干扰。

5.2.2　功率规划

1. NB-IoT 上行链路预算

以密集城区 Hata 模型为例计算各信道覆盖距离，并与 GSM 900MHz 网络做对比，在同等环境下 GSM 覆盖半径为 0.6～0.7km，NB-IoT 覆盖半径约为 2.65km，是 GSM 的 4 倍左右，eMTC 覆盖半径约为 2km，是 GSM 的 3 倍左右。NB-IoT 覆盖半径比 eMTC 覆盖半径高约 30%，见表 5-5。

表 5-5　NB-IoT 上行链路预算

	GSM	NB-IoT Stand-alone		eMTC
	上行	NPUSCH(15kHz)	NPRACH	PUSCH
（1）数据速率（kbit/s）	12.2	0.5	N/A	N/A

（续）

	GSM	NB-IoT Stand-alone		eMTC
	上行	NPUSCH(15kHz)	NPRACH	PUSCH
（2）天线数	1T2R	1T2R	1T2R	1T2R
（3）发送功率（dBm）	33	23	23	23
（4）子载波带宽（kHz）	180	15	3.8	180
（5）子载波数	1	1	1	1
（6）占用带宽（kHz）	180	15	3.75	180
（7）馈线损耗（dB）	3	0.5	0.5	0.5
（8）天线增益（dBi）	15	15	15	15
（9）噪声功率谱密度（kT）（dBm/Hz）	−174	−174	−174	−174
（10）噪声系数（dB）	3	3	3	3
（11）噪声功率（dB）	−118.4	−129.2	−135.3	−118.4
（12）信噪比或载干比（dB）	6	−12.8	−5.8	−16.3
（13）接收灵敏度（dBm）=(11)+(12)	−112.4	−142	−141.1	−134.7
（14）最大耦合损耗（dB）=(3)−(13)	145.4	165	164.1	157.7
（15）快衰落余量（dB）	3	0	0	0
（16）阴影衰落余量（dB）	11.6	11.6	11.6	11.6
（17）干扰余量（dB）	1	2	2	2
（18）穿透损耗（dB）	11	11	11	11
（19）OTA（dB）	6	6	6	6
人体损耗（dB）	3	0	0	0
（20）总体余量（dB）	35.6	30.6	30.6	30.6
最大允许路损（dB）=(3)−(7)+(8)−(13)−(20)	121.8	148.9	148	141.6

实际在做网络规划时，需综合考虑上行速率目标、干扰余量、穿透损耗、覆盖率、物联网终端功耗等因素规划覆盖半径。eMTC 和 NB-IoT 覆盖增强可用于提升网络覆盖能力、提升覆盖率或降低站址密度以降低网络建设成本。

2. NB-IoT 下行链路预算

同样以密集城区适用的无线传播模型——Hata 模型为例，计算各信道覆盖距离，并与 GSM 作对比，在同等环境下，NB-IoT 下行链路预算见表 5-6。

表 5-6　NB-IoT 下行链路预算

	GSM	NB-IoT Stand-alone			eMTC
	下行	NPBCH	NPDCCH	NPDSCH	PDSCH
（1）数据速率（kbit/s）	12.2	N/A	N/A	3	—
（2）天线数	1T1R	1T1R	1T1R	1T1R	1T2R
（3）发送功率（dBm）	43	43	43	43	36.8
（4）子载波带宽（KHz）	180	15	15	15	180
（5）子载波数	1	12	12	12	6
（6）占用带宽（KHZ）	180	180	180	180	1080
（7）馈线损耗（dB）	3	0.5	0.5	0.5	0.5
（8）天线增益（dBi）	15	15	15	15	15
（9）噪声功率谱密度（kT）（dBm/Hz）	−174	−174	−174	−174	−174
（10）噪声系数（dB）	5	5	5	5	5.0
（11）噪声功率（dB）	−116.4	−116.4	−116.4	−116.4	−108.7
（12）SNRorC/I（dB）	11	−8.8	−4.6	−4.8	−14.2
（13）接收灵敏度（dBm）=(11)+(12)	−105.4	−125.2	−121	−121.2	−122.9
（14）最大耦合损耗（dB）=(3)−(13)	148.4	168.2	164	164.2	159.7
（15）快衰落余量（dB）	3	0	0	0	0
（16）阴影衰落余量（dB）	11.6	11.6	11.6	11.6	11.6
（17）干扰余量（dB）	1	5	5	5	5
（18）穿透损耗（dB）	11	11	11	11	11
（19）OTA（dB）	6	6	6	6	6
人体损耗（dB）	3	0	0	0	0
（20）总体余量（dB）	35.6	33.6	33.6	33.6	33.6
最大允许路损（dB）=(3)−(7)+(8)−(13)−(20)	124.8	149.1	144.9	145.1	140.6

链路预算结果表明，NB-IoT 覆盖半径约是 GSM 的 4 倍，eMTC 覆盖半径约是 GSM 的 3 倍，NB-IoT 覆盖半径比 eMTC 大 30%。NB-IoT 及 eMTC 覆盖增强可用于提高物联网终端的深度覆盖能力，也可用于提高网络的覆盖率，或者减少站址密度以降低网络成本等。

NB-IoT 三种部署方式 Stand-alone、Guard-band 及 In-band 通过不同的重复次数，都可以满足 MCL164dB 的覆盖目标，但由于 Guard-band 及 In-band 功率受限于 LTEFDD 系统功率，其功率比 Stand-alone 低 5dB 或 8dB，故为了

达到同等下行覆盖能力，需更多重复次数，此时下行速率比 Stand-alone 低；上行方向三者差别不大。NB-IoT 系统带宽 180kHz，Stand-alone 不依赖于 FDD LTE 网络，可独立部署。

3. NB-IoT 网络 RRU 功率预算

根据密集城区场景，终端按照全部均匀分布；典型水表类上报业务（以 100 字节为例），95%上行业务：上行 155 字节，下行应答 45 字节。5%下行业务：下行 65 字节，上行 55 字节应答；上下行业务数据量比为 3∶1。在 Stand-alone 部署方式下，天线采用 2T（2 个发射单元）配置，存在发射功率和分集接收增益，典型射频模块功率配置为 2*1.6W，2*2.5W，2*5W，2*7.5W，2*10W，由此得出的 RRU 功率预算，见表 5-7。

表 5-7　RRU 功率预算

	参　　数	RRU 功率（20W）	RRU 功率（6.7W）	RRU 功率（3.2W）
A	发射功率（dBm）	43	38.2	35（2T2R）
B	热噪声（dBm）	−174	−174	−174
C	占用带宽（kHz）	180	180	180
D	接收机噪声系数（dB）	5	5	5
E	干扰余量（dB）	0	0	0
F	等效噪声功率(dBm) = $+10\lg(C)+(D)+(E)$	−116.4	−116.4	−116.4
G	SINR 要求（dB）	−5	−9.7	−12.6
H	接收机灵敏度(dB) = $F+G$	−121.2	−126.1	−129
L	接收机处理增益（dB）	0	0	0
	最大耦合损耗 MCL(dB) = $A-H+L$	164.4	164.3	164

总结：如表中计算结果所示，RRU 设计为 3.2W 的功率可以满足 164dB 的 MCL 要求，如果 RRU 功率增加到 6.7W、20W，功率提升会带来更大的边缘速率。

4. 设计功率预留余量

在实际的网络部署过程中，需要考虑预留余量，保证系统的稳定性。从理论的 MCL（最大耦合损耗）来看，GSM 对应 144dB，NB-IoT 对应 164dB，相对值有 20dB 增益。依据网优经验，GSM 通常边缘电平规划为-95～-90 dBm，预留了 6～11dB 余量，参考 GSM 网络规划，假设没有系统外干扰，NB-IoT 预留 7dB 余量，按照 157dB 规划，相对 GSM 实际规划的 MCL 仍有 20dB 增益。

设定密集城区、城区、农村及郊区的各项参数，见表 5-8。

表 5-8　不同场景功率预算配置

参 数 名	配 置			
场景	密集城区	普通城区	农村	郊区
业务类型	NB-IoT/GSM/LTE			
频段	900MHz			
传播模型	Okumura-Hata			
基站天线增益（dBi）	15			
馈线损耗（dB）	1			
基站功率配置	GSM：43dBm　LTE：46dBm/10M　NB-IoT：43 dBm			
终端功率配置	GSM：33 dBm　LTE/NB-IoT：23 dBm			
噪声系数（dB）	基站：3 / 终端：5			
穿透损耗（dB）	18	14	10	7
额外深度损耗（仅 NB-IoT 考虑）	10	10	10	10
阴影衰落标准差（dB）	11.7	9.4	7.2	6.2
覆盖概率	99%/95%			
干扰余量（dB）	GSM：1dB　NB/LTE：3dB			
站高（m）	25	30	35	40

按照功率预算设定条件，NB-IoT 和现网共站场景的覆盖半径见表 5-9。

表 5-9　不同场景覆盖半径

场景室内覆盖（km）	GSM 900M（95%覆盖概率）	LTE 900M（95%覆盖概率）	NB-IoT 900M（95%覆盖概率）	NB-IoT 900M（99%覆盖概率）
密集城区	0.58	0.56	1.13	0.65
普通城区	1.21	1.19	2.4	1.53
郊区	3.52	3.45	7.03	4.91
农村	9.71	9.51	19.54	12.14

从覆盖半径计算结果来看，与传统网络相比，NB-IoT 覆盖的终端具有更深的覆盖需求。相较 GSM 900MHz 的 20dB 增强主要用于深度覆盖，体现在额外深度损耗：终端在深度覆盖，以水电表为例，高度降低，同时表外面会增加盖子，额外增加约 10dB 损耗。终端非移动且位置更深（角落），要求从传统网

络 95%覆盖率增加到 99%的覆盖率，需额外增加 8dB 左右损耗。

5.2.3 参数规划

1．PCI 规划

NB-IoT 独立部署（包括 Stand-alone 和 Guard-band）情况下 PCI 规划，和 LTE 类似，NB-IoT 也需要规避 mod3（双端口）和 mod6（单端口）干扰，区别是 PSS 在 NB-IoT 是固定值，SSS 取值为 0～503，用于规避干扰；另外，NB-IoT 中为了降低邻区上行 DMRS 的互相干扰，需要规避 mod16 干扰。独立部署方式使用异频组网时，PCI 规划难度降低，可实现更大范围的 PCI 复用。

NB-IoT In-band 部署情况下，NB-IoT PCI 和 LTE 保持一致：PCI 规划总体原则，除了要求相邻小区不能配置相同 PCI 外，还要满足 1T 情况下 mod6 错开，2T 情况下 mod3 错开，另外为了满足上行 DMRS 序列性能，对 PCI 还有 mod16 错开要求。

2．邻区规划

3GPP 协议中规定按照 16 个邻区进行规划，考虑到 NB-IoT 中无切换功能，建议按照周围一层正对小区做邻区。

3．PRACH 规划

NB-IoT 的 PRACH 采用频域偏置的方式进行规划，协议规定了 7 个频域位置，目前某主流设备产品 eRAN 12.01 暂不能配置 SC0(0 号子载波)和 SC2(2 号子载波)，其他 5 个频域位置可配。规划的原则是尽量保证邻区的 PRACH 频域偏置错开。

4．导频功率配置

根据具体 RRU 模块和现网配置来确定 NB-IoT 的载波发射功率，NB-IoT 导频功率(dBm)=10*log（NB-IoT 载波总功率(mW)/12），设置相应的 NB-IoT 的导频功率。

5．TAC 规划

TAI=MCC+MNC+TAC，协议规定 NB 的 TAI 必须和 LTE 的不一样，因此有两种选择，一种在配置 PLMN（MCC+MNC）就和 LTE 不一样，或者 TAC 需要和 LTE 配置不一样。从 eNodeB 空口能力受限角度分析，建议 20 个 NB-IoT 基站（单基站 3 个小区）规划为 1 个 TAC。

eNodeB 空口能力受限情况下的大致估算条件方法如下：

按照 10%寻呼开销(典型场景单小区寻呼能力大约 14.5 条/s)、单小区 10000 用户数、单用户每天 2 次的寻呼话务模型；单小区每秒钟平均的寻呼需求 =10000*（2/24/3600）≈0.23 条/秒；单个 TAC 可规划的小区数=14.5/0.23≈63；按照单个 eNodeB 三个小区，计算出来的 eNode 空口能力受限情况下，单个 TAC 下可以划大约 20 个 eNodeB。

6. 覆盖等级 RSRP 设置

在没有额外系统外干扰场景下，建议在规划时根据负载情况预留 2～7dB 的余量。以 2dB 规划余量为例，建议覆盖等级 0 的 MCL 为大于 142dB，覆盖等级 1 的 MCL 为 142～152dB，覆盖等级 2 的 MCL 为小于 152dB。

对应具体参数设置的 RSRP 需要结合导频功率设置，假定 NB 的导频功率设置为 32.2dBm，则按照导频功率和建议的 MCL 推算不同覆盖等级的 RSRP 门限如下：

RACHCfg.NbRsrpFirstThreshold=32.2-142≈-110 dBm；

RACHCfg.NbRsrpSecondThreshold=32.2-152≈-120 dBm；

如果导频功率不一样，按照实际导频功率进行计算；如果在存在系统外干扰的场景下，需要再根据实际系统外干扰情况来调整该门限值。

第 6 章

NB-IoT 评估体系

6.1 NB-IoT 性能评估

6.1.1 接入性 KPI 指标

接入性评估指标包括 RRC 连接建立成功率、RRC 连接恢复成功率。当前 NB-IoT 设备与厂家主要支持 CP 模式传输，无 e-RAB 建立。

1. RRC 连接建立成功率

RRC 连接建立成功率是为了评估在一个 NB-IoT 小区或者整个 NB-IoT 网络中 RRC 连接建立成功率，测试对象是 NB-IoT 小区。

指标名称：RRC Setup Success Rate (All)。

指标定义：RRC 连接建立成功率=RRC 连接成功次数/RRC 连接建立尝试次数*100%。

计算公式：$RRCS\_SR_{service}$=(RRCConnectionSuccess/RRCConnectionAttempt) $\times$100%。

关联的指标：RRC Setup Success Rate（All）=L.NB.RRC.ConnReq.Succ/L.NB.RRC.ConnReq.Att*100%。

RRC 连接建立成功率信令流程如图 6-1 所示。

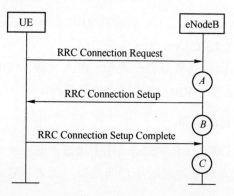

图 6-1　RRC 连接建立成功率信令流程

A 点表征 RRC 连接建立尝试次数，*C* 点表征 RRC 连接建立成功次数。

当 NB-IoT 小区接收到 UE 发送的 RRC Connection Request 消息时，统计对应指标，各指标的具体统计方式如下：

指标 L.NB.RRC.ConnReq.Msg 加 1，统计包括重发 RRC Connection Request 消息的次数。

指标 L.NB.RRC.ConnReq.Att 加 1，并且根据不同的覆盖等级在对应的指标上加 1，统计不包括重发 RRC Connection Request 消息的次数。

如果 RRC Connection Request 消息信元 Establishment Cause 为"mt-Access"，则指标 L.NB.RRC.ConnReq.Att.Mt 上加 1，统计不包括重发 RRC Connection Request 消息的次数。

如果 RRC Connection Request 消息信元 Establishment Cause 为"mo-Signalling"，指标 L.NB.RRC.ConnReq.Att.MoSig 上加 1，统计不包括重发 RRC Connection Request 消息的次数。

如果 RRC Connection Request 消息信元 Establishment Cause 为"mo-Data"，指标 L.NB.RRC.ConnReq.Att.MoData 上加 1，统计不包括重发 RRC Connection Request 消息的次数。

如果 RRC Connection Request 消息信元 Establishment Cause 为"mo-Exception-Data"，指标 L.NB.RRC.ConnReq.Att.MoExcepData 上加 1，统计不包括重发 RRC Connection Request 消息的次数。

B 点流程，当 eNodeB 下小区接收到 UE 发送的 RRC Connection Request 消息并下发 RRC Connection Setup 消息给 UE 时，指标 L.RRC.ConnSetup 加 1。

C 点流程，当 eNodeB 收到 UE 返回的 RRC Connection Setup Complete 消息时统计相应指标，L.RRC.ConnReq.Succ 加 1。

RRC 建立失败原因包括资源分配失败（准入失败）、UE 无应答（弱覆盖或者终端问题）、流控导致的 RRC 连接请求消息丢弃。

2. RRC 连接恢复成功率

NB-IOT UP 模式增加 RRC-Suspended 状态，前一次传输数据的用户面连接被挂起，下次传输可恢复挂起的用户面连接，无需新建用户面连接，测试对象是 NB-IoT 小区。

指标名称：RRC Resume Success Rate。

计算公式：$RRCS\_SR_{service}=(RRCConnectionResumeComplete/RRCConnectionResumeRequest)\times100\%$。

RRC 连接恢复成功率信令流程如图 6-2 所示。

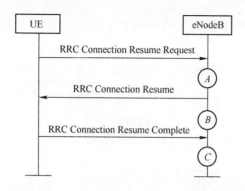

图 6-2　RRC 连接恢复成功率信令流程

A 点表征 RRC 连接恢复尝试，*C* 点表征 RRC 连接恢复成功。

6.1.2　保持性 KPI 指标

1.　NB-IoT 掉话率

当前 NB-IoT 设备与厂家主要支持 CP 模式传输，无 e-RAB 建立，所以掉话率指标主要参考上下文掉话率。当终端用户采用 CP 模式进行业务传输时，以 UE 上下文异常释放来衡量这部分业务的掉话。当终端用户采用 UP 模式进行业务传输时，以 e-RAB 异常释放来衡量这部分业务的掉话，测试对象是 NB-IoT 小区。

指标定义：掉话率=UE 上下文异常释放/（UE 上下文正常释放+UE 上下文异常释放）*100%。

指标名称：Service Drop Rate (All)。

计算公式：Service_DR=[AbnormalRelease /(NormalRelease+AbnormalRelease)]×100%。

关联的指标：Service Drop Rate (All) = (L.NB.UECNTX.AbnormRel − L.NB.UECNTX.AbnormRel.Up+L.NB.E-RAB.AbnormRel)/(L.NB.UECNTX.NormRel− L.NB.UECNTX.NormRel.Up + L.NB.E-RAB.NormRel + L.NB.UECNTX.AbnormRel− L.NB.UECNTX.AbNormRel.Up + L.NB.E-RAB.AbNormRel)×100%。

UE Context 是 UE 在整个网络中的用户上下文信息，它在 NB-IoT 小区内的释放成功率，直接反映了 NB-IoT 小区回收用户资源的能力。UE 上下文释放测量(UeCntx.Rel.NB.Cell)统计 NB-IoT 小区内不同原因的 UE Context 释放次数，通过相关指标的上报，最终可以得到各个 NB-IoT 小区的 UE Context 释放成功率。

UE 上下文异常释放信令流程如图 6-3 所示，A 点表征基于原因值的正常和不正常释放测量点。

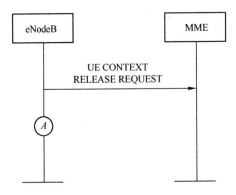

图 6-3　UE 上下文异常释放流程

e-RAB 异常释放信令流程如图 6-4 所示，A 点表征基于原因值的正常和不正常释放测量点。

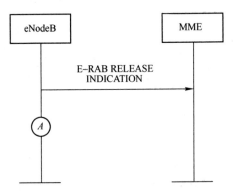

图 6-4　e-RAB 异常释放信令流程

2. 下行丢包率

当商用网络中存在 CP 和 UP 两种模式的终端用户时，采用下行丢包率指标来评估 NB-IoT 小区的下行丢包性能，该 KPI 指标综合考虑了 CP 模式的信令无线承载（Signaling Radio Bearer, SRB）下行丢包情况和 UP 模式的专用无线承载（Dedicated Radio Bearer, DRB）下行丢包情况，通常情况下，SRB 指信令占用的资源，DRB 指业务所占用的资源。

指标定义：下行丢包率=下行 SRB 传输总的丢包数/（下行 SRB 传输成功的总包数+下行 SRB 传输总的丢包数），测试对象是 NB-IoT 小区。

指标名称：Downlink Packet Loss Rate (All)。

计算公式：DLPacketLossRate(All) =NumOfDlLostPackets/NumberOfDlTransmitted-Packet。

关联的指标：Downlink Packet Loss Rate(All)=(L.NB.Thrp.Pkts.DL. SRB.Loss + L.NB.Traffic.PktUuLoss.DL.DRB.Loss)/(L.NB.Thrp.Pkts.DL.SRB.Tot+L.NB.Traffic. PktUuLoss.DL.DRB.Tot) × 100%。

3．上行丢包率

当 NB-IoT 网络存在 UP 模式终端用户时，可以采用上行丢包率（DRB）指标来评估 UP 模式用户在网络中上行丢包性能。本指标由 NB-IoT 小区 DRB 业务 PDCP SDU 上行丢弃的总包数和 PDCP SDU 上行期望收到的总包数决定。

指标名称：Uplink Packet Loss Rate (DRB)。

计算公式：ULPacketLossRate(DRB) = NumOfUlLostPackets/Number-OfUlTransmittedPacket。

关联的指标：Uplink Packet Loss Rate (DRB) =(L.NB.Traffic.PktLoss. UL.DRB.Loss / L.NB.Traffic.PktLoss.UL.DRB.Tot) × 100%。

4．SRB 下行丢包率

SRB 下行丢包率评估 NB-IoT 小区 SRB 下行丢包情况，该指标由 NB-IoT 小区 SRB 下行丢包个数和 SRB 下行发送的总包数决定。

指标名称：Downlink Packet Loss Rate (SRB)。

计算公式：DLPacketLossRate(SRB) =NumOfDlLostPackets/NumberOfDl-TransmittedPacket。

关联的指标：Downlink Packet Loss Rate (SRB) =(L.NB.Thrp.Pkts.DL.SRB. Loss / L.NB.Thrp.Pkts.DL.SRB.Tot) × 100%。

6.2　NB-IoT 测试评估

NB-IoT 评估体系主要包括室外场景及定点场景的测试评估以及在所有测试数据汇总后的整体统计评估，主要指标包括覆盖、干扰、重叠覆盖等网络指标，速率、时延、成功率等业务指标。NB-IoT 评估体系需建立在 NB-IoT 单站验证完成，且相应的性能指标可支撑分析的基础上。单站验证包括基站参数（经纬度、TAC、基站 ID）、小区工程参数（小区 ID、频点、PCI、天线端口数）、小区网优参数（RS 功率、天线挂高、方向角、下倾角含预置电下倾角、机械下倾角），此外，还需检查 NB-IoT 站点是否运行正常、有无告警。单站验证的性能验证包括，覆盖性能，检查是否存在天线接反、弱覆盖；附着性能，测试基

站下各小区的附着成功率；接入性能，测试 RRC 连接成功率；吞吐率性能，测试 MAC 层上行吞吐率与单用户下行吞吐率。

6.2.1 测试指标评估

NB-IoT 网络不支持切换，主要通过扫频仪遍历测试室外道路的方式对网络性能进行评估，通过测试评估 NB-IoT 网络覆盖、干扰问题，指导网络规划建设及质量优化。NB-IoT 室外道路测试主要采用 NB-IoT 扫频仪进行网络性能测试，测试范围包含背街小巷在内的所有 1～4 级道路、国道省道，县城城区（县城城区范围内的主要道路），农村及旅游景点（乡镇、行政村、旅游景点及连接道路）。考虑 NB-IOT 移动性能力偏低，平均车速建议不超过 30km/h。

NB-IoT 定点测试依据物联网典型应用场景选择测试点，选取的定点场景需遍历到所有业务类型。室内选点要求每个楼宇选择地下一层、低层、中高层各一层，每层选择 1 个测试点；如果该楼宇无地下场景，则仅测试低层、中高层；如果地下一层无法进行业务测试，则空闲态记录电平和 SINR 信息，并做统计。

NB-IoT 道路测试与定点测试关注的覆盖率指标门限不同，覆盖率=条件采样点/总采样点*100%；道路测试中 NB-IoT 条件采样点是指 RSRP≥-84dBm、SINR≥-3dB 的采样点；定点测试中，NB-IoT 条件采样点是指 RSRP≥-125dBm、SINR≥-3dB 的采样点。综合参考信号接收功率（Reference Signal Received Power，RSRP）与信干噪比（Signal-to-Interference and Noise Ratio，SINR），描述全网的覆盖情况。

主要关注的指标如下：

（1）覆盖率指标

1）覆盖率，综合接收场强和信干噪比，描述全网的覆盖情况。

覆盖率=条件采样点/总采样点*100%。

NB-IoT 条件采样点：RSRP≥-84dBm，SINR≥-3dB。

2）平均 RSRP，参考信号平均接收电平，从参考信号平均接收信号与干扰噪声比角度，评估全网的平均干扰强度。

3）边缘 RSRP，取 RSRP 中 CDF 等于 5%的值，如果边缘 RSRP 太低，则不能达到网络最低覆盖要求；如果边缘 RSRP 过高，则小区间干扰也会严重。故 NB-IoT 更加重视利用边缘覆盖电平，来评估小区边缘的覆盖。

4）RSRP 分段占比，RSRP 分段占比=RSRP 分段采样点/NB-IoT 测试总采样点，通过对 RSRP 采样点分段统计情况，客观反映整体覆盖质量。其中，分段为 RSRP<-110、-110≤RSRP<-94、-94≤RSRP<-84、-84≤RSRP<-74、

-74≤RSRP<-60、RSRP≥-60。

5）RSRP 连续弱覆盖比例，RSRP 连续弱覆盖比例=NB-IoT 连续弱覆盖里程/NB-IoT 测试里程*100%，评估路测中参考信号 RSRP 接收功率情况，反映服务小区覆盖的主要指标。其中，弱覆盖里程的定义为持续 10s 70%的采样点路段满足 RSRP<－84 dBm。

6）RSRP 连续无覆盖比例，RSRP 连续无覆盖比例=NB-IoT 连续无覆盖里程/NB-IoT 测试里程*100%，评估路测中参考信号 RSRP 接收功率情况，反映服务小区无覆盖的情况。连续无覆盖里程的定义为持续 10s 70%的采样点路段满足 RSRP<－94 dBm。

（2）干扰类指标

1）平均 RS-SINR，参考信号平均接收信号与干扰噪声比，从参考信号平均接收信号与干扰噪声比角度，评估全网的平均干扰强度。

2）边缘 RS-SINR，参考信号平均接收信号与干扰噪声比取 CDF（累计概率分布）5%对应的值，从参考信号平均接收信号与干扰噪声比角度，评估全网各小区边缘的干扰强度。

3）SINR 分段占比，SINR 分段占比=SINR 分段采样点/NB-IoT 测试总采样点，通过对 SINR 采样点分段统计情况，客观反映整体覆盖质量。其中，分段为 SINR<-10、-10≤SINR<-5、-5≤SINR<0、0≤SINR<5、5≤SINR<10、10≤SINR<15、15≤SINR<20、SINR≥20。

4）连续 SINR 质差里程占比，连续 SINR 质差里程占比=连续 SINR 质差里程/NB-IoT 测试里程*100%，评估 RS-SINR 质差里程。其中，SINR 质差里程定义为持续 10s 且 70%的采样点 CRS-SINR<-3dB 的连续路段。

5）重叠覆盖率，道路重叠覆盖率 = 重叠覆盖度≥4 的采样点 / 总采样点*100%。重叠覆盖度指与最强信号电平差距在 6dB 范围内的电平数量，且最强信号 RSRP>-84 重叠覆盖度≥4，即认为存在较严重的重叠覆盖情况。从参考信号平均接收信号电平角度，评估服务小区覆盖范围内强信号邻区叠加的程度。

6）重叠覆盖里程占比，道路重叠覆里程占比 = 连续重叠覆盖度≥4 的里程 / 总测试里程 * 100%。评估全网内重叠覆盖里程占比，一定程度上反映网络建设合理性。

7）Mod3 冲突采样点比例，Mod3 冲突采样点比例=Mod3 冲突采样点小区数量/采样点测量到的邻区数量总数*100%，最强信号 RSRP 门限=-84 PCI = 3*Group ID（S-SS）+ Sector ID（P-SS），如果 PCI mod 3 值相同的话，就会造成 P-SS 的干扰；实际网络必然中存在两邻区 PCI mod 3 无法错开的情况。mod 3 会造成 CRS 信号相互干扰，使 SINR 降低；重叠覆盖和 mod 3 干扰同时存在，以重

叠覆盖影响为主。

（3）业务测试指标

1）Ping 小包业务，ping 包大小：20Byte，定点测试，从空闲态发起 Ping 包业务，不断链连续测试 20 次。

2）接入类 Attach 业务，定点测试终端进行附着去附着操作，每个点测试 10 次：

发起 Attach Request 到 Attach Complete；

保持 3s 后，终端发出 Detach Request；

超时时长为 60s，每次测试间隔为 10s。

3）UDP 大数据量上传业务，文件大小为 200k Byte；定点测试，连续发包，定点持续发送 3min 以上的业务；每个点测试 1 次。

4）UDP 大数据量下载业务，文件大小为 200k Byte；定点测试，连续发包，定点持续发送 3min 以上的业务；每个点测试 1 次。

6.2.2 测试统计评估

收集一个区域或某一时间阶段的定点测试结果，可根据下述指标进行统计评估。

（1）吞吐率指标

1）上行物理层速率（含掉线），单位为 kbit/s，评估 NB-IoT 网络上行传输性能的重要指标，指标定义：物理层总上传量（含掉线）/上传总时长（含掉线），每个点分别计算再求平均。

2）上行物理层速率（不含掉线），单位为 kbit/s，评估 NB-IoT 网络上行传输性能的重要指标，指标定义：物理层总上传量（不含掉线）/上传总时长（不含掉线），每个点分别计算再求平均。

3）下行物理层速率（含掉线），单位为 kbit/s，评估 NB-IoT 网络下行传输性能的重要指标，指标定义：物理层总下载量（含掉线）/下载总时长（含掉线），每个点分别计算再求平均。

4）下行物理层速率（不含掉线），单位为 kbit/s，评估 NB-IoT 网络下行传输性能的重要指标，指标定义：物理层总下载量（不含掉线）/下载总时长（不含掉线），每个点分别计算再求平均。

（2）误块率指标

1）MAC 层上行平均 BLER，指标定义：MAC 层上行 BLER=上行总错误 TB 数/上行传输总 TB 数*100%，每个点分别计算再求平均。评估数据传输的误码程度，反映系统保证传输数据的准确性和稳定性，间接反映空口的质量。

2）MAC 层下行平均 BLER，指标定义：MAC 层下行 BLER=下行总错误 TB 数/下行传输总 TB 数*100%，每个点分别计算再求平均。评估数据传输的误码程度，反映系统保证传输数据的准确性和稳定性，间接反映空口的质量。

（3）调度类指标

1）下行 NPDSCH 平均重复次数，指标定义：每次调度下行 NPDSCH 重复次数总和/调度次数，每个点分别计算再求平均。用来评估下行业务信道的重复次数，反映空口的质量。

2）上行 NPUSCH Format 1 平均重复次数，指标定义：每次调度上行 NPUSCH 重复次数总和/调度次数，每个点分别计算再求平均。用来评估上行业务信道的重复次数，反映空口的质量。

3）上行 MCS 统计，指标定义：上行 MCS 平均值=上行码字 MCS 值总和/上行码字 MCS 上报次数，最高频率 MCS 占比=max(每种 MCS 上报个数/MCS 上报个数总和)，每个点分别计算再求平均。评估采用的平均调制编码方式统计，可以间接反映了当前数据传输速率的大小。

4）下行 MCS 统计，指标定义：下行 MCS 平均值=下行码字 MCS 值总和/下行码字 MCS 上报次数，最高频率 MCS 占比=max(每种 MCS 上报个数/MCS 上报个数总和)，每个点分别计算再求平均。评估采用的平均调制编码方式统计，可以间接反映了当前数据传输速率的大小。

5）上行 NPUSCH Format 1 平均调度的子载波个数，指标定义：每次调度上行 NPUSCH 子载波数总和/调度次数，每个点分别计算再求平均。评估上行信道的调度情况。

6）上行 NPUSCH Format 1 3.75kHz ST 的比例，指标定义：上行 3.75kHz ST 子载波的调度次数/总调度次数，每个点分别计算再求平均。评估上行信道的调度情况。

7）上行 NPUSCH Format 1 15kHz ST 的比例，指标定义：上行 15kHz ST 子载波的调度次数/总调度次数，每个点分别计算再求平均。评估上行信道的调度情况。

8）上行 NPUSCH Format 1 15kHz MT 的比例，指标定义：上行 15kHz MT 子载波的调度次数/总调度次数，每个点分别计算再求平均。评估上行信道的调度情况。

（4）Ping 类指标

1）Ping 包成功率，指标定义：Ping 包成功率=Ping 包成功的总次数/ping 包总次数，每个点分别计算再求平均。评估室外遍历测试情况下的业务性能。

2）Ping 包时延，指标定义：Ping 包时延=Ping 包总时延/ping 包总次数，

每个点分别计算再求平均。评估室外遍历测试情况下的业务性能。

（5）接入类指标

1）RRC 连接建立成功率，指标定义：RRC 连接建立成功率=RRC 连接建立成功次数/RRC 连接建立尝试次数*100%。评估系统接入性能的重要指标，其中，以终端发起 RRCConnectionRequest 作为一次 RRC 连接建立尝试，到终端发送 RRCConnectionSetupComplete 作为一次 RRC 连接建立成功。

2）RRC 连接建立平均时延，指标定义：RRC 连接建立平均时延=RRC 连接建立时延总和/RRC 连接建立成功次数。评估 NB-IoT 系统接入性能的重要指标，其中，以终端发起 RRCConnectionRequest 作为一次 RRC 连接建立尝试，到终端发送 RRCConnectionSetupComplete 作为一次 RRC 连接建立成功。

3）ATTACH 成功率，指标定义：ATTACH 成功率=ATTACH 成功次数/ATTACH 尝试次数*100%。评估 NB-IoT 系统接入性能的重要指标，其中，以终端发起 ATTACH REQUEST 作为一次 ATTACH 尝试，到终端发送 ATTACH COMPLETE 作为一次 ATTACH 成功。

4）ATTACH 平均时延，指标定义：ATTACH 平均时延=ATTACH 时延总和/ATTACH 成功次数。评估 NB-IoT 系统接入性能的重要指标，其中，以终端发起 ATTACH REQUEST 作为一次 ATTACH 尝试，到终端发送 ATTACH COMPLETE 作为一次 ATTACH 成功。

5）DETACH 成功率，指标定义：DETACH 成功率=DETACH 成功次数/DETACH 尝试次数*100%。评估 NB-IoT 系统接入性能的重要指标，其中，终端触发关机作为 1 次尝试，到终端发出 DETACH REQUEST 作为一次 DETACH 成功。

6）DETACH 平均时延，指标定义：DETACH 平均时延=DETACH 时延总和/DETACH 成功次数。评估 NB-IoT 系统接入性能的重要指标，其中，终端触发关机作为 1 次尝试，到终端发出 DETACH REQUEST 作为一次 DETACH 成功。

7）SERVICEREQUEST 成功率，指标定义：SERVICEREQUEST 成功率=SERVICE 建立成功次数/SERVICE 建立尝试次数*100%。评估 NB-IoT 系统业务建立性能的重要指标，其中，SERVICE 建立成功以 UE 上发 Service Request 后，到收到 Service Accept 作为一次服务请求成功。

8）SERVICEREQUEST 平均时延，指标定义：SERVICEREQUEST 平均时延=SERVICE 建立时延总和/ SERVICE 建立成功次数。评估 NB-IoT 系统接入性能的重要指标，其中，以 UE 上发 Service Request 作为服务建立请求，到收到 Service Accept 作为一次服务请求成功，两者时间差为业务请求建立时延。

第 7 章

NB-IoT 优化分析

7.1 NB-IoT 覆盖优化

NB-IoT 网络性能一般通过道路测试与定点测试的指标来评估，其中，覆盖性能主要由道路测试评估，业务性能主要由定点测试评估。道路测试中的综合覆盖率可简化为 RSRP≥-84 且 SINR≥-3 的测试样点占比高于 95%，其他相关的评估指标见表 7-1。

表 7-1　道路测试覆盖性能相关指标

指标项	目标基准
综合覆盖率 RSRP≥-94&SINR≥-3 占比	> 95%
平均 SINR（dB）	> 6
平均小区重选时长	< 1s
重叠覆盖率	5%～10%

道路测试需关注的覆盖性能可进一步细化如下：

弱覆盖：RSRP<-94dBm，持续 20s 70%的采样点小于该门限。

SINR 差：SINR<-3，持续 20s 70%采样点小于该门限；

小区重选时间超长：重选时间超过 2s，甚至拖死。

重叠覆盖问题点：100m 以内重叠覆盖点数大于或等于 4 个点，重叠覆盖为主服务小区和邻区差值在 6dB 以内的小区数大于或等于 4 个。

覆盖性能评估中，RSRP 差主要是因为天馈不合理、发射功率低、基站数量少或基站建设不合理；SINR 差主要是因为同频高重叠覆盖、弱覆盖、高干扰、重选不及时等。

7.1.1 弱覆盖优化

1. 弱覆盖问题优化措施

（1）天馈调整

目前 NB-IoT 站点主要和 GSM 共天馈，导致天馈调整大部分受限，但是并不等于不能调整；和 GSM 侧联合优化，保障 GSM 质量不恶化的前提下可以进行 RF 天馈调整；如果需要优化的站点优先级非常高，可以向移动申请将 GSM 和 NB-IoT 天馈分开，以便独立调整。

（2）功率优化

目前 NB-IoT 的 RS 功率配置为 29.2dBm，并没有满功率发射，可以根据需要进行功率的增减，现场优化经验建议按 3dB 步长进行优化。

（3）基站建设

对于覆盖空洞区域申请建设基站补盲，特别是由于站址疑难能问题而被替换开通的站点，对于规划区域内连续覆盖影响极大，需要尽快推动原址开通。

2．定点测试中的弱覆盖情况

NB-IoT 单站验证与簇优化完成之后，可逐步开展定点测试与道路测试。定点测试中可能会发现室内的 NB-IoT 覆盖情况与仿真结果相差较大。在某市定点测试中，大型商场一层门厅的测试情况如图 7-1 所示，可以看出 NB-IoT 使用 94 号频点，其绝对无线频率信道号（E-UTRA Absolute Radio Frequency Channel Number E-UTRA, EARFCN）为 3738，其 RSRP 值为-110.00dBm，SINR 为-4.10，其业务已不能正常发起，甚至不能完成 Attach 附着。

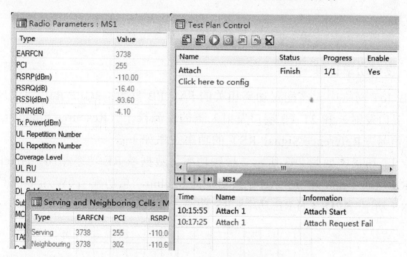

图 7-1　NB-IoT 定点测试抓图

在该定点测试的大型商场，行进到一层纵深 25m 处，RSRP 恶化至-123.3dBm，SINR 恶化至-13.7，测试仪表显示终端已脱网。在电子地图上计算测试终端与 NB-IoT 基站距离，发现只有 687m，但是测试表明已完全不支持提供服务。

3．道路测试中的弱覆盖情况

针对某城市中一个弱覆盖较为严重的区域进行测试优化，如图 7-2 所示，城坊街与新仓巷交叉口区域弱覆盖严重，UE 行驶至城坊街与新仓巷交叉路口由南到北方向时，由于原附近规划站点被替换，导致 UE 占用较远站点 A2_XH

枢纽楼 HNN_H-66 信号，电平为-96dBm，影响整体到了覆盖。

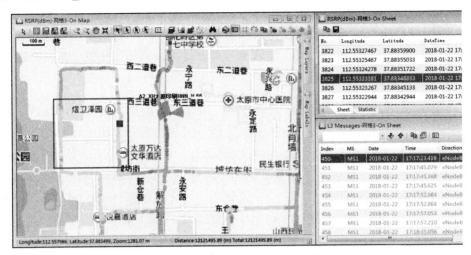

图 7-2　NB-IoT 弱覆盖严重路段测试图

4. 发射功率计算

NB-IoT 网络中无需配置功率相关的 PA、PB 参数；3GPP R13 协议规定了 1T（1 端口发射）和 2T（2 端口发射）下的资源粒子（Resource Element, RE）与参考信号（Reference Signal, RS）的功率关系如下：

1）1T 场景，如图 7-3 所示。导频功率与数据域 RE 功率相同；NB-IoT 总功率=RS 功率（mW）*12（如导频功率为 32dbm，总功率=20W）；NPBCH RE 功率=RS 功率　NPDCCH RE 功率= RS 功率。

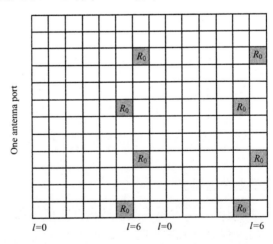

图 7-3　1T 场景 RE 与 RS 功率关系示意图

2）2T 场景，如图 7-4 所示。导频功率是数据域 RE 功率一倍；即 NB-IoT 总功率=RS 功率(mW)/2*12；（如导频功率为 32dbm，总功率=2*10W）；NPBCH RE 功率=RS 功率/2 NPDCCH RE 功率= RS 功率/2。

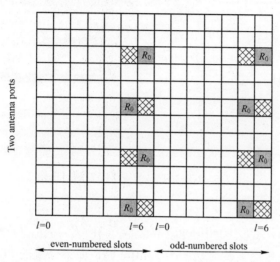

图 7-4　2T 场景 RE 与 RS 功率关系示意图

5. 功率优化

由于没有 PA/PB 的概念，NB-IoT 导频功率(dBm)=10*log（NB-IoT 载波总功率(mW)/12）。

以某主设备为例，目前 NB-IoT 网络有 2T4R 和 2T2R 两种，功率规格是 2× 10W，单端口 PORT 10W 对应 40dBm。

12 个子载波均分功率，可得 10*log12=10.8。

所以，单端口 PORT 的 RS 功率=40dBm－10.8 dB ＝ 29.2dBm；

因为是 2T，所以加 3dB，最终 RS 最大为 32.2dBm。

优化方案：将道路测试中占用小区的功率提升，由之前的 29.2dBm 提升至 32.2dBm。

参数修改后对该路段进行复测，如图 7-5 所示，占用同样小区的 RSRP 值由之前的-96dBm 提升到-88dBm，覆盖率指标有明显改善。

6. 功率优化延伸

上述的功率优化是针对定点与道路测试中下行覆盖弱进行的下行功率提升，如果在后期的测试评估中发现上行功率受限的场景，也可尝试进行上行功率优化。NB-IoT 对上行功率控制进行了简化，只有开环功率控制。

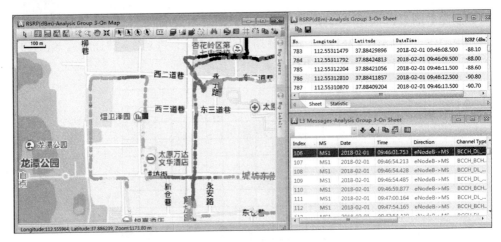

图 7-5　NB-IoT 弱覆盖路段复测对比图

上行功率优化公式：

$$P_{\text{NPUSCH,c}}(i) = \min\{P_{\text{CMAX,c}}(i)m10\log_{10}(M_{\text{NPUSCH,c}}(i)) + P_{\text{O\_NPUSCH,c}}(j) + \alpha_c(j) \cdot PL_C\}\text{dBm}$$

P_{CMAX}：当 UE 最大发射功率为 23dBm 时，如果分配的 PUSCH RU 的重复次数大于 2，则直接按最大发射功率。

$M_{\text{NPUSCH,c}}(i)$：分配的上行子载波个数，如果是 375kHz（对应 1/4），如果是 15kHz，One-Tone 为 1，Multi-Tone 为（3,6,12）。

$P_{\text{O\_NPUSCH,c}}(j)$：eNodeB 期望的接收功率水平。

$\alpha_c(j)$：路损因子，默认配置为 1。

PL_C：下行路损，由终端通过 RSRP-RS power 计算得到。

上述公式中，在上行受限场景中，可先尝试抬升 eNodeB 期望的接收功率水平 $P_{\text{O\_NPUSCH,c}}(j)$ 参数，优化参数需与现场测试同步进行，以便对比优化效果。

7.1.2　重选慢优化

道路测试建议采用扫频仪，对扫频结果需要做修正，把扫频仪测试结果和实际部署终端做下定点对比测试，根据定点对比测试结果对扫频结果进行修正，通常情况下由扫频仪测试得出的覆盖性能比 NB-IoT 商用终端要好。

NB-IoT 商用终端更多的是在进行定点测试的业务测试，为更贴近真实情况，也采用 NB-IoT 商用终端进行道路测试。由于 NB-IoT 不支持切换，在发生位置移动时，主要通过小区重选来保持移动性。传统优化经验中，为保证业务质量，小区间重选参数主要基于抑制频选配置。在 NB-IoT 道路测试中，为保障 NB-IoT 终端重选及时，需要加快重选频次及缩短重选间隔等参数以保障重选及时。需关注的是，本套小区重选参数仅限于在 NB-IoT 道路覆盖测试场景下使用，完成测试后需及时回退至商用场景参数。

在分析本案例前，先简要阐述 NB-IoT 部分系统消息及小区重选相关参数。

1. 系统消息

系统消息构成：1 个主消息块（Master Information Block, MIB）与 7 个系统消息块（System Information Block, SIB）。MIB 的调度周期固定为 640ms，在逻辑信道 BCH 上发送。BCH 的传输格式是预定义的，UE 无需从网络侧获取信息就可以直接在 BCH 上接收 MIB。SIB1 的调度周期为 2560ms，在逻辑信道 DL-SCH 上发送。SIB2～5、SIB14、SIB16 使用 SI 消息下发，调度周期可独立配置，调度周期相同的 SIB 可以包含在同一 SI 消息中发送。SIB1 中携带所有 SI 的调度信息以及 SIB 到 SI 的映射关系。

每个无线帧中的子帧#4 用于 NB-IoT SIB1（即 NSIB1）消息传输，NSIB1 的周期是 256 个无线帧。NSI 调度信息在 NSIB1 中指示，NSI 消息的传输块集合（Transport Block Set, TBS）可配置的集合为（56,120,208,256,328,440,552,680）bits。

UE 在以下场景获取系统信息：小区选择(比如开机)/小区重选/丢失覆盖后恢复/收到系统信息更新的通知/超过最大有效期(24h)。如果消息内容有变化，UE 还可通过以下方式获知：MIB 中包含的系统消息标志 systemInfoValueTag 变化，系统消息变更的 paging 通知(有用户寻呼时)或 PDCCH 消息（DCI format N2, flag = 0）(无用户寻呼时)。系统消息内容见表 7-2。

表 7-2　NB-IoT 系统消息内容

系统消息	内　容
MIB	部署模式、SIB1 调度信息、接入禁止开关、H-SFN 帧号、无线帧号 SFN 和系统消息标志（SystemInfoValueTag）
SIB1	小区接入与小区选择的相关参数，SI 消息的调度信息
SIB2	小区内所有 UE 共用的无线参数
SIB3	小区重选共用的小区重选参数以及同频小区重选参数
SIB4	同频邻区列表以及每个邻区的重选参数、同频黑名单小区列表
SIB5	异频相邻频点列表以及每个频点的重选参数、异频相邻小区列表以及每个邻区的重选参数、异频黑名单小区列表
SIB14	接入控制信息，用于禁止部分 UE 接入
SIB16	GPS 时间和通用协调时间 UIC

表中超帧（Hyper-SFN, H-SFN）是相对遗留 LTE（Legacy LTE）中的系统帧（System Frame Number, SFN）的概念提出的。Legacy LTE 中，UE 和 eNodeB 之间同步的时间单位是 SFN，一个 SFN 为 10ms，SFN 取值范围是 0～1023，SFN 最大周期就是 1024 个 SFN=10240ms = 10.24s。所以在 legacy LTE 中的寻呼周期，连接态 DRX 周期都比 10.24s 小。NB-IoT 为了达到省电的目的，引入了超帧 H-SFN，一个 H-SFN 对应 1024 个 SFN，即一个超帧等于 10.24s，H-SFN 取值范围是 0～1023，所以 H-SFN 的最大周期就是 1024 个 H-SFN，对应 2.9127h（1024*10.24s/60/60≈2.9127h）。

2. 小区重选相关参数

小区重选相关参数见表 7-3。

表 7-3　NB-IoT 小区重选相关参数列表

小区重选相关参数名称	ParameterID	默认值	设置原则
最低接收电平	QRxLevMin	-64	默认值-64，最低接收 RSRP=-128dBm。NB 不同功率配置这个值会有不同，以 32.2 导频功率配置，商用部署时，预留 7dB 余量，32.2-157=-124.8，最低接收电平应为-62
小区重选迟滞值	Qhyst	DB4_Q_HYST(4dB)	可根据实际情况调整
UE 最大允许发射功率	Pmax	23	——
同频测量门限配置指示	SIntraSearchCfgInd	——	——
同频测量启动门限	SIntraSearch	29	当服务小区 Srxlev≤SIntraSearch 时，启动同频邻区测量
NB-IoT 同频重选时间	TReselForNb	6_SECOND	可根据实际情况调整
异频/异系统测量启动门限	SNonIntraSearch	9	当服务小区 Srxlev≤SnonIntraSearch 时，进行异频邻区测量
NB-IoT 异频重选时间	TReselInterFreqForNb	6_SECOND	可根据实际情况调整

3. 重选慢参数优化

NB-IoT 道路测试场景针对小区重选慢的参数优化调整方案见表 7-4。

表 7-4　NB-IoT 道路测试场景小区重选参数优化

参数名称	建议值	参数含义
NB-IoT 默认寻呼周期 DefaultPagingCycleForNb	商用：RF256	该参数表示 NB-IoT 小区的默认寻呼周期，也称默认寻呼 DRX 周期
	路测：RF128	
NB-IoT SIB2 周期 NbSib2Period	商用：RF512	该参数表示当前小区 NB-IoT SIB-2 消息的传输周期
	路测：RF128	
NB-IoT SIB3 周期 NbSib3Period	商用：RF2048	该参数表示当前小区 NB-IoT SIB-3 消息的传输周期
	路测：RF128	
小区重选迟滞值 Qhyst	商用：DB4_Q_HYST	该参数表示 UE 在小区重选时，服务小区 RSRP 测量量的迟滞值，该参数和小区所在环境的慢衰落特性有关，慢衰落方差越大，迟滞值应越大，迟滞值越大，服务小区的边界越大，则越难重选到邻区
	路测：DB1_Q_HYST	
最低接收电平 QRxLevMin	商用：−64	该参数表示小区最低接收电平，应用于小区选择准则（S 准则）的判决公式
	路测：−59	
NB-IoT 同频重选时间 TReselForNb	商用：6_SECOND(6s)	该参数表示 NB-IoT 小区重选时间，新小区信号质量在重选时间内始终优于服务小区且 UE 在当前服务小区驻留超过 1s 时，UE 才会向新小区发起重选
	路测：0_SECOND(0s)	

4. 道路测试场景小区重选参数配置样例

（1）SIB2、SIB3、SIB5 同周期修改

MOD CELLSIMAP: LocalCellId=X, NbSib3Period=RF128

MOD CELLSIMAP: LocalCellId=X, NbSib2Period=RF128

MOD CELLSIMAP: LocalCellId=X, NbSib4Period=RF128

MOD CELLSIMAP: LocalCellId=X, NbSib5Period=RF128（异频组网需要修改此条，各个周期要一致）

（2）小区重选时间修改

MOD CELLRESEL: LocalCellId=X, TReselForNb= 0_SECOND；（同频重选时间）

MOD CELLRESEL: LocalCellId=X, TRESELINTERFREQFORNB=0_SECOND（异频重选时间，异频组网需要修改）

（3）测量启动门限早触发修改

MOD CELLRESEL:LOCALCELLID=X, QRXLEVMIN=-59, SINTRASEARCHCFGIND = CFG,SINTRASEARCH=29 (同频启测)

MOD CELLRESEL:LOCALCELLID=X,SNONINTRASEARCHCFGIND=CFG,

SNONINTRASEARCH=29,QRXLEVMIN=-59（异频启测，异频组网需要配置）

服务小区 RSRP 低于-59(QRxlevMin)*2+29（SIntraSearch）*2=-60 时开始启动同频测量。

服务小区 RSRP 低于-59(QRxlevMin)*2+29（SNONINTRASEARCH）*2=-60 时开始启动异频测量。

（4）重选早触发

MOD CELLRESEL: LocalCellId= X, Qhyst=DB1_Q_HYST

（5）基站配置的 DRX 周期缩短

MOD PCCHCFG: LocalCellId= X, DefaultPagingCycleForNb=RF128

（6）添加异频频点

如果是异频组网，需要配置异频邻区，94 频点 3738，93 频点 3736，92 频点 3734。

ADD EUTRANINTERNFREQ: LocalCellId=X, DlEarfcn=XXX, CellReselPriorityCfgInd=CFG, CellReselPriority=7, EutranReselTime=1。

道路测试场景小区重选相关参数的修改是为了缩短广播消息的下发周期，以便终端更早地读取重选规则；重选迟滞，启测门限以及重选时间的修改都是为了更容易触发重选，保障道路中小区更换的顺畅性。参数配置后生效与否可以通过前台系统消息 SIB3 查看，如图 7-6 所示。

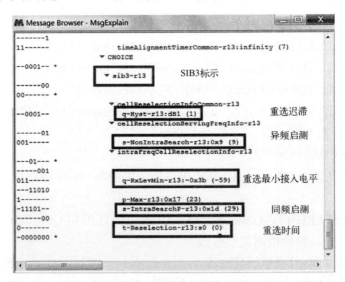

图 7-6　系统消息 SIB3 内容解读

上述小区重选相关参数修改完成后，可参考 30km/h 的车速进行 NB-IoT 道路测试，遍历城区内道路，评估整体覆盖率是否达标。

7.2　NB-IoT 异频优化

7.2.1　异频 1：N 组网

1. 同频 1：N 组网

NB-IoT 网络中同频 1：N 组网需考虑业务需求、频谱资源（保护带宽）、是否共天馈，其中，在邻频干扰保护带满足要求的情况下，可规划同频 1：N 组网，实际情况需结合业务要求、覆盖性能等来确定。

在现有 NB-IoT 1：N 组网结构下，会面临实际测试中室内场景不满足业务需求，覆盖率不达标的情况，因此需要在穿透损耗较大的区域考虑 1：1 组网。不同物联网场景的业务对边缘速率要求不同，按照链路预算计算得到 1：N 组网方式下的覆盖深度仿真结果，见表 7-5。

表 7-5　不同物联网场景的覆盖深度仿真结果

1：N 组网	1：1	1：2	1：4
理论覆盖增益（dB）	20	15	10
覆盖深度	164（20dB 穿损+10dB 额外损耗）	144～154 （10～20dB 穿损）	144 （<10dB 穿损）
覆盖率	99%	99%	99%
上行边缘速率（bit/s）	>250	>1200	>3310
建议业务 case	智能抄表	室外智能停车	路灯杆

目前 NB-IoT 使用 3GPP Band8 频段，整体规划中与 GSM 共天馈建设。在共天馈场景下不同覆盖深度的 1：N 组网对应的上行边缘速率见表 7-6，可以看出 1：4 组网在与 GSM 相当覆盖深度下可达到 99%覆盖率，1：2 组网在比 GSM 多 5dB 覆盖深度下达到 99%覆盖率；1：1 组网在比 GSM 多 10dB 覆盖深度下达到 99%覆盖率。

表 7-6　不同覆盖深度的 1：N 组网对应的上行边缘速率

1：N 组网	1：1	1：2	1：4
相对原网 GSM 理论覆盖增益	20 dB	15 dB	10 dB
	上行边缘峰值速率（kbit/s）		
覆盖率 95%+室外覆盖	16.8	16.8	16.8
覆盖率 95%+室内 20dB 穿透损耗	15.6	10.8	3.3
覆盖率 99%+室内 20dB 穿透损耗	5.4	1.2	0.41
覆盖率 99% +室内 20dB 穿透损耗 +10dB 额外损耗	0.41	—	—

小结：

NB-IoT 较 GSM 的覆盖增强可用于提升网络覆盖能力、提升覆盖率或降低站址密度以降低网络建设成本。实际在做网络规划时，需综合考虑上行速率目标、干扰余量、穿透损耗、覆盖率、物联网终端功耗等因素规划覆盖半径。

2. 同频组网带来的重叠覆盖

结合现有 NB-IoT 网络道路测试及定点测试的结果，部分室内区域覆盖不能满足业务需求，但是在 1∶3 组网方式下，部分道路已出现较大干扰的情况。需要探讨既保证覆盖需求，也合理规避重叠覆盖导致的干扰的规划方案。

在某地 NB-IoT 现网测试中，道路测试的结果见表 7-7，从表中可以总结出，道路上 NB-IoT 平均 RSRP 可达到-70dBm，但是部分路段 SINR 较差，SINR ≥-3 的占比只有 90.86%，综合覆盖率也只达到 86.26%。

表 7-7　NB-IoT 道路测试结果

时间	平均 RSRP（dbm）	平均 SINR（dB）	RSRP≥-84 占比	SINR≥-3 占比	综合覆盖率（RSRP≥-84&SINR≥-3 占比）
12**	-70	10.98	91.61%	90.86%	86.26%

道路测试 RSRP 信号覆盖图如图 7-7 所示，可以看到整体覆盖情况较好。

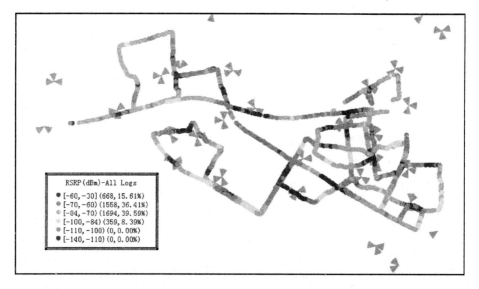

图 7-7　NB-IoT 道路测试 RSRP 信号覆盖图

道路测试信干噪比 SINR 示意图如图 7-8 所示，可以看到部分路段 SINR 较差。

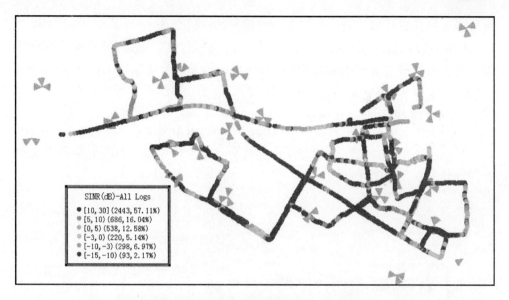

图 7-8　NB-IoT 道路测试 SINR 示意图

从道路测试的情况来看，总体覆盖情况良好，局部局域信干噪比 SINR 差，综合分析来看，SINR 值较差的区域 RSRP 值并不差，推断该区域测试道路中存在严重的重叠覆盖情况。

对于同频 1：N 组网不能满足深度覆盖需求，需由 1：N 组网向 1：1 组网过渡，但是又带来了严重的重叠覆盖干扰的问题，目前考虑的方案如下：

1）在深度覆盖区域需考虑将 NB-IoT 1：3 组网向 1：1 组网转变，保证信号覆盖。

2）部分有集中业务需求的室内环境，需考虑室内分布系统耦合，如 NB-IoT 信源。

3）在 NB-IoT 1：1 组网区域，可考虑使用异频方案规避重叠覆盖带来的干扰。

3. NB-IoT 异频组网规划

NB-IoT 以及未来的 LTE FDD、5G 均是同频组网，GSM 是异频组网，NB-IoT 的建设不能简单继承 GSM 网络结构，必须重新进行规划。同时，为了确保未来网络演进时的站址结构稳定，NB-IoT 和 LTE FDD 需进行站址联合规划，做到"站址规划一步到位、网络能力分步部署"，联合规划应依托 2/4G 站址开展。

在城市区域，GSM 网络是异频组网，过覆盖现象较为严重。NB-IoT、LTE FDD 和未来的 5G 网络均是同频网络，如果继承原有 GSM 网络结构，会导致严重的同频干扰。同时，为了面向未来 VoLTE、视频等业务的发展要求，900MHz

网络必须面向目标网重新统一规划，确保网络结构合理。

NB-IoT 按照同频组网进行目标网规划，初期在高干扰的局部地区可采用异频的方式规避干扰；异频组网时中心频点分别设置为 953.4MHz、953.6MHz、953.8MHz，即原 GSM 系统的 92/93/94 号频点，在 NB-IoT 系统中对应为 3734、3736、3738 号频点。

选取 NB-IoT 现网道路测试中 SINR 较差且集中的区域，为保证异频调整区域的测试效果，异频区域需要往外围扩大一圈，防止周边未改为异频的小区存在同频干扰，如图 7-9 所示。

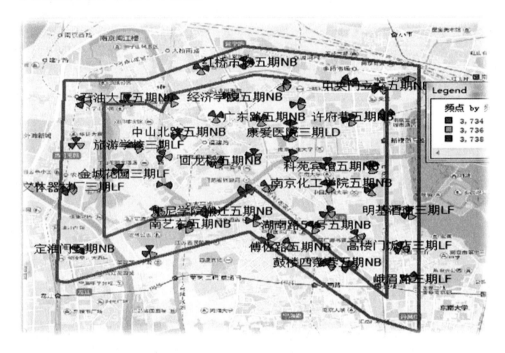

图 7-9　NB-IoT 异频组网选定区域

规划范围内共计涉及小区 149 个，频点规划根据扇区覆盖方位角进行频点初步规划调整：

330°～90°为 3738 频点，共 52 个小区；

90°～210°为 3736 频点，共 48 个小区；

210°～330°为 3734 频点，共 49 个小区。

异频方案实施后的各项指标对比见表 7-8，其中效果最为显著的是，SINR从之前的 7.7dB 提升至 14.43dB，覆盖率（RSRP≥-84dBm&SINR≥-3dB）从75.06%提升至 95.73%。

表 7-8　异频方案实施后的各项指标对比

集团指标	修改频点前	修改频点后	优化后指标
平均 RSRP（dBm）	-68.51	-68.23	-63.7
平均 SINR（dB）	7.7	10.66	14.43
覆盖率（RSRP≥-84dBm）	92.27%	93.04%	98.17%
覆盖率（SINR≥-3dB）	82.38%	85.62%	96.70%
覆盖率（RSRP≥-84dBm&SINR≥-3dB）	75.06%	83.23%	95.73%
覆盖率（RSRP≥-95dBm&SINR≥-3dB）	76.51%	85.39%	96.73%
重叠覆盖度（3 个邻区）	9.52%	7.18%	0.16%
重叠覆盖度（2 个邻区）	20.76%	16.35%	1.69%
覆盖率（RSRP≥-94dBm）	92.57%	99.91%	100%
覆盖率（RSRP≥-97dBm）	92.82%	100%	100%
边缘 RSRP（dBm）	-92.8	-90.6	-80.8
RSRP 连续弱覆盖比例（RSRP<-89 dBm）	2.25%	1.90%	0%
RSRP 连续弱覆盖比例（RSRP<-92 dBm）	0.93%	0.46%	0%
边缘 RS-SINR（dB）	-12.5	-12.2	-1.6
SINR>7 占比	48.37%	63.91%	77.58%
-3<SINR<7 占比	27.71%	21.27%	18.84%
SINR<-3 占比	16.36%	14.40%	3.26%

　　需注意的是，异频组网方式实施后，需添加对应的异频频点和异频邻区，需设置相关的无线参数，包括 SNonIntraSearchCfgInd，异频/异系统测量启动门限配置指示，该参数表示是否配置异频/异系统小区重选测量启动门限；SNonIntraSearch，异频/异系统测量启动门限，该参数表示异频/异系统小区重选测量启动门限。

7.2.2　异频 3 频点均衡

1. NB-IoT 异频 3 频点不均衡情况

　　某地初始 NB-IoT 频点规划是同频组网，3 个小区均采用 3738 频点。由于同频覆盖导致的重叠覆盖非常严重，实施 3 频点异频组网，同站 3 扇区分别采用 3734、3736、3738。在实际道路测试中发现 3738 频点占用比例过低的情况，从 3734 和 3736 向 3738 重选存在不及时问题，见表 7-9，测试结果表明 3738 频点占用比例仅 10.35%。

表 7-9　NB-IoT 3 频点组网下频点不均衡的测试结果

频　　点	采样点数	占用比例
3734	2867	35.97%
3736	4278	53.68%
3738	825	10.35%

道路测试中 3738 频点占比过低的路测示意图如图 7-10 所示，可以看到，表征 3738 频点的采样点（●）在图中占比较少。

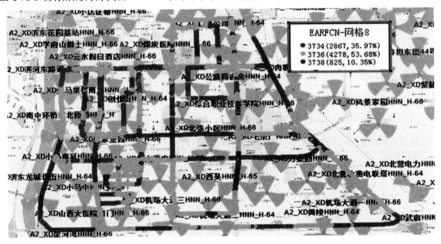

图 7-10　道路测试中 3738 频点占比过低的路测示意图

2. 参数核查

对比"居然之家"站点的 3738 小区（64 号小区）和 3736 小区（65 号小区）参数：不存在差异。重选参数：异频的最低接入电平为 -64；异频的启动测量门限为 31，如图 7-11 所示。

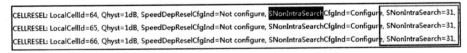

图 7-11　异频启动测量门限参数核查

通过计算，异频的真实的启测量门限为（-64+31）*2=-33*2 = -66dBm。

RS 功率参数方面，3738 小区 RS 为 322，而 3736、3734 小区的 RS 为 292，3738 小区的功率高于同站的其余两个小区。

3. 现场测试

从现场测试记录来看，终端在不同频点上停留时的 RSRP 分布如图 7-12

所示，3738 频点的 RSRP 水平并不差于其他两个频点（图中蓝色采样点使用 3734 频点，橙色采样点使用 3736 频点，灰色采样点使用 3738 频点）。

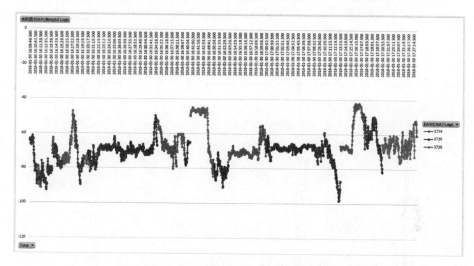

图 7-12　NB-IoT 3 个频点现场测试 RSRP 分布

终端在道路测试中占用到 3738 的比例很少，如图 7-13 所示，可以看到占用 3738 频点的采样点只有 517 个，远少于占用 3734/3736 频点的采样点。

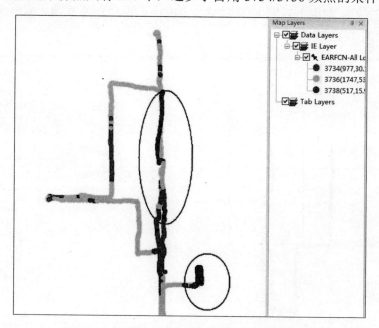

图 7-13　道路测试中分别占用 3 频点的采样点比例

从 RSRP 示意图上看到占用 3738（方框中）采样点的 RSRP 值要好于占用 3736，如图 7-14 所示。

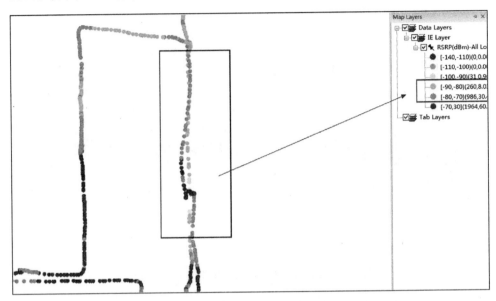

图 7-14　道路测试中 3738 频点的 RSRP 优于 3736 频点

从 SINR 示意图上看到占用 3738（方框中）采样点的 RSRP 值也优于占用 3736，如图 7-15 所示。

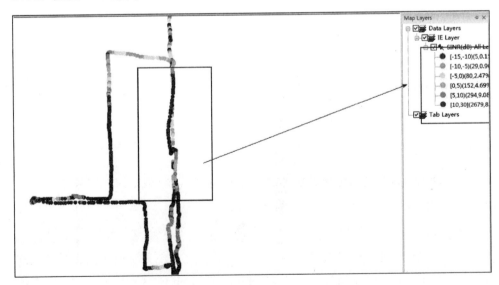

图 7-15　道路测试中 3738 频点的 SINR 优于 3736 频点

上面的测试分析表明，3738 和 3736 两个频点的 RSRP 是满足异频重选启测门限的（-66dBm）的，但是终端没有向 RSRP 更强的 3738 重选。

4．问题分析

将上述问题与设备厂家同事、终端同事共同分析，确认终端的测量机制如下：

测量周期：默认的 paging 周期是 128（OFDM 帧，即 1oms），则终端测量周期为 1.28s 一次。

测量内容：终端根据 SIB5 消息中下发的异频频点，每次测量主服小区+一个异频频点，异频频点的测量顺序为 SIB5 中的下发顺序。

通过测试中的系统消息抓取，解析 SIB5 中异频频点的下发顺序如下：

1）先按照频点优先级排序。

2）再按照频点大小从小到大排序。

系统消息 SIB5 内容解析如图 7-16 所示。

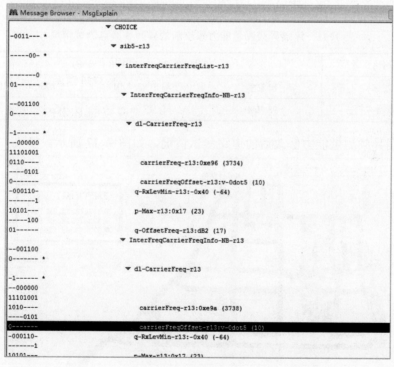

图 7-16 测试记录中的系统消息 SIB5 内容解析

由此，在异频 3 频点组网的场景下，由于终端异频测量能力（每周期只能测量 1 个同频和 1 个异频），导致终端测量 SIB5 消息中排序靠后的频点的概率较小，从而导致 3738 频点的占比较小。

5. 优化措施

针对 NB-IoT 异频 3 频点组网的实际情况，对终端进行升级：修改终端异频测量能力，每周期可支持测量 1 个同频和 2 个异频。在同一个测量周期内，比较频点的 RSRP 值进行小区重选的目标小区选择。

选取某地网格 8 进行道路验证测试，终端异频测量能力修改前的异频 3 频点测试情况见表 7-10。

表 7-10　终端异频测量能力修改前的异频 3 频点测试情况

网格	(RSRP≥-94dBm&SINR≥-3dB)		
指标	覆盖率	平均 SINR（dB）	平均 RSRP（dBm）
网格 8	96.72%	14.52	-66.81

终端异频测量能力修改后的异频 3 频点测试情况见表 7-11。

表 7-11　终端异频测量能力修改前的异频 3 频点测试情况

网格	(RSRP≥-94dBm&SINR≥-3dB)		
指标	覆盖率	平均 SINR（dB）	平均 RSRP（dBm）
网格 8	98.50%	17.96	-63.79

终端异频测量能力修改后的道路测试情况，如图 7-17 所示。

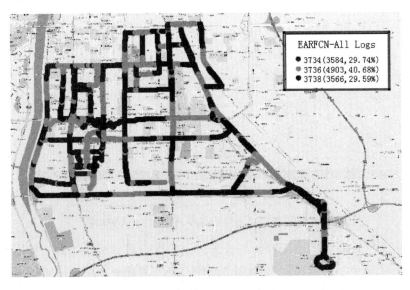

图 7-17　终端异频测量能力修改后的道路测试情况

可以看到，终端升级后，占用频点 3738 的采样点占比 29.59%、频点 3734 占 29.74%、3736 频点占 40.68%，基本达到均衡效果。衡量覆盖性能的(RSRP ≥-94dBm&SINR≥-3dB)，终端升级后覆盖率由 96.72%提升至 98.50%，平均 SINR 值由 14.52dB 提升至 17.96dB，效果明显。

小结：在城市区域，GSM 网络是异频组网，过覆盖现象较为严重。NB-IoT、LTE FDD 和未来的 5G 网络均是同频网络，如果继承原有 GSM 网络结构，会导致严重的同频干扰，因此，在现有 NB-IoT 规划建设及优化过程中，对于不满足覆盖需求的区域，需要 1∶1 组网或室分馈入信源来加强覆盖，对随之而来的较高的重叠覆盖，需考虑异频组网来规避干扰。

第 8 章

物物直连（Sidelink）技术概述

在蜂窝物联网技术中还有一个重要分支，叫作物物直联通信技术（Device to Device Communication, D2D），在协议里面的官方名称叫作 Sidelink。尽管直接翻译称作边缘连接，但是这种新兴的通信技术一点都不"边缘"，甚至会创造物联应用一个广阔的应用前景，颠覆以往传统的蜂窝网络通信架构以及运营模式。关于这一技术我们在本书的前言部分进行了大致介绍，而这里我们从整体技术框架的角度进一步说明。

Sidelink 分为两种信息交互模式，一种叫作 UE 之间的 Sidelink dicovery（发现），另外一种叫作 UE 之间的 Sidelink Communication（通信）。Sidelink 技术使用了类似 LTE 技术中上行传输的物理资源和物理信道结构，基本传输方案也与 LTE 上行传输方案一致。但也存在区别，例如 Sidelink 对于所有的 Sidelink 物理信道限制了单一簇传输，另外在每一个 Sidelink 传输子帧最后使用一个符号作为间隔（1 symbol gap）。在物理层处理方面，Sidelink 的 PSDCH 和 PSCCH 的数据加扰（scrambling）不是用户专属（UE-specific）方式，另外也不支持 64QAM 的调制方式。

Sidelink 有四个特定物理信道以及三个物理信号：

边缘通信广播信道（Physical Sidelink Broadcast Channel, PSBCH），承载了来自 UE 的系统以及同步相关信息。

边缘通信发现信道（Physical Sidelink Discovery Channel, PSDCH），承载了 UE 的 sidelink 发现消息。

边缘通信物理控制信道（Physical Sidelink Control Channel, PSCCH），包含了 sidelink 的控制资源，该物理信道指示了 PSSCH 资源以及传输参数。

边缘通信共享信道（Physical sidelink shared CHannel, PSSCH），承载了 sidelink 通信的数据。

边缘通信参考信号（Sidelink Reference Signals, SRS），该物理信号类似 LTE 里面的上行解调参考信号，辅助 PSDCH/PSCCH/PSSCH 进行解调。该参考信号在标准循环前缀模式下在每个时隙的第 4 个符号进行传输，同时在扩展 CP 模式下在每个时隙的第 3 个符号进行传输。边缘通信参考信号的序列长度等同于分配资源的子载波个数。对于 PSDCH/PSCCH，参考信号基于固定的基础序列，循环位置（cyclic shift）和交叠正交码（orthogonal cover code）产生。

边缘同步信号（Sidelink Synchronization Signals, SSS）分为两种，一种是主同步信号（PSSS），另外一种是辅同步信号（SSSS）。主辅同步信号结合共构成了 336 个同步 ID，其中主同步信号有 2 个，辅同步信号有 168 个。

在 Sidelink 物理层流程中，有两点值得关注，其一是 Sidelink 中也有功

控机制，对于终端位于基站覆盖区域下的操作，eNB 可以通过调整 Sidelink 中的功率谱密度进行功率控制；另外，边缘通信也存在信号测量的概念，UE 可以分别针对 PSCCH/PSSCH 中的 Sidelink 参考信号接收功率（S-RSRP）以及 PSDCH 中的 Sidelink 发现参考信号接收功率（SD-RSRP）进行测量。

Sidelink 有三个传输信道，Sidelink 传输信道与物理信道映射关系如图 8-1 所示。

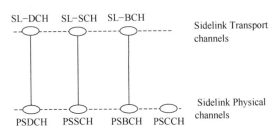

图 8-1　Sidelink 传输信道与物理信道映射关系

Sidelink Broadcast Channel (SL-BCH)：
—预先定义的传输格式。

Sidelink Discovery Channel (SL-DCH)：
—固定大小，预先定义的格式周期广播；
—支持 UE 自动资源选择和 eNB 调度分配资源；
—UE 自发资源选择会产生碰撞风险，eNB 分配专属资源不会出现碰撞；
—支持 HARQ 机制，但不支持 HARQ 反馈。

Sidelink Shared Channel (SL-SCH)：
—支持广播传输；
—支持 UE 自动资源选择和 eNB 调度分配资源；
—UE 自动资源选择会产生碰撞风险，eNB 分配专属资源不会出现碰撞；
—支持 HARQ 结合，但不支持 HARQ 反馈；
—可根据调整传输功率，MCS 进行链路动态自适应。

Sidelink 也包含两个逻辑信道，一个是归属于控制信道里的 Sidelink 广播信道（**Sidelink Broadcast Control Channel，SBCCH**），从 UE 向另外的 UE(s) 广播系统消息。

另一个是归属于业务信道里的 Sidelink 业务信道（**Sidelink Traffic Channel，STCH**），Sidelink 业务信道是单点对单点（或多点）的信道，主要将 UE 的用户数据传输到其他的 UE(s)。这一信道只能被具备 Sidelink 通信功能的 UE 所使用,两个具备 Sidelink 通信功能的 UE 之间的点对点通信即由该信道予以实现的, Sidelink 逻辑信道与传输信道映射关系如图 8-2 所示。

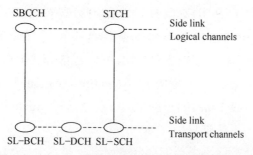

图 8-2　Sidelink 逻辑信道与传输信道的映射关系

　　从 Sidelink 层 2 的架构（见图 8-3）来看,Sidelink 通信（SL-SCH 传输信道）的处理单元实体以及层 2 的处理流程与 LTE 的上行发送以及下行接收没有太明显的区别,而 Sidelink 发现的流程以及处理单元实体大大简化了,没有了相应的逻辑信道,从这一点可以看出,这是两个完全不一样的信息交互流程。

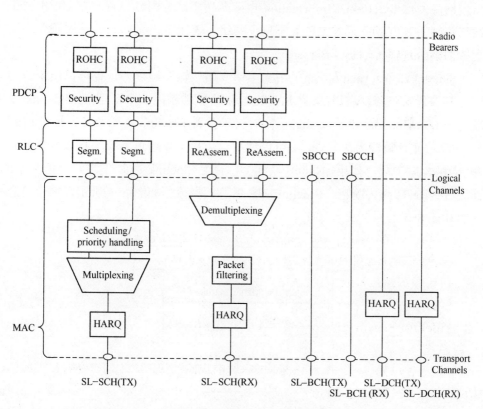

图 8-3　Sidelink 层 2 架构

Sidelink 技术可以作为 LTE 通信终端的附加功能，因此在 UE 的 RRC_IDLE 和 RRC_CONNECTED 状态都可以进行 Sidelink 通信传输和接收以及 Sidelink 发现的信息发布和侦听,当然也可以有只支持 Sidelink 技术的物联网终端形态。为了分别支持 Sidelink 通信和 Sidelink 发现，LTE 基站的 RRC 层系统消息设计中新增了 SystemInformationBlockType18(SIB18)和 SystemInformationBlockType19 (SIB19)，分别包括了 Sidelink 通信以及 Sidelink 发现两个通信流程的系统消息。

当两方 UE 均处于网络覆盖服务状态时，如果 SIB18/SIB19 中没有包括供 Sidelink 通信/发现所需的传输资源，具备 Sidelink 通信/发现能力的 UE 如果处于 RRC-Connected 状态，可以通过发起 SidelinkUEInformation 向网络申请资源分配请求，随后 eNodeB 通过 RRC 连接重配指令进行 UE 资源专属配置；如果 UE 处于 RRC_IDLE，那么 UE 需要发起连接建立请求，当连接成功建立之后向网络发送 SidelinkUEInformation 申请专属资源分配。当有一方 UE 不位于网络覆盖服务内或者两方 UE 均不位于网络覆盖服务内时，二者使用预先终端配置的参数进行传输资源选择。

SidelinkUEInformation 除了用来申请专属传输资源以外，也可以用来告知网络释放传输资源、启用/取消 Sidelink 通信/发现功能、申请/取消 Sidelink 发现间隔（Sidelink discovery gaps），同时对于具备 Sidelink 发现具备上报（使用）异频/PLMN 参数能力的终端，也可以使用该流程上报通过系统消息获取到的异频/异 PLMN 参数。如果 eNodeB 获知 UE 启用 Sidelink 通信/发现，可能为 UE 配置 SL-RNTI 作为响应，Sidelink UE 信息上报流程如图 8-4 所示，携带消息内容如图 8-5 所示。

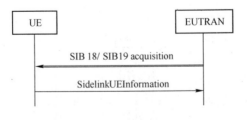

图 8-4　Sidelink UE 信息上报流程

SidelinkUEInformation message

```
-- ASN1START

SidelinkUEInformation-r12 ::=          SEQUENCE {
    criticalExtensions                 CHOICE {
        c1                                 CHOICE {
            sidelinkUEInformation-r12          SidelinkUEInformation-r12-IEs,
            spare3 NULL, spare2 NULL, spare1 NULL
        },
        criticalExtensionsFuture           SEQUENCE {}
    }
}


SidelinkUEInformation-r12-IEs ::=      SEQUENCE {
    commRxInterestedFreq-r12           ARFCN-ValueEUTRA-r9        OPTIONAL,
    commTxResourceReq-r12              SL-CommTxResourceReq-r12   OPTIONAL,
    discRxInterest-r12                 ENUMERATED {true}          OPTIONAL,
    discTxResourceReq-r12              INTEGER (1..63)            OPTIONAL,
    lateNonCriticalExtension           OCTET STRING               OPTIONAL,
    nonCriticalExtension               SidelinkUEInformation-v1310-IEs OPTIONAL
}


SidelinkUEInformation-v1310-IEs ::= SEQUENCE {
    commTxResourceReqUC-r13        SL-CommTxResourceReq-r12       OPTIONAL,
    commTxResourceInfoReqRelay-r13     SEQUENCE {
        commTxResourceReqRelay-r13         SL-CommTxResourceReq-r12        OPTIONAL,
        commTxResourceReqRelayUC-r13       SL-CommTxResourceReq-r12        OPTIONAL,
        ue-Type-r13                        ENUMERATED {relayUE, remoteUE}
    }                                                             OPTIONAL,
    discTxResourceReq-v1310        SEQUENCE {
        carrierFreqDiscTx-r13              INTEGER (1..maxFreq)       OPTIONAL,
        discTxResourceReqAddFreq-r13       SL-DiscTxResourceReqPerFreqList-r13 OPTIONAL
    }                                                             OPTIONAL,
    discTxResourceReqPS-r13       SL-DiscTxResourceReq-r13        OPTIONAL,
```

图 8-5　Sidelink UE 消息携带消息内容

```
    discRxGapReq-r13                    SL-GapRequest-r13                OPTIONAL,
    discTxGapReq-r13                    SL-GapRequest-r13                OPTIONAL,
    discSysInfoReportFreqList-r13       SL-DiscSysInfoReportFreqList-r13      OPTIONAL,
    nonCriticalExtension                SEQUENCE {}                      OPTIONAL
}

SL-CommTxResourceReq-r12 ::=           SEQUENCE {
    carrierFreq-r12                     ARFCN-ValueEUTRA-r9              OPTIONAL,
    destinationInfoList-r12             SL-DestinationInfoList-r12
}

SL-DiscTxResourceReqPerFreqList-r13 ::= SEQUENCE (SIZE(1..maxFreq)) OF
SL-DiscTxResourceReq-r13

SL-DiscTxResourceReq-r13 ::=           SEQUENCE {
    carrierFreqDiscTx-r13               INTEGER (1..maxFreq)            OPTIONAL,
    discTxResourceReq-r13               INTEGER (1..63)
}

SL-DestinationInfoList-r12 ::=  SEQUENCE (SIZE (1..maxSL-Dest-r12)) OF
SL-DestinationIdentity-r12

SL-DestinationIdentity-r12 ::=  BIT STRING (SIZE (24))

SL-DiscSysInfoReportFreqList-r13 ::=   SEQUENCE (SIZE (1..
maxSL-DiscSysInfoReportFreq-r13)) OF SL-DiscSysInfoReport-r13


-- ASN1STOP
```

图 8-5　Sidelink UE 消息携带消息内容（续）

8.1　Sidelink 通信技术

Sidelink 通信技术是一种 UE 通过彼此之间的 PC5 接口进行信息直连的近场通信技术。这一技术不仅在 E-UTRAN 的覆盖服务范围内可以提供信息交互，在没有 E-UTRAN 覆盖的地方也可以进行信息交互。只有经过授权用来作为公共安全通信（如用于消防、公安、医疗急救等）的 UE 才可以进行 Sidelink 通信。

8.1.1　Sidelink 通信技术协议栈概述

通信系统中为了传输信息，首要的流程就是同步，不管是 UE 与基站间的上下行同步，又或者基站-基站间的同步，都是为了信息在准确的时刻进行传递，同时又避免了信号的碰撞。在 E-UTRAN 基站覆盖区域之外，UE 可以通过发射 SBCCH 和同步信号互为彼此的同步信源。SBCCH 承载了用来接收其他 Sidelink 信道和信号的重要的系统消息。SBCCH 和同步信号以固定 40ms 周期进行传输。当 UE 处于网络覆盖中时，SBCCH 中的内容来源于 eNodeN 通过信令下发的参数，而当 UE 在网络覆盖之外时，如果选择了另外 UE 作为同步参考，那么发送 SBCCH 的内容来源于接收到的 SBCCH，否则 UE 采取预先配置的参数。SIB18 中提供了 SBCCH 和同步信号传输的资源信息。对于在网络覆盖之外的 UE，每 40ms 有两个预先配置的子帧分别作为 SBCCH 的接收和发送。

接管周期被定义为小区在该段时期内为了 UE 彼此之前传输 Sidelink 控制消息和数据分配了特定资源的时间段。UE 在 Sidelink 接管周期（Control period）内进行 Sidelink 通信，首先是 Sidelink 控制信息，紧接着是 Sidelink 数据。Sidelink 控制消息明确了层 1 的 ID 和一些传输的特性，包括 MAC、资源位置以及时间同步等信息。

在接入层协议栈方面，Sidelink 与 LTE 的协议栈架构基本一致。控制面与用户面独立划分，其中用户面有如下特点（用户面协议栈见图 8-6）：

1）Sidelink 通信中没有了 HARQ 反馈信息。

2）Sidelink 通信数据传输只有 RLC UM 模式。

3）接收 UE 一方需要为每个传输 UE 至少保持一个 RLC UM 实体。

4）Sidelink 通信的 RLC UM 实体并不需要在接收到第一个 RLC UMD PDU 之前进行预先配置。

5）Sidelink 通信中的 PDCP 层 ROHC 单方向模式被用来进行包头压缩。

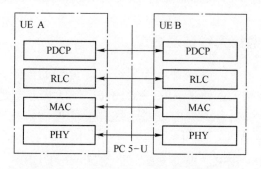

图 8-6　Sidelink 通信用户面协议栈

在单点对多点 Sidelink 通信中，UE 并不预先建立和保持逻辑连接。而对单点对单点 Sidelink 通信高层则需要建立和保持逻辑连接。SBCCH 的接入侧协议栈分别包括 RRC 层、RLC 层、MAC 层和 PHY 层，如图 8-7 所示。

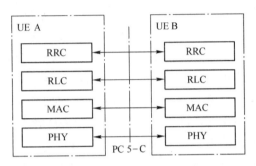

图 8-7　Sidelink SBCCH 通信控制面协议栈

Sidelink 通信点对点传输的控制面负责建立、保持和释放逻辑连接，其高层协议是 PC5 信令协议（见图 8-8），而 SBCCH 传输的高层协议属于 PC5-RRC 信令协议，为了更好地将内容复用于 RRC 协议栈的格式，在 RRC 基础格式上增加了一些协议的起始和结束标识，详见 TS 36.331 6.5.1 R13。

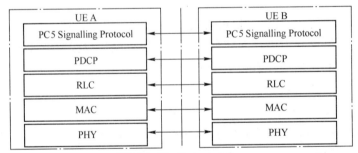

图 8-8　Sidelink 通信点对点传输的控制面协议栈

8.1.2　Sidelink 通信无线资源分配

在 Sidelink 通信中，有两种对于无线资源分配的模式，一种是调度资源分配，该种模式需要 UE 处于 RRC_CONNECTED 状态下进行数据传输，UE 向 eNB 申请传输资源，eNB 为了传输 Sidelink 的控制信息和数据进行传输资源调度，具体流程如下：UE 向基站发起调度请求（D-SR 或者随机接入），紧接着发送 Sidelink BSR。根据 UE 上报的 Sidelink BSR，eNodeB 可以评估 UE Sidelink 通信所需要的资源，之后 eNodeB 可以根据 UE 的 SL-RNTI 进行资源调度传输。

另外一种无线资源分配模式是 UE 自发地进行传输资源选择：UE 根据传输资源池中进行自主资源选择和传输格式选择用以传输 Sidelink 控制信息和数据；传输资源池可以通过预先配置，也可以通过 eNodeB 以 RRC 专属信令的方式进行配置，最大可配置 8 个传输资源池。每个资源池都包括一个或者多个数据包优先级（ProSe Per-Packet Priority，PPPP）。在 MAC PDU 传输中，UE 选择与具有最高优先级（PPPP）逻辑信道的 PPPP 相匹配的资源池进行传输，如果有几个同等候选资源池，那么协议不做规定，取决于终端实现进行选择。Sidelink 控制信息传输的资源池选择和 Sidelink 数据传输的资源池选择是一一对应关联的。

这两种无线资源分配模式跟 UE 所处基站的覆盖情况（Sidelink communication in coverage/out of coverage）息息相关，那么如何定义 Sidelink communication in coverage 和 out of coverage 这两种状态呢？

图 8-9、图 8-10 和图 8-11 分别说明了 UE 在边缘通信中有效覆盖区域以及不同覆盖场景的定义，可以看出在基于基站调度的无线资源传输模式中，公共安全近场通信频率（Public Safety ProSe Carrier）的优先级最高。当然这里不意味着民用基站频率小区无法提供 Sidelink 通信，如果仅有民用基站频率小区可以提供 Sidelink 通信时，UE 可以认为该频率（non-Public Safety ProSe carrier）优先级最高。UE 处于"无覆盖"状态时只能采取自发式的资源选择，而处于"覆盖区"状态下应该首选基站资源调度分配模式，对于一些特殊情况（如 UE 检测到 RLF、与基站失步、重建过程中等），可以采取临时性的 UE 自发资源选择模式。公共安全近场通信频率小区可以选择在 SIB18 中提供传输资源池供 UE 自发进行资源选择，这时授权进行 Sidelink 通信的 UE 可以采取在该频率下的 RRC_IDLE 状态使用这些资源进行 Sidelink 通信，也可以选择在其他频率下的 RRC_IDLE 或者 RRC_CONNECTED 状态下使用这些资源进行 Sidelink 通信；另外公共安全近场通信频率小区也可以在 SIB18 中指明虽然小区支持 Sidelink 通信，但是并不提供传输资源，那么此时 UE 需要进入 RRC_CONNECTED 状态后通过网络侧专属信令进行资源调度。这种情况下该小区还可以通过广播信令提供异常传输资源池供 UE 在一些特定异常情况（如 UE 检测到 RLF、与基站失步、重建过程中等）进行自发资源选择。

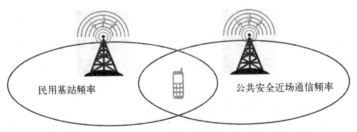

UE如果占用公共安全特殊通信频率，则属于处于Sidelink服务区内
Sidelink communication in coverage

否则，即使处于公共安全特殊通信频率覆盖范围内，而此时占用了民用基站频率，这种情况属于Sidelink服务区外，此时UE需要尝试重选或者切换到公共安全特殊通信频率
Sidelink communication out of coverage

图 8-9　Sidelink 通信有效覆盖区域定义

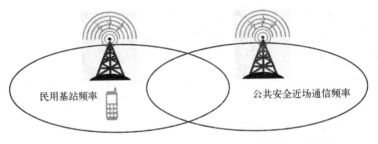

UE驻留在民用基站频率小区，此时无公共安全近场通信频率小区覆盖
Sidelink communication out of coverage

图 8-10　Sidelink 通信终端在有效覆盖区域之外说明-场景 1

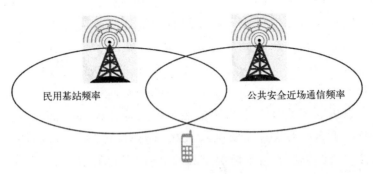

UE处于无服务状态 (out of service)
Sidelink communication out of coverage

图 8-11　Sidelink 通信终端在有效覆盖区域之外说明-场景 2

Sidelink 控制信息的传输/接收资源池和 Sidelink 数据的传输/接收资源池配置原则是不同的，其中，控制信息传输与接收资源池配置（见图 8-12）遵循如下原则：

Sidelink控制信息传输与接收资源池配置

Resource pools for sidelink control information

Reception: broadcast signalling

UE自发式选择资源传输：broadcast or dedicated signalling
基站调度资源分配：dedicated signalling, 基站在配置的接收资源池中
为Sidelink控制信息传输调度专属资源

图 8-12　Sidelink 通信控制信息传输与接收资源池配置

1）如果 UE 不在有效覆盖区域内，那么 Sidelink 通信的控制信息传输/接收资源池是预先配置在终端里的。

2）UE 处于有效覆盖区域内，那么 Sidelink 控制信息接收资源池通过 RRC 的广播信令予以配置。

3）UE 处于有效覆盖区域内且采取自发资源选取模式，Sidelink 控制信息传输资源池可通过 RRC 广播信令或专属信令进行配置。

4）UE 处于有效覆盖区域内且采取基站资源调度模式，Sidelink 控制信息传输资源池只能通过专属信令进行配置，调度模式下 eNodeB 按照配置的接收资源池中的资源进行调度。

5）为了一些特殊场景下终端之间进行 Sidelink 通信，例如一部分终端在有效覆盖区域内，而另外一部分终端在有效覆盖区域之外，终端（包括处于有效覆盖区域内和处于有效区域之外所有终端）的接收资源池需要配置为服务小区、邻区和终端预配置传输资源池的集合。

如图 8-13 所示，Sidelink 通信数据传输与接收资源池配置遵循如下原则：

Resource pools for sidelink data

UE自发式选择资源传输与接收：broadcast or dedicated signalling

基站调度资源分配：这种模式对于数据的传输与接收没有资源池

图 8-13　Sidelink 通信数据传输与接收资源池配置

1）如果 UE 不在有效覆盖区域内，那么 Sidelink 通信的数据传输/接收资源池是预先配置在终端里的。

2）UE 处于有效覆盖区域内且采取自发资源选取模式，Sidelink 数据传输/接收资源池可通过 RRC 广播信令或专属信令进行配置。

3）UE 处于有效覆盖区域内且采取基站资源调度模式，无需为 Sidelink 数据传输分配传输/接收资源池。

8.2　Sidelink 发现技术

Sidelink 通信一般用作经过授权的公共安全通信，它提供了一种点到点通信直连的新模式。Sidelink 技术中还有一种模式叫作 Sidelink 发现。这是一种借助于 E-UTRA 射频信号通过 PC5 接口进行点对点近场发现的民用通信技术新模式。无论是否有 E-UTRAN 基站覆盖，Sidelink 发现都可以进行。只有具备近场通信能力公共安全 UE（特通）可以在基站覆盖范围之外开展 Sidelink 发现，这种情况下使用的频率预先配置在 UE 中，该频率其实就是公共安全近场通信频率。

8.2.1　Sidelink 发现技术协议栈概述

Sidelink 发现技术被定义是一种通过 PC5 接口复用 E-UTRA 射频信号发现其他近场区域终端的物物直连技术。无论 UE 是否处于 E-UTRA 覆盖区域之内，都可以使用 Sidelink 发现技术。如果 UE 处于 E-UTRA 覆盖区域之外，只有那些启用近场功能的公共安全终端可以使用 Sidelink 发现技术，采取预先配置的近场公共安全频率（Public Safety ProSe Carrier）进行交互。

Sidelink 发现有两个重要的流程，分别是发布（announcement）流程和侦听（monitering）流程。高层（ProSe Protocol）负责处理发布授权和侦听的 Sidelink 发现消息，发现消息对于接入层（AS）协议栈是透明的，而且针对 Sidelink 发现不同模式（模式 A/模式 B）以及 Sidelink 发现不同类型（open/restricted）（23.303）接入层协议栈没有任何区别。不过，高层会通知 Sidelink 发现消息发布（Sidelink discovery announcement）是否涉及公共安全应用还是非公共安全应用，另外高层还明确了"Sidelink 发现发布/侦听"是否涉及近场服务的终端-网络中继模式或者其他的公共安全应用。Sidelink 发现的协议栈大大简化了，只包含了 MAC 层和 PHY 层，如图 8-14 所示，涉及如下功能：

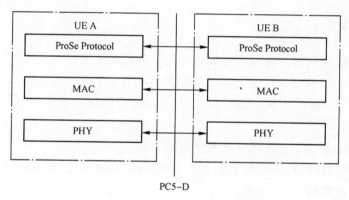

图 8-14 Sidelink 发现技术协议栈

1）与高层接口（ProSe Protocol）：MAC 层接收来自高层（ProSe Protocol）发现消息，IP 层并不用来传输 Sidelink 发现消息。

2）调度：MAC 层决定了射频资源用以发布从高层接收到的 Sidelink 发现消息。

3）产生 Sidelink 发现基础传输包（PDU）：MAC 层建立了承载 Sidelink 发现消息的 MAC PDU 并且将 MAC PDU 传递到物理层的特定的射频资源中，MAC PDU 之前不需要加包头。

与 Sidelink 通信传输中基站干预机制类似，根据 eNodeB 配置情况，UE 可以在 RRC_IDLE 和 RRC_CONNECTED 状态下进行 Sidelink 发现信息的发布和侦听，UE 采取半双工的方式进行发现消息的发布和侦听。参与 Sidelink 发现发布/侦听的终端需要保持当前的世界时（Coordinated Universal Time，UTC），该

时间由高层提供，当然终端也可以由其他渠道获取时间，例如通过解读 SIB16 或者通过 NITZ、NTP 和 GNSS 等系统。

Sidelink 发现中的信息发布以及侦听也需要同步，作为 Sidelink 发现发布的终端可以作为同步信源，通过小区系统消息 SIB19 获取传输配置资源，并根据分配资源传输 SBCCH 和同步信号。UE 采取预设的开环功控机制，一共有三类功率范围可供选择，高层授权提供 UE 可用的范围类别。UE 通过小区系统消息 SIB19 获取每一个功率范围类别内的最大允许发射功率，UE 按照该最大值限制并结合开环功率参数配置进行功率调整。

8.2.2　Sidelink 发现技术无线资源分配

如同 Sidelink 通信的资源分配模式一样，Sidelink 发现技术发布模式也有如下两种资源分配的类型：

1）UE 自发资源选择：

① eNodeB 通过广播或者专属信令提供资源池配置。

② UE 自主从指定配置资源池中选择射频传输资源并发布消息。

③ UE 在每一个 Sidelink 发现周期内都可以随机选择射频传输资源发布消息。

2）eNodeB 为 UE 进行专属调度资源分配：

① UE 在 RRC_CONNECTED 状态下可向 eNodeB 通过 SidelinkUEInformation 信令申请调度资源。

② eNodeB 通过 RRC 信令分配资源。

③ 分配的资源应该是 UE 预先配置资源池的子集。

如果 UE 不在有效服务区域内，可以采取预先配置的近场公共安全专用频率相关资源进行消息发布。

图 8-15 归纳整理了 UE 处于不同 RRC 状态下关于 Sidelink 发现的资源配置流程，可以看出 Sidelink 发现与 Sidelink 通信在无线传输资源分配中的区别在于 Sidelink 发现技术没有了基站动态资源调度模式。UE 在 RRC_IDLE 和 RRC_CONNECTED 状态可侦听 UE 自发选择模式和 eNB 通过 RRC 专属信令配置的资源池集合。eNB 在 SIB19 中针对信息侦听分别下发了同频、相同 PLMN 异频或者不同 PLMN 小区异频相关的资源池配置。RRC 信令（SIB19 或 RRC 专属信令）也可能针对信息发布分别下发同频、相同 PLMN 异频或者不同 PLMN 小区异频相关的详细资源池配置。

UEs in RRC_IDLE

> eNB可以在SIB19中下发可供UE自发选择的资源池，授权可用Sidelink发现的UE可以在RRC_IDLE状态下使用这些资源发布Sidelink发现消息
>
> eNB可以在SIB19中指明支持Sidelink发现，但是不包含可选的资源UEs需要在连接态请求资源

UEs in RRC_CONNECTED

> 授权可用Sidelink发现的UE告诉eNB它要执行Sidelink发现的信息发布。UE也可以告诉eNB其拟使用的频率
>
> eNB通过收到来自MME的用户上下文校验UE是否予以授权
>
> eNB可以通过专属信令配置给UE资源池以作为自发资源选择
>
> eNB可以通过专属信令配置专属时频资源和资源池
>
> eNB可以通过专属信令分配的资源在每次eNB通过RRC重配之后或者进入RRC_IDLE状态之后失效

图 8-15　UE 处于不同 RRC 状态下关于 Sidelink 发现的资源配置流程

经过网络授权的终端，可以分别在同频、相同 PLMN 异频或者不同 PLMN 的频率下根据配置的资源进行信息发布，而经过授权的终端也可以以同样的方式侦听这些频率：

1）服务小区可以通过 SIB19 下发基于 PLMN ID 的一系列频率列表，分别用于 UE 侦听和发布信息。

2）服务小区在 SIB19 中可以不需要为那些异频或者其他 PLMN 的频率下发小区（重）选择参数，也可以在 SIB19 中不下发详细的 Sidelink 发现资源配置。

3）如果服务小区 SIB19 中没有提供相同 PLMN 下异频或者不同 PLMN 频率的小区（重）选择参数和相关详细的资源配置，eNodeB 应该指示 UE 读取其他频率的 SIB19 和其他相关系统消息，或者 UE 通过 RRC 信令请求获取其他频率的相关资源配置，另外，UE 只能读取其他授权频率和授权 PLMN 小区的 SIB19 和其他相关系统消息，并且在读取其他频率的相关系统消息期间不能影响本小区 Uu 空口的正常接收。

4）如果 UE 采取在其他频率上进行 Sidelink 信息发布，不管 SIB19 中是否提供了其他频率的小区（重）选择参数，UE 按照惯例开展小区（重）选择流程。

5）如果服务小区没有下发 SIB19，只要在不影响 Uu 空口正常传输的前

提下，UE 可以采取在网络授权的其他频率上进行消息发布和侦听。

6）在其他 PLMN 频率上进行的信息发布并不影响终端 UE 对于驻留 PLMN 的选择。

7）如果 UE 自发地读取其他频率上下发的 SIB19，但是 SIB19 中并没有进行资源配置，那么 UE 不能再其他频率上进行信息发布。

8）UE 需在配置了资源的子帧上开展同频或者异频的消息发布或侦听。

9）对于那些与 E-UTRAN 系统复用了一套射频收发信机的终端，为了提升同频或者异频中 Sidelink 发现信息交互的性能，eNodeB 可以为 UE 配置空档期使得射频收发信机能够被重新单独用于 Sidelink 发现技术的信息传输与接收。

10）如果网络侧没有为了 Sidelink 发现传输和接收配置空档，那么 Sidelink 发现传输和接收不能够影响正常 Uu 空口的传输和接收，这种情况下 UE 不允许自发建立 Sidelink 发现的空档，UE 可以利用 RRC_IDLE 和 RRC_CONNECTED 状态下的不连续接收（DRX）的时刻侦听 Sildelink 发现消息。

11）RRC_CONNECTED 状态下，UE 可以发起 Sidelink UE Information 告诉网络其在不同频率启用侦听或者关闭侦听。

12）如果 UE 不在有效服务区域内，可以采取预先配置的近场公共安全专用频率资源侦听 Sidelink 发现消息。

8.3　Sidelink 技术小结

在技术使用场景上，Sidelink 通信主要用于公共安全特殊通信，类似以前集群通信的概念，可以用在安防、安保方面，可以单点对单点通信，也可以单点对多点通信；Sidelink 通信也可以采取中继的形式进行数据传输。而 Sidelink 发现既可以用在公共安全特殊通信中，也可以用在一般的民用通信上。Sidelink 发现不仅在协议栈以及逻辑实体方面比 Sidelink 通信都要简单，它没有专门设计物理控制信道，数据传输按照 eNB 分配的资源或者预先配置的资源进行传输，适合小包的交互信息，例如路过咖啡馆侦听到发布的消息。Sidelink 发现更偏向物联网直接的物物小包信息交互的概念，Sidelink 通信技术与 Sidelink 发现技术基本流程如图 8-16 和图 8-17 所示。

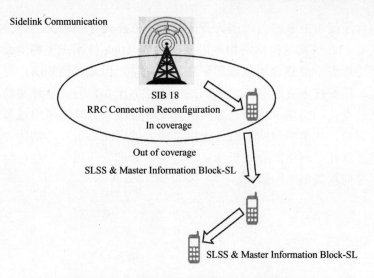

图 8-16　Sidelink 通信技术基本流程说明

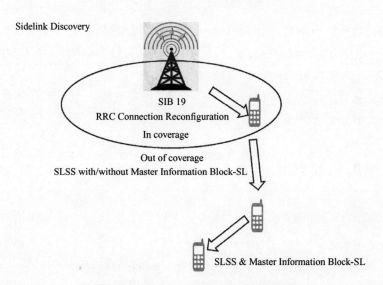

图 8-17　Sidelink 发现技术基本流程说明

　　传统的蜂窝通信系统为了突显基站的中心调度的重要性，同时避免终端之间的相关干扰，都需要终端与基站进行上下行同步，而物物直连（Sidelink）技术采取只有下行同步的方式，即 A 采取上行发射的方式发送的却是 B 的下行同步信道和信号。在物物直连技术中，基站以一种辅助调度资源的姿态出现，授权的终端之间也可以采取按预先配置时频资源的方式进行互联。

　　物物直连技术由来已久，例如蓝牙技术、Zigbee 技术或者苹果的 Airdrop 技术。复用 LTE 蜂窝通信网络物理层架构的 Sidelink 技术对于终端或者基站而言都是新的形态，虽然说颠覆或者革命为时尚早，但是可预知的广泛应用前景不容小觑。这种技术并没有特别强调如 eMTC/NB-IoT 等其他蜂窝物联网终端对于功耗的设计，但由于物物直连的信息交互方式大大降低了通过基站调度中转带来的时延，故车联网应用对此也报以极大的青睐。另外，物物"发现"的机制也是互联社交网络的有效延伸，不过在实际部署应用中还存在运营管控、频率使用等问题需要一一解决。

缩　略　语

CE　　　Coverage Enhanced　覆盖增强

CIoT　　Celluar Internet of Things　蜂窝物联网

CPSR　　Contol Plane Service Request　控制面业务请求

CSI　　　Channel State Information　信道状态信息

D2D　　Device to Device Communication　物物直联通信技术

DFT-s-OFDM　Discrete Fourier Trasnform-spread OFDM　离散傅里叶变换扩频的正交频分复用多址接入

DMRS　Demodulation Reference Signal　解调信号

DRB　　Dedicated Radio Bearer　专用无线承载

DRX　　Discontinuous Reception　非连续接收

ECCE　Enhanced Control Channel Element　增强控制信道单元

eDRX　Extended idle mode DRX　扩展空闲态非连续接收

eMTC　enhanced Machine Type Communication　增强型机器型态通信

EREG　Enhanced Resource Element Group　增强资源单元组

ESR　　Extended Service Request　扩展服务请求

FDD　　Frequency Division Duplex　频分双工

GBR　　Guaranteed Bit Rate　保证比特率

ISI　　　Inter Symbol Interference　符号间干扰

LPWAN Low Power Wide Area Network　低功耗广域网络

LTE　　Long Term Evolution　长期演进系统

MIB　　Master Information Block　主信息块

MR　　Measurement Reporting　测量报告

MRT　　Maximum Repsonse Time　最大响应时间

MTC　　Machine Type Communication　机器型态通信

NAS　　Non Access Stratum　非接入层

NB-CIoT　Narrow Band Celluar IoT　窄带蜂窝物联网

NB-IoT Narrow Band Internet of Things　窄带物联网

NCCE　Narrowband Control Channel Element　窄带控制信元

NPBCH Narrowband Physical Broadcast Channel　窄带物理广播信道

NPDCCH　Narrowband Physical Downlink Control Channel　窄带物理下行控制信道

NPDSCH   Narrowband Physical Downlink Shared Channel   窄带物理下行共享信道

NPRACH   Narrowband Physical Random Access Channel   窄带物理随机接入信道

NPSS   Narrowband Primary Synchronization Signal   窄带主同步信号 NPSS

NPUSCH   Narrowband Physical Uplink Shared Channel   窄带物理上行共享信道

NRS   Narrowband Reference Signal   窄带参考信号 NRS

NSSS   Narrowband Secondary Synchronization signal   窄带辅同步信号 NSSS

OFDM   Orthogonal Frequency Division Multiplexing   正交频分复用

PCI   Physical Cell Identifier   物理小区标识

PDN   Packet Domain Network   分组域网络

PRB   Physical Resource Block   物理资源块

PSBCH   Physical sidelink broadcast Channel   边缘通信广播信道

PSCCH   Physical Sidelink Control Channel   边缘通信物理控制信道

PSDCH   Physical Sidelink Discovery Channel   边缘通信发现信道

PSM   Power Saving Mode   节电模式

PSS   Primary Synchronization Signal   主同步信号

PSSCH   Physical sidelink shared Channel   边缘通信共享信道

PTI   Procedure Transaction Identity   流程交易标识

RAR   Random Access Response   随机接入响应

RB   Resource Block   资源块

RB   Radio Bearer   无线承载

RE   Resource Element   资源元素

RRC   Radio Resource Control   无线资源控制

RS   Reference Signal   参考信号

RU   Resource Unit   资源单位

SCEF   Service Capability Exposure Function   业务能力开发功能

SFN   System Frame Number   系统帧号

SIB   System Information Block   系统消息块

SI-window   Scheduling Information Window   调度消息接收窗长

SR   Scheduling Request   调度请求

SR	Scheduling Request	调度请求
SR	Service Request	服务请求
SRB	Signaling Radio Bearer	信令无线承载
SRS	Sounding Reference Signal	探测参考信号
SRS	Sidelink reference signals	边缘通信参考信号
SSS	Secondary Synchronization Signal	辅同步信号
SSS	Sidelink Synchronization Signals	边缘同步信号
TBS	Transport Block Size	传输块
TDD	Time Division Duplex	时分双工

参 考 文 献

[1] 3GPP. Technical Specification Group Services and System Aspects; General Packet Radio Service (GPRS) enhancements for Evolved Universal Terrestrial Radio Access Network (E-UTRAN) access (Release 13)：TS 23.401[S]. [S.l.s.n]，2016.

[2] 3GPP.Technical Specification Group Radio Access Network; Evolved Universal Terrestrial Radio Access (E-UTRA); Physical channels and modulation (Release 13)：TS 36.211[S]. [S.l.s.n]，2016.

[3] 3GPP. Technical Specification Group Radio Access Network; Evolved Universal Terrestrial Radio Access (E-UTRA); Multiplexing and channel coding (Release 13)：TS 36.212[S]. [S.l.s.n]，2016.

[4] 3GPP. Technical Specification Group Radio Access Network; Evolved Universal Terrestrial Radio Access (E-UTRA); Physical layer procedures (Release 13)：TS 36.213[S]. [S.l.s.n]，2016.

[5] 3GPP. Technical Specification Group Radio Access Network; Evolved Universal Terrestrial Radio Access (E-UTRA) and Evolved Universal Terrestrial Radio Access Network (E-UTRAN);Overall description;Stage 2 (Release 13)：TS 36.300[S]. [S.l.s.n]，2016.

[6] 3GPP. Technical Specification Group Core Network and Terminals; Non-Access-Stratum (NAS) protocol for Evolved Packet System (EPS); Stage 3 (Release 13)：TS 24.301[S]. [S.l.s.n]，2016.

[7] 3GPP. Technical Specification Group Radio Access Network; Evolved Universal Terrestrial Radio Access (E-UTRA); User Equipment (UE) radio transmission and reception (Release 13)：TS 36.101[S]. [S.l.s.n]，2016.

[8] 3GPP. Technical Specification Group Services and System Aspects; General Packet Radio Service (GPRS); Service description; Stage 2 (Release 13)：TS 23.060[S]. [S.l.s.n]，2016.

[9] 3GPP. Technical Specification Group Core Network and Terminals; Non-Access-Stratum (NAS) functions related to Mobile Station (MS) in idle mode (Release 13)：TS 23.122[S]. [S.l.s.n]，2016.

[10] 3GPP. Technical Specification Group Services and System Aspects; Architecture enhancements for non-3GPP accesses (Release 13)：TS 23.402[S]. [S.l.s.n]，2016.

[11] 3GPP. Technical Specification Group Services and System Aspects; Architecture enhancements to facilitate communications with packet data networks and applications (Release 13)：TS 23.682[S]. [S.l.s.n]，2016.

[12] 3GPP. Technical Specification Group Core Network and Terminals; Mobile radio interface signalling layer 3; General aspects (Release 13)：TS 24.007[S]. [S.l.s.n]，2016.

[13] 3GPP. Technical Specification Group Core Network and Terminals; Mobile radio interface Layer 3 specification; Core network protocols; Stage 3 (Release 13)：TS 24.008[S]. [S.l.s.n]，2016.

[14] 3GPP. Technical Specification Group Core Network and Terminals; Interworking between the Public Land Mobile Network (PLMN) supporting packet based services and Packet Data Networks (PDN) (Release 13)：TS 29.061[S]. [S.l.s.n]，2016.

[15] 3GPP. Technical Specification Group Core Network and Terminals; Non-Access Stratum (NAS) configuration Management Object (MO) (Release 13)：TS 24.368[S]. [S.l.s.n]，2016.

[16] 3GPP. Technical Specification Group Core Network and Terminals; Support of SMS over IP networks; Stage 3 (Release 13)：TS 24.341[S]. [S.l.s.n]，2016.

[17] 3GPP. Technical Specification Group Core Network and Terminals; Tsp interface protocol between the MTC Interworking Function (MTC-IWF) and Service Capability Server (SCS) (Release 13)：TS 29.368[S]. [S.l.s.n]，2016.

[18] 3GPP. Technical Specification Group Radio Access Network; Evolved Universal Terrestrial Radio Access (E-UTRA); Base Station (BS) radio transmission and reception (Release 13)：TS 36.104[S]. [S.l.s.n]，2016.

[19] 3GPP. Technical Specification Group Radio Access Network; Evolved Universal Terrestrial Radio Access (E-UTRA); User Equipment (UE) radio access capabilities (Release 13)：TS 36.306[S]. [S.l.s.n]，2016.

[20] 3GPP. Technical Specification Group Radio Access Network; Evolved Universal Terrestrial Radio Access (E-UTRA); Medium Access Control (MAC) protocol specification (Release 13)：TS 36.321[S]. [S.l.s.n]，2016.

[21] 3GPP. Technical Specification Group Radio Access Network; Evolved Universal Terrestrial Radio Access Network (E-UTRAN); S1 Application Protocol (S1AP) (Release 13)：TS 36.413[S]. [S.l.s.n]，2016.

[22] 3GPP. Technical Specification Group Radio Access Network; Evolved Universal Terrestrial Radio Access (E-UTRA); Radio Resource Control (RRC); Protocol specification (Release 13)：TS 36.331[S]. [S.l.s.n]，2016.